21 世纪全国高职高专机电系列实用规划教材

液压与气压传动技术

主　编　袁　广　张　勤

副主编　王　霞　张晓旭

　　　　高桂云　邵林波

参　编　宇海英

北京大学出版社

PEKING UNIVERSITY PRESS

内 容 简 介

本书是为了满足高职高专机械工程类专业或近机类专业教学需要而编写的。

本书共分 18 章，主要内容为液压传动概述、液压传动基础、液压动力元件、液压执行元件、液压控制元件、液压辅助装置、液压基本回路、典型液压传动系统、液压传动系统的设计计算、液压伺服系统、气压传动概述、气压传动基础知识、气源装置及气动辅助元件、气动执行元件、气动控制元件、气动基本回路、气压传动系统实例和实验实训项目。本书各章后面有本章小结与习题，以便学生更好地巩固与掌握所学的内容。为增强学生的实际动手能力，提升理论联系实际的水平，在本书第 18 章附有实验、实训教学内容，以供各学校选用。

本书适合作为高职高专机械工程类专业教材，亦可作为成人教育、职业培训和中等职业学校机械工程类专业的教材。

图书在版编目(CIP)数据

液压与气压传动技术/袁广，张勤主编. —北京：北京大学出版社，2008.8
(21 世纪全国高职高专机电系列实用规划教材)
ISBN 978-7-301-13582-2

Ⅰ. 液… Ⅱ. ①袁… ②张… Ⅲ. ①液压传动—高等学校：技术学校—教材 ②气压传动—高等学校：技术学校—教材 Ⅳ. TH137 TH138

中国版本图书馆 CIP 数据核字(2008)第 045127 号

书　　名：液压与气压传动技术
著作责任者：袁　广　张　勤　主编
责 任 编 辑：赖　青
标 准 书 号：ISBN 978-7-301-13582-2/TH・0093
出　版　者：北京大学出版社
地　　址：北京市海淀区成府路 205 号　100871
网　　址：http://www.pup.cn　http://www.pup6.cn
电　　话：邮购部 62752015　发行部 62750672　编辑部 62750667　出版部 62754962
电 子 邮 箱：pup_6@163.com
印　刷　者：北京飞达印刷有限责任公司
发　行　者：北京大学出版社
经　销　者：新华书店
787 毫米×1092 毫米　16 开本　15.25 印张　340 千字
2008 年 8 月第 1 版　2016 年 2 月第 6 次印刷
定　　价：24.00 元

《21世纪全国高职高专机电系列实用规划教材》

专家编审委员会

丛书总序

高等职业技术教育是我国高等教育的重要组成部分。从20世纪90年代末开始，伴随我国高等教育的快速发展，高等职业技术教育也进入了快速发展时期。在短短的几年时间内，我国高等职业技术教育的规模，无论是在校生数量还是院校的数量，都已接近高等教育总规模的半壁江山。因此，高等职业技术教育承担着为我国走新型工业化道路、调整经济结构和转变增长方式提供高素质技能型人才的重任。随着我国经济建设步伐的加快，特别是随着我国由制造大国向制造强国的转变，现代制造业急需高素质高技能的专业人才。

为了使高职高专机电类专业毕业生满足市场需求，具备企业所需的知识能力和专业素质，高职高专院校的机电类专业根据市场和社会需要，努力建立培养企业生产第一线所需的高等职业技术应用型人才的教学体系和教材资源环境，不断更新教学内容，改进教学方法，积极探讨机电类专业创新人才的培养模式，大力推进精品专业、精品课程和教材建设。因此，组织编写符合高等职业教育特色的机电类专业规划教材是高等职业技术教育发展的需要。

教材建设是高等学校建设的一项基本内容，高质量的教材是培养合格人才的基本保证。大力发展高等职业教育，培养和造就适应生产、建设、管理、服务第一线需要的高素质技能型人才，要求我们必须重视高等职业教育教材改革与建设，编写和出版具有高等职业教育自身特色的教材。近年来，高职教材建设取得了一定成绩，出版的教材种类有所增加，但与高职发展需求相比，还存在较大的差距。其中部分教材还没有真正过渡到以培养技术应用能力为主的体系中来，高职特色反映也不够，极少数教材内容过于肤浅，这些都对高职人才培养十分不利。因此，做好高职教材改革与建设工作刻不容缓。

北京大学出版社抓住这一时机，组织全国长期从事高职高专教学工作并具有丰富实践经验的骨干教师，编写了高职高专机电系列实用规划教材，对传统的课程体系进行了有效的整合，注意了课程体系结构的调整，反映系列教材各门课程之间的渗透与衔接，内容合理分配；努力拓宽知识面，在培养学生的创新能力方面进行了初步的探索，加强理论联系实际，突出技能培养和理论知识的应用能力培养，精简了理论内容，既满足机械大类专业对理论、技能及其基础素质的要求，同时提供选择和创新的空间，以满足学有余力的学生进修或探究学习的需求；对专业技术内容进行了及时的更新，反映了技术的最新发展，同时结合行业的特色，缩短了学生专业技术技能与生产一线要求的距离，具有鲜明的高等职业技术人才培养特色。

最后，我们感谢参加本系列教材编著和审稿的各位老师所付出的大量卓有成效的辛勤劳动，也感谢北京大学出版社的领导和编辑们对本系列教材的支持和编审工作。由于编写的时间紧、相互协调难度大等原因，本系列教材还存在一些不足和错漏。我们相信，在使用本系列教材的教师和学生的关心和帮助下，不断改进和完善这套教材，使之成为我国高等职业技术教育的教学改革、课程体系建设和教材建设中的优秀教材。

《21世纪全国高职高专机电系列实用规划教材》

专家编审委员会

2007年7月

前　言

《液压与气压传动技术》是为了适应高职高专机电类专业教学需要而编写的。

本教材在编写过程中，遵循的指导思想是：阐明基本原理，理论联系实际，注重实用性与针对性，以能力为本位，着重培养学生分析问题和解决问题的实际应用能力。为此，在教材内容的选取与整合上，坚持“必须、够用”的原则，做到内容简练、重点突出、层次清楚。并充分考虑到高职高专学生基础理论薄弱且差异性较大的特点，弱化理论深度，强化实际应用，对多数公式直接给出，只对少数公式作了简单推导。力求使本教材能够适应高职高专教育的需要，并能较好地体现高职高专教育的特点与特色。

本教材教学时数为60学时，各校可根据实际情况作适当的增减。书中选学部分的内容用*号表示，第18章为实验实训项目，以供各校选用。

本教材由袁广、张勤任主编，王霞、张晓旭、高桂云、邵林波任副主编，宇海英任参编。全书由袁广统稿和定稿。

本教材第1、2、10章由内蒙古机电职业技术学院袁广编写；第3、4、6章由内蒙古机电职业技术学院王霞编写；第5、9、18章由内蒙古机电职业技术学院高桂云编写；第7章由昆明冶金高等专科学校邵林波编写；第8章由黑龙江农业经济职业学院宇海英编写；第11、12、13、14章由辽宁信息职业技术学院张晓旭编写；第15、16、17章由郑州铁路职业技术学院张勤编写。

本教材在编写过程中得到了有关院校的大力支持与帮助，内蒙古机电职业技术学院苏月对本教材在绘图与校对方面给予了帮助，在此表示衷心感谢！

由于编者水平有限，书中不妥之处在所难免，恳请广大读者批评指正。

编　者

2008年6月

目　　录

第5章　液压控制元件 58

第6章　液压辅助装置 87

第7章　液压基本回路 97

第8章　典型液压传动系统 128

第 1 章　液压传动概述

教学目标与要求：

- 理解液压传动的工作原理
- 掌握液压传动系统的组成及图形符号
- 掌握液压传动的优缺点
- 了解液压技术的发展概况

教学重点：

- 液压传动的工作原理
- 液压传动系统的组成
- 液压传动的优缺点

液压传动是以液压油为工作介质，利用各种元件组成所需的基本回路，再由若干回路有机地组成能完成一定控制功能的传动系统来进行能量的传递与转换，以实现各种机械传动和自动控制的传动形式。本章主要介绍液压传动的工作原理和液压传动系统的组成及图形符号。

1.1　液压传动工作原理

液压传动是利用静压传动原理来工作的，工作介质为液体。液压千斤顶的传动原理如图 1.1 所示。图中大、小液压缸 6 和 3 内分别装有活塞 7 和 2，活塞与缸体有良好的配合关系。其中小液压缸是液压系统的动力元件，大液压缸是液压系统的执行元件。当用手提起杠杆 1 时，小活塞也随之上升，小液压缸下腔的密闭容积增大，压力下降，形成部分真空，油箱的油液在大气压力的作用下，经油管和单向阀 4 进入小液压缸，此时单向阀 5 关闭。接着压下杠杆 1，小活塞下移(此时单向阀 4 关闭，油液不能流回油箱)，腔内压力升高。当压力达到一定大小时，油液便打开单向阀 5，进入大液压缸 6 的下腔，推动大活塞上移将重物 G 举起。若如此反复上述动作，则重物就会不断升起，直至达到要求的位置。由此可知，液压千斤顶力与运动的传递就是通过液压缸内的液体来实现的。

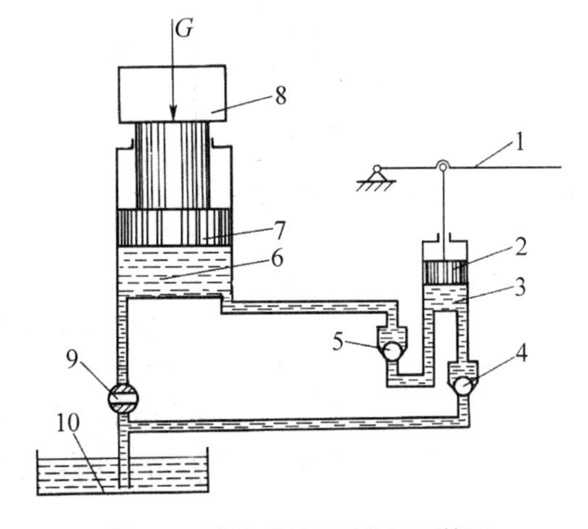

图 1.1　液压千斤顶工作原理简图

1—杠杆；2—小活塞；3、6—液压缸；4、5—单向阀；7—大活塞；8—重物；9—放油阀；10—油箱

1.2　液压传动系统的组成及图形符号

1.2.1　液压传动系统的组成

图 1.2 是一台简化了的磨床工作台液压系统的工作原理图。电动机带动液压泵 3 从油箱 1 吸油，并将压力油送入管路。从液压泵输出的压力油就是推动工作台往复运动的能量来源。

当换向阀处于图 1.2(a)所示位置时，压力油首先经过节流阀 5，再经换向阀 6、油管，然后进入液压缸 9 左腔，推动活塞 7 并带动工作台 8 向右运动。液压缸右腔的油液被排出，经油管、换向阀 6 和油管流回油箱。

当换向阀处于图 1.2(b)所示位置时，由液压泵输出的压力油经节流阀 5、换向阀 6、油管，进入液压缸 9 的右腔，推动活塞并带动工作台向左运动，而液压缸左腔的油液经油管、换向阀 6、油管流回油箱。

工作台在作往复运动时，其速度由节流阀 5 调节，克服负载所需的工作压力由溢流阀 4 控制。

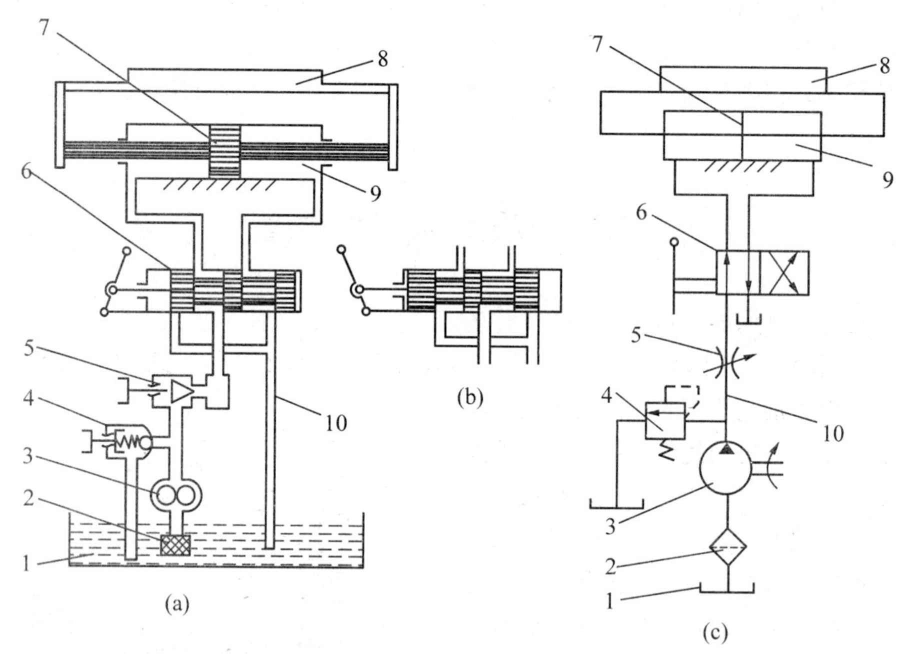

图 1.2　液压系统工作原理图

1—油箱；2—滤油器；3—液压泵；4—溢流阀；5—节流阀；6—换向阀；7—活塞；8—工作台；9—液压缸；10—油管

从上面的例子可知，液压传动系统主要由以下 4 个部分组成。

(1) 动力元件(液压泵)。它向液压系统供给压力油，将电动机输出的机械能转换为液体的压力能。

(2) 执行元件(液压缸、液压马达)。它将液体的压力能转换为机械能。

(3) 控制元件。它控制液体的压力、流量和方向，保证执行元件完成预期的动作要求。如压力阀、流量阀、方向阀等。

(4) 辅助元件。如油管、油箱、滤油器、压力表等，其功能为连接、储油、过滤、测量作用等。上述这些液压元件将在以后各节中分别进行介绍。

1.2.2 液压系统的图形符号

如图 1.2(a)所示的液压系统工作原理图，其中各元件的图形基本上表达了它的结构原理，故称为结构原理图。其优点是直观、便于理解，但结构复杂、难于绘制。在实际工作中，一般用图形符号来绘制，如图 1.2(c)所示。图形符号只表示元件的功能，并不表示元件的具体结构和参数，具有图形简单、原理明了的优点，便于阅读、分析、设计和绘制。

1.3 液压传动的优缺点

液压传动之所以能得到广泛的应用，是由于其具有如下优点：

(1) 液压传动与机械传动、电气传动方式相比，在输出相同功率的条件下，具有体积小、重量轻、惯性力小、动作灵敏的特点。

(2) 工作平稳，换向冲击小，便于实现频繁换向。这是机械设备中尤其是金属切削机床常用液压传动的主要原因。

(3) 可以在较大的调速范围内较方便地实现无级调速。

(4) 操作简单，便于实现自动化。

(5) 液压装置易于实现过载保护，能自润滑，使用寿命长。

(6) 液压元件易于实现系列化、标准化、通用化，便于设计、制造和推广使用。

任何事物都是一分为二的，液压传动也存在如下缺点：

(1) 由于液压传动的泄漏与液体的可压缩性，因此液压传动不宜用在传动比要求严格的传动中。

(2) 液压传动能量损失大，因此传动效率低。

(3) 液压传动对温度变化比较敏感，故不易在低温或高温下工作。

(4) 发生故障不易检查和排除。

随着科学技术的发展，这些缺点正在被逐步克服。

1.4 液压技术的发展概况

液压技术从 1795 年英国制造出第一台水压机起，已有 200 多年的历史。然而在工业上的真正推广使用却是在 20 世纪 60 年代中叶。20 世纪 60 年代以来，随着原子能、航空航天技术、微电子技术的发展，液压技术在更深、更广阔的领域得到了发展。20 世纪 60 年代出现了板式、叠加式液压阀系列，发展了以比例电磁铁为电气—机械转换器的电磁比例控制阀并被用于工业控制中；70 年代出现了插装式系列液压元件；80 年代以来，液压技术与现代数学、力学、计算机技术等相结合，出现了电子放大器、传感测量元件和液压控制单元相互集成的机电一体化产品；近 20 年来，人们又重新认识和研究以纯水作为工作介质的纯水液压传动技术，并在理论和应用研究上都得到了发展，逐渐成为液压技术中的热点技术和新的发展方向。

液压技术的应用领域，几乎涵盖了国民经济的各个部门。从机械加工及装配线到材料压延和塑料成型设备；从建筑及工程机械到农业及环境保护设备；从电力、煤炭等能源机械到石油天然气探采及各类化工设备；从矿山开采机械到钢铁冶金设备；从橡胶、皮革、造纸等轻工机械到家用电器、电子信息产品自动生产线及印刷、办公自动化设备；从食品机械及医疗器械到娱乐休闲及体育训练器械；从航空航天到船舶、铁路和公路运输车辆；等等。液压传动与控制已成为现代机械工程的基本要素和工程控制的关键技术之一。

21世纪将是信息化、网络化、知识化和全球化的世纪。随着信息技术、生物技术、纳米技术等新科技的日益发展，将对液压传动与控制技术带来革命性的变化。

当前，液压技术正向高压、高速、高效、低噪声、低能耗、经久耐用、数字化、高度集成化、机电一体化等方向发展。

我国的液压技术是随着新中国的建立、发展而发展起来的。1952年，上海机床厂试制出我国第一台液压齿轮泵，1959年国内成立了首家专业化液压制造企业——天津液压件厂。1965年为适应液压机械从中低压向高压方向的发展，成立了榆次液压件厂，并同时引进了日本和美国的液压元件及制造设备。1966—1968年以原广州机床研究所为主联合开发出包括方向、压力、流量三大类液压阀、液压泵及液压马达等共187个品种、1000余个规格，并相继批量投产。至此已基本形成了一个独立的液压元件制造工业体系。

20世纪70年代，我国为了赶超世界先进水平，在高压液压阀品种规格逐渐增多的情况下，由众多科研院所、高等院校组成联合设计组，完成了高压阀新系列图纸的设计，使100多个品种、3000多个规格在安装尺寸等与国际相应标准实现了统一，至此液压元件在标准化、系列化和通用化方向迈出了较大的步伐。几乎与此同时，广州机床厂、上海液压件一厂、大连组合机床研究所、北京机床研究所、济南铸锻机械研究所先后研究开发成功并生产出电液比例溢流阀和电液比例流量阀、电液伺服阀和电液脉冲马达，以及插装阀等液压元件，使我国的液压技术得到了大力发展。可以说，20世纪70年代是我国液压元件与品种发展最多的时期之一，也是成就最辉煌的时期之一。

进入20世纪80年代，在国家改革开放方针的指引下，为适应机械工业发展的需要，先后引进了40余项国外先进液压技术，并及时进行了消化吸收与批量生产，多数成为企业的主导产品，从此我国液压技术又进入了一个快速发展的时期。1991—1998年，国家、地方和企业共计投资约16亿元，加大了企业的技术改造力度，一批主要企业的技术水平得到了进一步提高、工艺装备得到了很大改善，为形成高起点、专业化、批量生产打下了良好的基础。特别是近几年，在国家多种所有制共同发展方针的指引下，使液压技术得到了更为快速的发展。尤其是对外出口增长显著，对外合作关系与领域也得到了进一步的加强和拓展。经过半个多世纪的努力，我国液压行业已形成了门类比较齐全、有一定生产能力和技术水平的工业体系。目前，液压产品有1200多个品种、10000多个规格，能适应各类机电产品的一般需要，为重大成套装备的品种配套率逐年提高。据2004年统计，液压行业工业总产值达到103亿元，创历史最高水平。

我国的液压元件制造业已能为金属材料工程、机床与汽车工业、电力与煤炭工业、石油天然气探采与化工装备、矿山及冶金机械、国防及武器装备、航空与河海工程、轻工纺织、工程机械及农业机械等行业提供较为齐全的液压元件产品。虽然取得了举世瞩目的成就，但同时还应当看到我们的不足，主要反映在以下几个方面：

(1) 产品品种少(例如约为美国的 1/6、德国的 1/5)、水平低、质量不稳定、早期故障率高、可靠性差。

(2) 专业化程度低、规模小、经济效益低。

(3) 科研开发力量尚较薄弱，技术进步缓慢。

(4) 液压气动产品国际市场容量大，而我国的出口量与先进国家相比所占份额仍然很小，发展余地很大。

随着我国综合国力的增强，科学技术的进步及产业与产品结构的大力调整，我们相信，我国的液压技术将会得到更大的发展，对我国和世界液压工业将会做出更大的贡献。

本章小结

(1) 液压传动是以液体作为工作介质来传递运动和动力。

(2) 液压传动系统是由动力元件、执行元件、控制调节元件、辅助元件 4 个部分组成。

习　题

1-1　试述液压传动的工作原理及其组成。

1-2　液压传动与机械传动相比有哪些优缺点？

1-3　试述液压传动的发展概况。

第 2 章　液压传动基础

教学目标与要求：

- 掌握液压传动工作介质的可压缩性和粘性
- 了解液压油的分类和选择
- 掌握液体静力学规律
- 掌握液体动力学规律
- 掌握液体流动时管路内压力损失计算
- 掌握液体流经孔口及缝隙时的流量计算
- 了解液压冲击和空穴现象

教学重点：

- 液压油的可压缩性和粘性，粘度与压力、温度的关系
- 液体静压力的特性、压力的表示方法和静力学基本方程
- 液体的连续性方程、伯努利方程和动量方程
- 液体流动时的压力损失计算
- 液体流经孔口及缝隙的流量

教学难点：

- 压力的表示方法及绝对压力、相对压力和真空度之间的关系
- 液体的连续性方程和伯努利方程所表示的物理意义及应用

液体是液压传动的工作介质，了解液体的性质、液体的静力学和动力学规律，对于正确理解液压传动原理，以及合理设计、使用和维修液压系统是十分重要的。

2.1　液压传动的工作介质

液体作为液压传动的工作介质，最常用的工作介质是液压油。液压油的基本性质和合理选用对液压系统的工作状态影响很大。

2.1.1　液压油的主要物理性质

1. 可压缩性

液体受压力的作用发生体积减小的性质称为液体的可压缩性。液体的可压缩性可用体积压缩系数β来表示，即

$$\beta = -\frac{1}{\Delta p} \times \frac{\Delta V}{V_0} \tag{2-1}$$

式中：β——体积压缩系数；

ΔV——液体的体积变化量；

V_0——液体的初始体积；

Δp——压力变化值。

式中的负号是为使 β 为正值而取的，因为 $\Delta p>0$ 时，$\Delta V<0$。

由式(2-1)可知，液体体积压缩系数 β 越大，说明液体受压后，可压缩性大；反之，体积变化小，可压缩性小。

液体的可压缩性对液压系统的动态性能影响较大，因此对高压系统或对液压系统进行动态特性分析和计算时，必须考虑液体可压缩性的影响；对于中、低压液压系统，因液体的可压缩性很小，一般认为液体是不可压缩的。当液体中混入空气时，其可压缩性将显著增加，并将严重地影响液压系统的工作状态。

2. 粘性

液体在外力作用下流动(或有流动趋势)时，由于分子间的内聚力要阻止分子间相对运动，会产生一种内摩擦力，通常把液体的这种特性称为粘性。液体只有在流动(或有流动趋势)时才呈现粘性，静止液体不呈现粘性。粘性是液体的重要物理性质，也是选择液压油的主要依据。

液体粘性的大小用粘度来表示，粘度是液压油划分牌号的主要依据。我国液压油的牌号就是用液压油在 40℃时运动粘度的平均值表示的。如 L－HL－46 液压油，是指这种油液在 40℃时的运动粘度平均值为 46mm^2/s。

对液体粘度影响的主要因素是压力和温度：

(1) 压力。当工作压力增大时，液体分子间的距离减小，内摩擦力增大，即粘度也将随之增大；但在一般液压系统使用的压力范围内，粘度增大的数值很小，故可忽略不计。

(2) 温度。液压油的粘度对温度十分敏感，温度升高，粘度下降。我国把液压油的粘度随温度变化的性质称为粘温特性。通常情况下低温应选择粘度小的油液，以减小摩擦；高温应选择粘度大的油液，以减少容积损失。几种国产液压油的粘温特性曲线如图 2.1 所示。

2.1.2　对液压油的要求

在液压传动系统中，为了更好地传递运动和动力，液压油应满足下列要求：

(1) 合适的粘度 $\upsilon=(15\sim68)\times10^{-6}\,\mathrm{m}^2/\mathrm{s}$，良好的粘温特性。

(2) 润滑性能好，质地纯净，杂质少。

(3) 对热、氧化、水解和剪切都有良好的稳定性。

(4) 有良好的抗泡沫性和抗乳化性，对金属和密封件有良好的相容性。

(5) 体积膨胀系数、流动点和凝固点低，比热、闪点和燃点高。

(6) 对人体无害，对环境污染小，成本低。

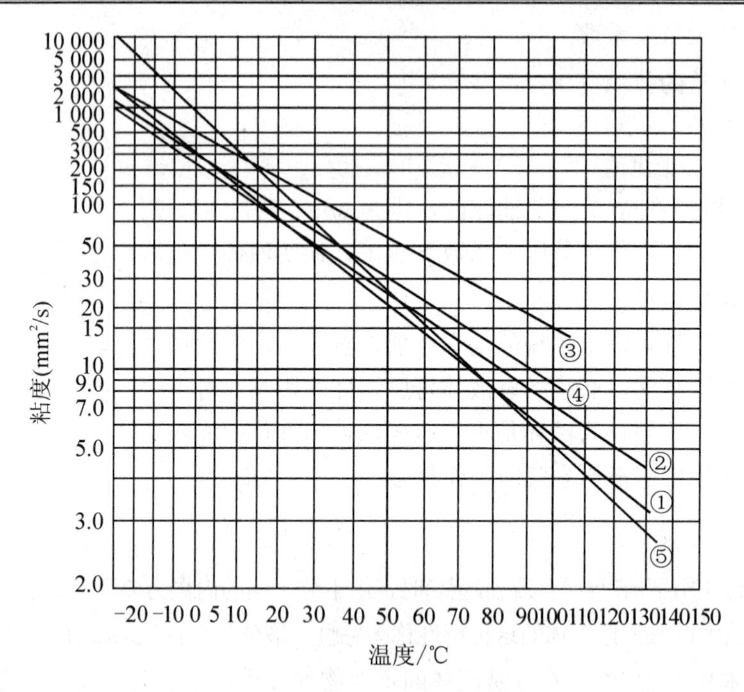

图 2.1　几种国产液压油的粘温特性

①普通石油型；②高粘度指数石油型；③水包油型；④水—乙二醇型；⑤磷酸酯型

2.1.3　液压油的分类及选择

1. 分类

液压油的种类很多，主要分为三大类型：石油型、乳化型和合成型，见表 2-1。

表 2-1　液压油分类

分类	名称	代号	组成和特性	应用
石油型	精制矿物油	L—HH	无抗氧剂	循环润滑油、低压液压系统
	普通液压油	L—HL	HH油，改善其防锈和抗氧性	一般液压系统
	抗磨液压油	L—HM	HL油，改善其抗磨性	低、中、高液压系统，特别适合于有防磨要求、叶片泵的液压系统
	低温液压油	L—HV	HM油，改善其粘温特性	能在−40～20℃的低温环境中工作，用于户外工作的工程机械和船用设备的液压系统
	高粘度指数液压油	L—HR	HL油，改善其粘温特性	粘温特性优于L—HV油，用于数控机床液压系统和伺服系统
	液压导轨油	L—HG	HL油，改善其粘温特性	适用于导轨和液压系统共用一种油品的机床，对导轨有良好的润滑性和防爬性
	其他液压油		加入多种添加剂	

续表

分类	名称	代号	组成和特性	应用
乳化型	水包油乳化液	L—HFAE		需要难燃液的场合
	油包水乳化液	L—HFB		
合成型	水—乙二醇液	L—HFC		
	磷酸酯液	L—HFDR		

注：摘自GB/T 11118.1—1994。

2. 液压油的选择

正确选择液压油对提高液压系统工作性能、工作可靠性和延长使用寿命具有十分重要的意义。

液压油的选择包括品种和粘度的确定。选择品种时，应考虑液压系统的工作环境，抗燃性、抗凝性、润滑性、抗磨性、粘温性及抗爬行性等方面的要求。选择液压油的粘度时，应注意以下几个方面：

(1) 工作压力。工作压力高时，应选择粘度较大的液压油，以减少泄漏。

(2) 环境温度。环境温度高时，选用粘度大的液压油，以减少容积损失。

(3) 运动速度。工作部件相对运动速度高时，应选用粘度较小的液压油，以减少摩擦损失。

各类液压泵推荐用液压油的粘度见表 2-2。

表 2-2　各类液压泵推荐用液压油的粘度

泵型	压力	运动粘度/(mm^2/s)		适用品种和粘度等级
		5～40℃	40～80℃	
叶片泵	7MPa以下	30～40	40～75	HM油，32、46、68
	7MPa以上	50～70	55～90	HM油，46、68、100
螺杆泵	—	30～50	40～80	HL油，32、46、68
齿轮泵	—	30～70	95～165	HL油(中、高压用HM)，32、46、68
径向柱塞泵	—	30～50	65～40	HL油(高压用HM)，32、46、68
轴向柱塞泵	—	40	70～150	HL油(高压用HM)，32、46、68

注：5～40℃，40～80℃均系液压系统工作温度；HL、HM分别为改善了抗磨性、粘温性的精制矿物油

2.2　液体静力学

液体静力学是研究液体在外力作用下处于静止状态时的力学规律及其应用。所谓“静止液体”是指液体内部质点间没有相对运动，不呈现粘性。

2.2.1 液体静压力及其特性

根据力作用方式的不同，作用在液体上的力可以分为质量力和表面力。质量力作用于液体的每一个质点上，其大小与液体质量成正比，如重力、惯性力等；表面力作用于液体的某一面积上，与受力面积成正比。表面力可以分为垂直于表面的法向力和平行于表面的切向力。当液体静止时，由于液体质点间没有相对运动，因而不存在切向力，只有法向力。液体内某点处单位面积上所受到的法向力称为液体的静压力(工程中习惯称为压力)，即

$$p=\lim_{\Delta A\to 0}\frac{\Delta F}{\Delta A} \tag{2-2}$$

若法向力均匀地作用于面积 A 上，则压力可以表示为

$$p=\frac{F}{A} \tag{2-3}$$

由于液体内部不能承受拉力，液体静压力具有两个重要特性：

(1) 液体静压力的方向沿着作用面的内法线方向。

(2) 静止液体中任一点上各方向的液体静压力均相等。

2.2.2 压力的表示方法及单位

按度量压力的基准点不同，压力的表示方法有两种。一种是以完全真空为基准来度量的压力，称为绝对压力；另一种是以大气压力为基准来度量的压力，称为相对压力。若绝对压力比大气压力高，则大于大气压力的值称为表压力。大多数测压仪表所测得的压力都是相对压力，故相对压力也称为表压力。若绝对压力比大气压力低，则小于大气压力的值称为真空度。绝对压力、相对压力和真空度之间的关系如图 2.2 所示。

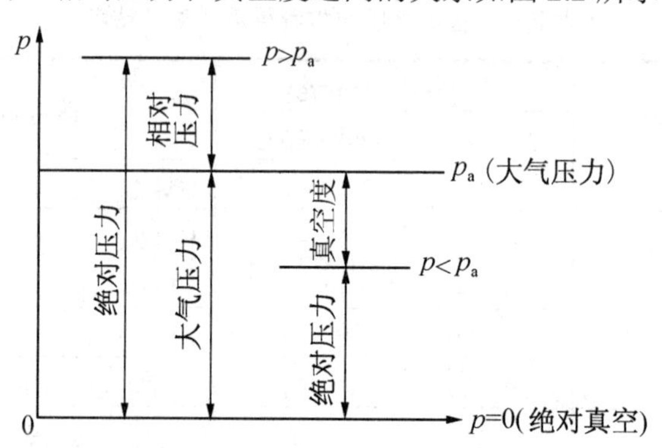

图 2.2　绝对压力、相对压力、真空度的相对关系

压力的法定单位：Pa(N/m^2)或 MPa(10^6 Pa)，但工程中为了应用方便也采用 bar(10^{5}Pa)、液柱高和工程大气压。换算关系为

1 标准大气压(atm)=760 毫米水银柱=10.33 米水柱=101325 Pa

1 工程大气压(at)=10 米水柱=735.5 毫米水银柱=9.81×10^4 Pa

2.2.3 液体静力学基本方程

如图 2.3(a)所示，容器内的液体处于静止状态，液面上的压力为 p_0，研究距液面深度

为 h 处的压力(为任意深度 h 处的压力)。在液体中取出如图 2.3(b)所示的垂直小液柱，液柱的高为 h，底面积为 ΔA，处于平衡状态时，液柱在垂直方向的力平衡方程为

$$p\Delta A = p_0\Delta A + \rho gh\Delta A$$

$$p = p_0 + \rho gh \tag{2-4}$$

式(2-4)为液体静力学基本方程。由式(2-4)可以得出以下几点结论：

(1) 静止液体内任意一点的压力由两部分组成，一部分是液面上的压力 p_0，另一部分是该点以上液体自重形成的压力 ρgh。

(2) 静止液体内压力随深度 h 按线性规律变化。

(3) 静止液体内，位于同一深度各点的压力相等。由压力相等的点组成的面称为等压面，静止液体的等压面为水平面。

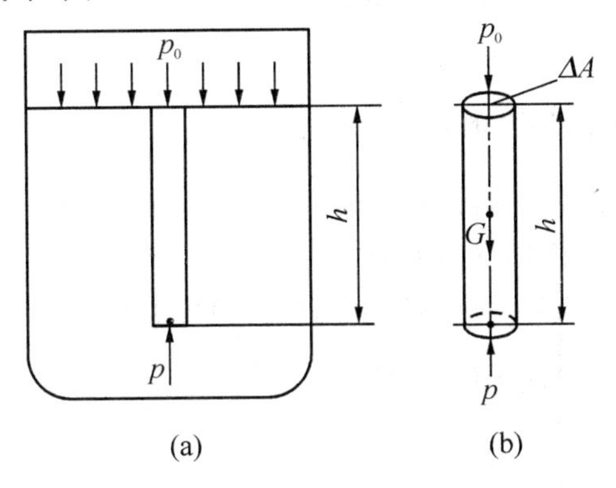

图 2.3　静止液体压力分布规律

【例 2-1】 如图 2.4 所示，容器内充满油液，油液的密度 ρ=900kg/m^3，活塞上作用力 F = 1000N，活塞的面积 A=1×10^{-3} m^2，问活塞下方深度为 h=0.5m 处的压力等于多少？

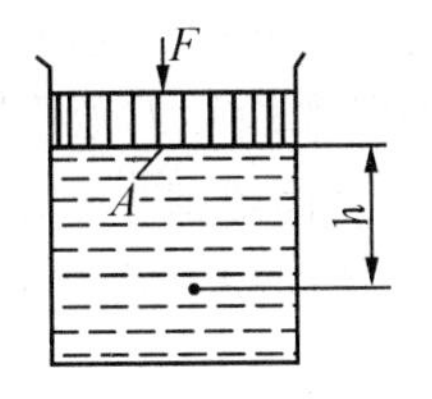

图 2.4　液体内压力计算图

解：(1) 活塞和液面接触处的压力为

$$p_0 = F/A = 1000/(1\times10^{-3}) = 10^6(\text{N/m}^2)$$

(2) 深度为 h 处的液体压力为

$$p = p_0 + \rho gh = 10^6 + 900\times9.8\times0.5$$
$$= 1.0044\times10^6 \approx 10^6(\text{N/m}^2) = 1.0(\text{MPa})$$

由此可见，液体在受压的情况下，因液柱高度所引起的那部分压力 ρgh 与外力所引起的压力相比要小得多，可忽略不计，因此认为整个液体内部的压力是近似相等的。在液压技术中，由于液体的工作压力较高，液体自重的影响可以忽略不计。

2.2.4　静止液体中的压力传递(帕斯卡原理)

由静力学基本方程可知，静止液体中任一点处的压力都包含了液面上的压力 p_0，也就是说，在密闭容器内施加于静止液体上的压力都将等值地传递到液体内各点。这就是静压传递原理，或称帕斯卡原理。

【例 2-2】 图 2.5 所示为相互连通的两个液压缸，已知大缸内径 D=100mm，小缸内径 d=20mm，大活塞上放一重物 G =20000N。问在小活塞上施加多大的力 F 才能使大活塞顶起重物？

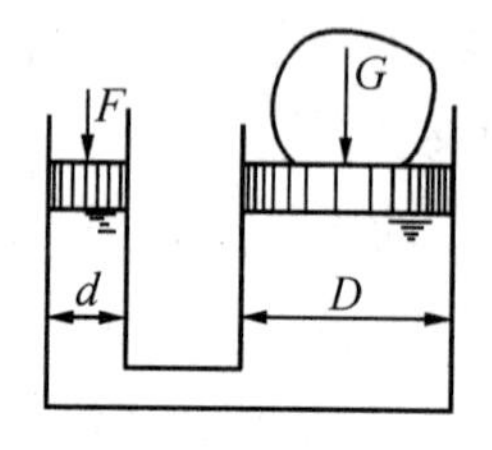

图 2.5　帕斯卡原理应用实例

解：根据帕斯卡原理，由外力产生的压力在两缸中相等，即

$$p=\frac{4F}{\pi d^2}=\frac{4G}{\pi D^2}$$

顶起重物时，在小活塞上施加的力为

$$F=\frac{d^2G}{D^2}=\frac{20^2}{100^2}\times 20000=800(\text{N})$$

由上面的计算可知，若 G =0，则 p =0，F =0；反之，G 越大，p 就越大，推力 F 也就越大。这就表明液压系统的工作压力取决于外负载，这是液压传动中的一个重要概念。

2.2.5　静止液体对固体壁面的作用力

静止液体与固体壁面相接触时，固体壁面上各点在某一方向上所受静压作用力的总和，便是液体在该方向上作用于固体壁面上的力。

当固体壁面为平面时，液体对固体壁面的作用力等于液体的压力与该平面面积的乘积。

如图 2.6 所示的液压缸，在无杆腔侧活塞上，承受液体作用的面积为 $A=\dfrac{\pi D^2}{4}$，活塞上受到液体的作用力为 $F=pA=\dfrac{\pi D^2}{4}p$。

当固体壁面为曲面时，液体对曲面某一方向的作用力等于液体的压力与曲面在该方向垂直平面上投影面积的乘积。

如图 2.7 所示的液压缸筒，缸筒半径为 r，长度为 l。为求压力为 p 的液压油对液压缸右半部分缸筒内壁在 x 方向上的作用力 F_x，在内壁上取一微小面积 $\mathrm{d}A=l\mathrm{d}s=lr\mathrm{d}\theta$，则液压油作用在该面积上的力 $\mathrm{d}F$ 的水平分量 $\mathrm{d}F_x$ 为

$$\mathrm{d}F_x=\mathrm{d}F\cos\theta=p\mathrm{d}A\cos\theta=plr\cos\theta\mathrm{d}\theta$$

由此可得液压油对缸筒内壁在 x 方向上的作用力为

$$F_x=\int_{-\frac{\pi}{2}}^{\frac{\pi}{2}}\mathrm{d}F_x=\int_{-\frac{\pi}{2}}^{\frac{\pi}{2}}plr\cos\theta\mathrm{d}\theta=2plr=pA_x$$

式中，A_x——缸筒右半部分内壁在 x 方向上作用力的投影面积，即 $A_x=2lr$。

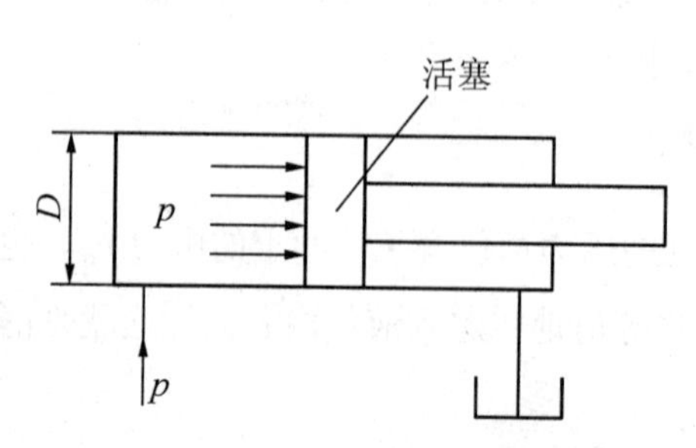

图 2.6　液压油作用在平面上的总作用力

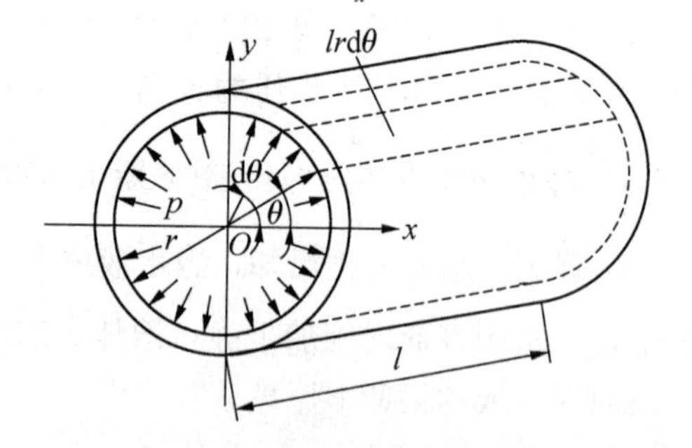

图 2.7　压力油作用在缸体内壁面上的力

2.3　液体动力学

液体动力学的主要内容是研究流动液体的流速和压力之间的变化规律。流动液体的连续性方程、伯努利方程和动量方程是描述流动液体力学规律的 3 个基本方程，是液压技术中分析问题和设计计算的基础。

2.3.1　基本概念

1．理想液体和稳定流动

所谓理想液体是指既无粘性又不可压缩的液体。但实际上液体在流动时是呈现粘性的，而且还必须考虑其粘性的影响。在工程上，为了方便研究与分析，常把液体看做理想液体，并由此建立液体流动的基本规律，然后通过实验来修正，进而得到实际流动液体的基本规律。用同样的方法也可以处理液体的可压缩性问题。

液体流动时，液体中任一点处的运动参数(压力、速度、密度)都不随时间而变化的流动称为稳定流动。反之，运动参数中有一个或几个随时间而变化的流动称为非稳定流动。图 2.8(a)、图 2.8(b)所示分别为稳定流动和非稳定流动。

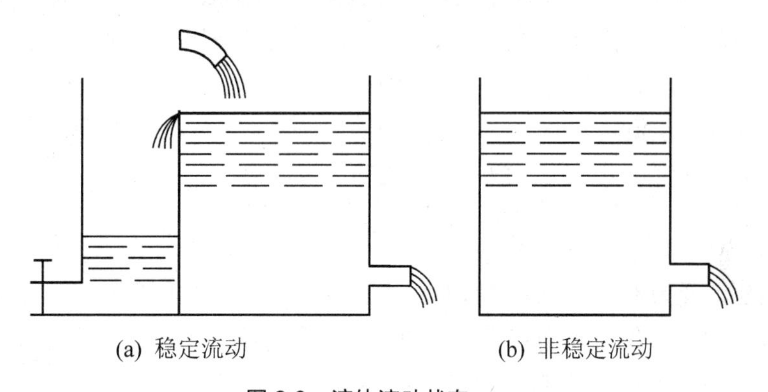

(a) 稳定流动　　(b) 非稳定流动

图 2.8　液体流动状态

2．流量和平均流速

液体在管道中流动时，垂直于液体流动方向的截面称为通流截面，常以 A 表示。

单位时间内通过某通流截面的液体的体积称为流量，用 q 表示，单位为 m^3/s，在实际使用中常用单位 L/min 或 mL/s。

在管道中，由于流体具有粘性，在通流截面上各点的流速 u 并不相同，如图 2.9 所示。在计算整个通流截面的流量时，从通流截面上取一微小面积 dA，通过该微小截面 dA 的流量为 $dq = u dA$，则流过整个通流截面的流量 q 为

$$q = \int_A u dA \tag{2-5}$$

对于实际液体，其速度 u 的分布规律很复杂，因而利用式(2-5)计算流量 q 常存在一定的困难，为此提出了平均流速的概念。假想在通流截面上流速处处相等，流体以此均布速度 v 流过通流截面的流量与以实际流速 u 流过的流量相等，即

$$vA = \int_A u\mathrm{d}A = q \tag{2-6}$$

平均流速为

$$v = \frac{q}{A}$$

在工程计算中，v 通常指平均流速。液压缸工作时，活塞运动的速度就等于缸内液体的平均流速。于是便可建立起活塞运动速度与液压缸有效面积和流量之间的关系。当液压缸的有效面积一定时，活塞运动速度的大小便由输入液压缸的流量来决定。这是液压传动中又一个重要的基本概念。

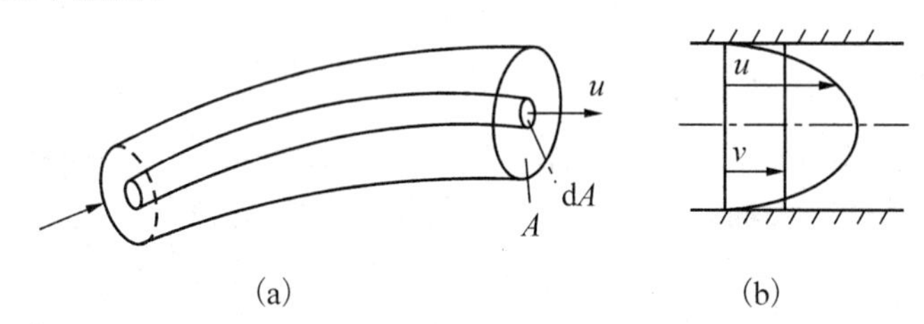

图 2.9　流量和平均流速

3. *层流和紊流*

19 世纪末，雷诺通过实验观察发现管道内液体流动状态主要是层流和紊流。实验结果表明，在层流时液体质点互不干扰，液体的流动呈线性或层状，且平行于管道轴线；在紊流时，液体质点的运动是杂乱无章的，既有平行于管道轴线的运动，还有剧烈的横向运动。

液体流动时是层流还是紊流，与管内的平均流速 v 有关，还与管道内径 d 和液体的运动粘度 υ 有关，判别依据是雷诺数，圆管道的雷诺数为

$$Re = \frac{v\mathrm{d}}{\upsilon} \tag{2-7}$$

液流由层流变为紊流时的雷诺数和由紊流变为层流时的雷诺数是不同的，后者数值小，工程中一般都用后者作为判别液流状态的依据，称为临界雷诺数，记作 Re_c。当 $Re<Re_c$ 时为层流；反之，液流为紊流。常见管道的临界雷诺数见表 2-3。

表 2-3　常见管道的临界雷诺数

管道的形状	临界雷诺数 Re_c	管道的形状	临界雷诺数 Re_c
光滑的金属圆管	2300	带沉割槽的同心环状缝隙	700
橡胶软管	1600～2000	带沉割槽的偏心环状缝隙	400
光滑的同心环状缝隙	1100	圆柱形滑阀阀口	260
光滑的偏心环状缝隙	1000	锥阀阀口	20～100

对于非圆截面的管道，雷诺数可用式(2-8)计算

$$Re = \frac{4vR}{\upsilon} \tag{2-8}$$

式中：R——通流截面的水力半径。它等于液流的有效截面积与它湿周长度 χ (通流截面处与液体相接触的固体壁面的周长)之比，即

$$R = \frac{A}{\chi} \tag{2-9}$$

直径为 d 的圆管的水力半径为

$$R = \frac{A}{\chi} = \frac{\pi d^2}{4\pi d} = \frac{d}{4}$$

水力半径的大小对通流能力的影响很大。水力半径大，则意味着液流和管壁的接触周长短，管壁对液流的阻力小，通流能力大。

2.3.2 连续性方程

连续性方程是质量守恒定律在流体力学中的一种表示形式。图 2.10 所示为一段管道，内部液体作稳定流动，若任意选择两个通流截面 A_1 和 A_2，平均流速分别为 v_1 和 v_2，液体的密度分别为 ρ_1 和 ρ_2，则单位时间内流入通流截面 A_1 的液体质量为 $\rho_1 A_1 v_1$，而单位时间内流出 A_2 的液体质量为 $\rho_2 A_2 v_2$。流入的质量等于流出的质量，即

$$\rho_1 A_1 v_1 = \rho_2 A_2 v_2$$

对于不可压缩的液体，则有

$$A_1 v_1 = A_2 v_2$$

或写成

$$q = A_1 v_1 = A_2 v_2 = 常数 \tag{2-10}$$

这就是液流的连续性方程。它表明不可压缩的液体在管道内流动时，若管径越大，通流截面的平均流速则越小；反之，通流截面上的平均流速就越大。

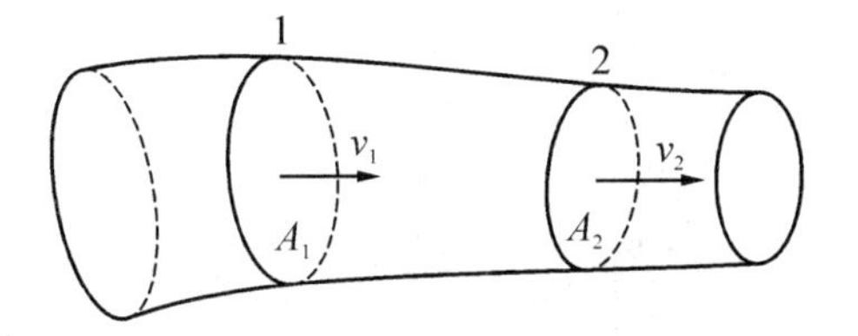

图 2.10　液体在管道中连续流动

2.3.3 伯努利方程

伯努利方程是能量守恒定律在流体力学中的一种表达形式。

1. 理想液体的伯努利方程

如图 2.11 所示，理想液体在管道内作稳定流动。在管路中任选两个通流截面 a 和 b，并选定水平基准面 $O—O$，通流截面 a、b 的中心距水平基准面 $O—O$ 的高度分别为 h_1 和 h_2，通流截面 a、b 的面积分别为 A_1 和 A_2，压力分别为 p_1 和 p_2，平均流速分别为 v_1 和 v_2。在微小时段 Δt 时间内，ab 段液体流到 $a'b'$ 段，外力对 ab 段液体所做的功为

$$W = p_1 A_1 v_1 \Delta t - p_2 A_2 v_2 \Delta t$$

由连续性方程可知

$$A_1 v_1 = A_2 v_2 = q$$

或

$$A_1 v_1 \Delta t = A_2 v_2 \Delta t = q \cdot \Delta t = \Delta V$$

式中：ΔV —— aa' 或 bb' 微小液段液体的体积。则有

$$W=(p_1-p_2)\Delta V$$

在 Δt 时间内 ab 段液体变为 $a'b'$，因此在 Δt 时间内机械能的增加 ΔE 为 $a'b'$ 段的机械能减去 ab 段的机械能，即

$$\Delta E=E_{a'b'}-E_{ab}$$

因为液体作稳定流动，当 ab 段的液体流到 $a'b'$ 段时，位于空间重合段 $a'b$ 外的压力、流速及密度均不发生变化，因而这段液流的能量也不发生变化。仅是 aa' 段的液体流到 bb' 段时液流的高度 h 及平均流速发生变化。这两段的机械能分别为

$$E_{aa'}=\frac{1}{2}m_1v_1^2+m_1gh_1$$

$$E_{bb'}=\frac{1}{2}m_2v_2^2+m_2gh_2$$

式中，m_1、m_2——分别是 aa' 、bb' 段液体的质量。则有

$$\Delta E=E_{bb'}-E_{aa'}$$

根据质量守恒定律，则有

$$m_1=m_2=m$$

故有

$$\Delta E=\frac{1}{2}mv_2^2+mgh_2-(\frac{1}{2}mv_1^2+mgh_1)$$

根据能量守恒定律，外力对 ab 段液体所做的功 W 等于 ab 段液体机械能的增加量 ΔE。所以

$$(p_1-p_2)\Delta V=\frac{1}{2}mv_2^2+mgh_2-\frac{1}{2}mv_1^2-mgh_1 \tag{2-11}$$

将式(2-11)除以 mg，即对于单位重量液体，有

$$\frac{p_1-p_2}{\rho g}=\frac{1}{2g}v_2^2+h_2-\frac{1}{2g}v_1^2-h_1$$

$$\frac{p_1}{\rho g}+\frac{v_1^2}{2g}+h_1=\frac{p_2}{\rho g}+\frac{v_2^2}{2g}+h_2 \tag{2-12}$$

在图 2.11 中，a、b 两截面是任意选取得，故式(2-12)适用于管内任意两截面，于是可将式(2-12)写成如下形式

$$\frac{p}{\rho g}+\frac{v^2}{2g}+h=\text{常数} \tag{2-13}$$

式中：$\frac{p}{\rho g}$ ——单位重量液体的比压能；

$\frac{v^2}{2g}$ ——单位重量液体的比动能；

h ——单位重量液体的比位能。

这就是理想液体的伯努利方程。它表明在管内作稳定流动的理想液体具有压力能、势能和动能，而且它们之间可以相互转换，但在任一截面处其总和不变，即能量守恒。

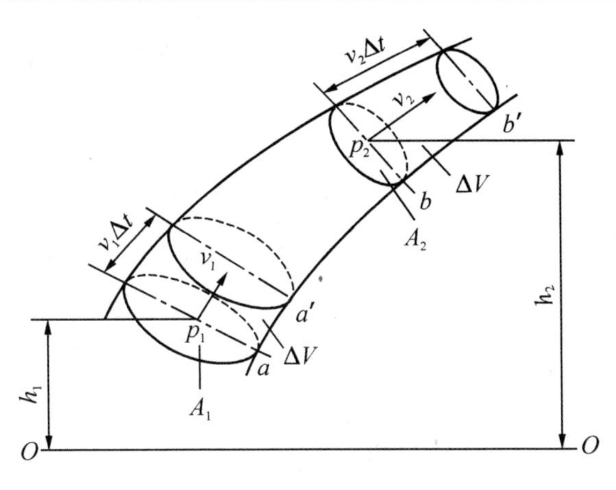

图 2.11　理想液体伯努利方程的推导

2. 实际液体的伯努利方程

由于实际液体具有粘性，在流动的过程中，液体与固体壁面之间、液体相互之间都会产生摩擦，消耗能量；液体在通过通流截面有变化的地方，液体会产生旋涡等，也会产生能量损失。假设单位重量液体在两截面中流动时的能量损失为 h_w；另外由于伯努利方程中用平均流速代替实际流速，在动能计算中将产生误差，为此引进动能修正系数 α 。

实际液体的伯努利方程为

$$\frac{p_1}{\rho g}+\frac{\alpha_1 v_1^2}{2g}+h_1=\frac{p_2}{\rho g}+\frac{\alpha_2 v_2^2}{2g}+h_2+h_w \tag{2-14}$$

式中：α_1、α_2——动能修正修数，紊流时取 $\alpha=1$，层流时取 $\alpha=2$；

h_w——单位重量液体的能量损失。

【例 2-3】 计算液压泵吸油口处的真空度。

解：如图 2.12 所示，通流截面取油箱液面 1—1 和泵吸油口截面 2—2，其中 1—1 液面为基准水平面，则有

$$\frac{p_1}{\rho g}+\frac{\alpha_1 v_1^2}{2g}+h_1=\frac{p_2}{\rho g}+\frac{\alpha_2 v_2^2}{2g}+h_2+h_w$$

式中：v_1——油箱液面流速；

v_2——泵吸油口处流速。

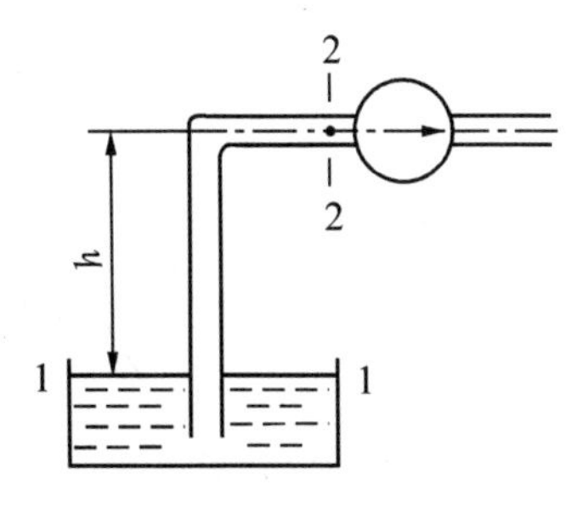

图 2.12　液压泵从油箱吸油

由于油箱液面面积比泵吸油口处截面面积大得多，所以 $v_1 \ll v_2$。可认为 $v_1\approx 0$；$h_1=0$；$h_2=h$；$p_1=\mathrm{Pa}$ (大气压)，p_2 为泵吸油口处的绝对压力；h_w 为单位重量液体的能量损失。上式可简化为

$$\frac{\mathrm{Pa}}{\rho g}=\frac{p_2}{\rho g}+\frac{\alpha v_2^2}{2g}+h+h_w$$

液压泵吸油口的真空度为

$$\mathrm{Pa}-p_2=\frac{\alpha v_2^2\rho}{2}+\rho g h+\rho g h_w$$

由式(2-16)可以看出，液压泵吸油口的真空度由三部分组成，即 $\frac{\alpha v_2^2\rho}{2}$、$\rho gh$ 和 ρgh_w。液压泵吸油口处的真空度不能太大，否则会产生气穴现象。一般限制液压泵吸油口处真空度的方法是加大吸油管直径，减小 $\frac{\alpha v_2^2\rho}{2}$ 的数值；缩短吸油管的长度及减小局部阻力，减小 ρgh_w 的数值；限制泵的安装高度 h，通常 h 应小于 0.5m。

2.3.4　动量方程

动量方程是刚体力学中的动量定理在流体力学中的应用。刚体力学动量定理是作用在物体上的力的大小等于物体在力作用方向上动量的变化率，即

$$\sum F=\frac{mv_2}{\Delta t}-\frac{mv_1}{\Delta t} \tag{2-15}$$

对于作稳定流动的液体，若忽略液体的可压缩性，则液体的密度不变，单位时间流过的液体质量 $m=\rho q\Delta t$，将其代入(2-15)，有

$$\sum F=\rho q\left(v_2-v_1\right) \tag{2-16}$$

若考虑平均流速与实际流速之间存在误差，应引入动量修正系数 β，故流动液体的动量方程为

$$\sum F=\rho q\beta_2 v_2-\rho q\beta_1 v_1 \tag{2-17}$$

式中：q——流量；

β_1、β_2——动量修正系数，层流时 β=1.33，紊流时 β=1。为简化计算，通常均取 β=1。

式(2-19)为矢量方程，应用时可根据问题的具体要求向指定方向投影，列出该指定方向的动量方程。例如在 x 方向的动量方程可写成

$$\sum F_x=\rho q\beta_2 v_{2x}-\rho q\beta_1 v_{1x} \tag{2-18}$$

工程中往往求液体对固体壁面的作用力，即动量方程中 $\sum F$ 的反作用力 $\sum F'$ (称为稳态液动力)。

【例 2-4】 如图 2.13 所示滑阀，求滑阀阀芯所受的轴向稳态液动力。

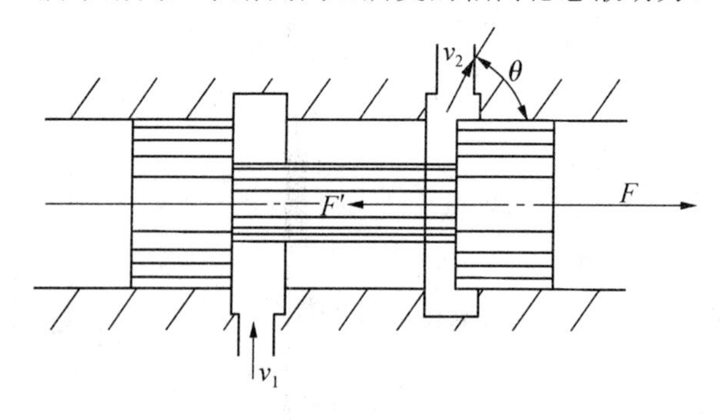

图 2.13　滑阀阀芯上的稳态液动力

解：取进、出口之间的液体体积为控制体，列出滑阀轴线方向的动量方程为

$$\begin{aligned}F&=\rho q\beta_2 v_2\cos\theta-\rho q\beta_1 v_1\cos 90^\circ\\&=\rho q\beta_2 v_2\cos\theta\ (\text{方向向右})\end{aligned}$$

阀芯所受的稳态液动力为

$$F' = -F = -\rho q \beta_2 v_2 \cos\theta \text{(方向向左)}$$

由此可知，阀芯上所受的稳态液动力会使滑阀阀口趋于关闭，且流量和流速越大，稳态液动力则越大。

2.4　液体流动时管路内压力损失计算

液体在管路内流动时，一方面由于液体具有粘性，会产生摩擦力，造成能量的损失；另一方面由于液体在流动时质点间相互碰撞和出现旋涡等，同样会造成能量的损失。在液压技术中，这种能量损失主要表现在液压油的压力下降，即称为压力损失。液体压力损失可分为沿程压力损失和局部压力损失两种。

2.4.1　沿程压力损失

液体在等直径直管中流动时，由于摩擦而产生的压力损失称为沿程压力损失。经理论分析及实验验证，沿程压力损失可按式(2-19)计算

$$\Delta p_\lambda = \lambda \frac{l}{d}\frac{\rho v^2}{2} \tag{2-19}$$

式中：Δp_λ——沿程压力损失，Pa；

l——管路长度，m；

v——液流速度，m/s；

d——管路内径，m；

ρ——液体密度，kg/m^3；

λ——沿程阻力系数。

液体的流动状态不同，λ选取的数值不同。对于圆管层流，理论值$\lambda=64/Re$。考虑到实际圆管截面可能有变形以及靠近管壁处的液层会因冷却而阻力略有加大，故计算时对金属管应取$\lambda=75/Re$，橡胶管$\lambda=80/Re$。紊流时，当$2.3\times10^3<Re<10^5$时，可取$\lambda\approx0.3164\,Re^{-0.25}$。

2.4.2　局部压力损失

液体流经阀口、弯管时，由于通流截面突然变化、液流方向改变和流速发生变化，会使局部形成旋涡，质点间相互碰撞加剧，因而产生的能量损失称为局部压力损失。

局部压力损失的计算公式为

$$\Delta p_\xi = \xi \frac{\rho v^2}{2} \tag{2-20}$$

式中：Δp_ξ——局部压力损失；

ξ——局部阻力系数，由实验求得，具体数据可查阅有关液压传动设计计算手册；

v——液流的流速，一般情况下均指局部阻力后部的流速；

ρ——液体密度，kg/m^3。

液体流过各种阀类的局部压力损失常用下列经验公式计算

$$\Delta p_{\mathrm{v}} = \Delta p_{\mathrm{n}}\left(\frac{q}{q_{\mathrm{n}}}\right)^2 \tag{2-21}$$

式中：q_{n}——阀的额定流量；

Δp_n——阀在额定流量下的压力损失(从阀的样本手册查)；

q——通过阀的实际流量。

2.4.3 管路中的总压力损失

管路系统中的总压力损失等于所有的沿程压力损失和局部压力损失之和，即

$$\sum \Delta p = \sum \lambda \frac{l}{d}\frac{\rho v^2}{2} + \sum \xi \frac{\rho v^2}{2} \tag{2-22}$$

利用式(2-22)计算总压力损失时，只有在两相邻局部损失之间的距离大于直径 10～20 倍时才成立，否则液流受前一个局部阻力的干扰还没稳定下来，就要经历下一个局部阻力，流动情况会变得非常复杂。

考虑到存在着压力损失，一般液压系统中液压泵的工作压力 p_{b} 应比执行元件的工作压力 p_1 高 $\sum \Delta p$，即

$$p_{\mathrm{b}} = p_1 + \sum \Delta p \tag{2-23}$$

液压传动中，必须尽量减少总的压力损失 $\sum \Delta p$。因为系统中的压力损失不仅耗费功率，而且还将使系统油液温度上升，工况恶化。

为减小压力损失，除应尽量采用合适的流速及粘度外，还应力求使管道的内壁光滑、尽可能缩短连接管的长度、减少弯头与接头数、减少管道截面的变化、选用压力降小的阀件等，以减小液阻，从而减少系统的压力损失。

2.5 液体流经孔口及缝隙的流量

在液压传动中，大部分阀类元件都是利用液体经过小孔或缝隙来工作的，因此小孔和缝隙是液压元件的重要组成部分，对元件性能的影响很大。

2.5.1 流经小孔的流量

小孔可分为薄壁小孔、细长小孔和短孔。

1. 流经薄壁小孔的流量

当小孔的长度和直径之比 $l/d \leqslant 0.5$ 时，称之为薄壁小孔。图 2.14 所示为一典型的薄壁小孔。液体流经薄壁孔口的流量公式为

$$q = c_{\mathrm{d}} A \sqrt{\frac{2\Delta p}{\rho}} \tag{2-24}$$

式中：c_d——流量系数；

A——通流小孔截面积，$A=\dfrac{\pi d^2}{4}$；

Δp——薄壁孔口节流前后压力差，$\Delta p = p_1 - p_2$。

流量系数 c_d 通常由实验确定。当液流完全收缩($D/d \geqslant 7$)时，c_d=0.6～0.62；当不完全收缩($D/d<7$)时，c_d=0.7～0.8。由于液体流经薄壁孔口的流量 q 与小孔前后压差的平方根成正比，所以孔口流量受孔口压差变化的影响较小。由于 q 与液体的粘度无关，因而工作温度的变化对薄壁孔口流量 q 的影响甚微。因此在液压技术中，节流孔口常做成薄壁孔口。

2. 流经细长小孔的流量

当小孔的长度和直径之比 $l/d>4$ 时，称之为细长小孔。图 2.15 所示为一细长小孔，液体流经细长小孔的流量公式为

$$q = \frac{\pi d^4}{128\mu l}\Delta p \tag{2-25}$$

式中：μ——液压油的动力粘度；

Δp——液体流经细长小孔前后的压力差。

液体流经细长小孔的流量与小孔前后的压力差 Δp 成正比，并受油液粘性的影响。当油温升高时，油液的粘度下降，在相同压差作用下，流经小孔的流量增加。

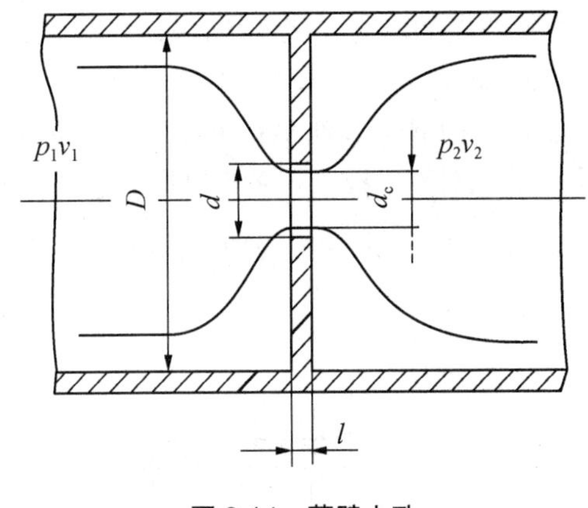

图 2.14　薄壁小孔

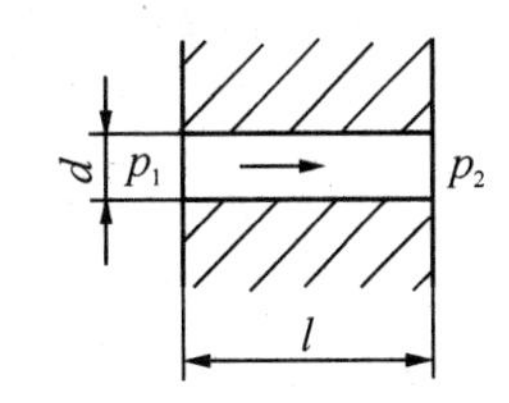

图 2.15　细长小孔

3. 液体流经短孔的流量

当 $0.5 \leqslant l/d \leqslant 4$ 时，称之为短孔。流经短孔的流量公式与薄壁小孔的流量公式完全一样，但流量系数不同。一般取 C_d=0.8～0.82。为了分析问题的方便，上述三种小孔的流量公式可综合为：

$$q = KA\Delta P^m \tag{2-26}$$

式中：A——孔口截面面积(m²)；

Δp——孔口前后的压力差(N/m²)；

m——由孔口形状决定的指数，薄壁小孔 m=0.5；细长小孔 m=1；短孔 $0.5 \leqslant m \leqslant 1$；

K——由孔的形状尺寸决定的系数，当小孔为薄壁孔时 $K = C_d\sqrt{\frac{2}{\rho}}$；当小孔为细长孔时，$K = \frac{d^2}{32\mu l}$。

小孔流量通用公式常作为分析小孔的流量及其特征之用。

2.5.2　液体流经间隙的流量

在液压系统中，各种液压元件表面之间存在着间隙，间隙的大小对液压元件的性能影响极大，间隙太小会使零件卡死；间隙过大会造成泄漏，使系统效率降低、性能下降。为减少泄漏和提高液压系统的工作性能，有必要分析液体流经间隙的泄漏规律。常见的间隙有平行平板间隙和环形间隙两种。由于间隙的高度很小，其中的液体流动常属于层流。

1．流经平行平板间隙的流量

(1) 流经固定平行平板间隙的流量。如图 2.16 所示，两平行平板的间隙充满液体，间隙的高度为 δ，长度为 l，宽度为 b，缝隙两端的压力分别为 p_1、p_2($p_1 > p_2$)。

液体在压力差 $\Delta p = p_1 - p_2$ 作用下的流动称为压差流动。流量公式为

$$q = \frac{b\delta^3}{12\mu l}\Delta p \tag{2-27}$$

由式(2-27)可以看出，通过间隙的流量与间隙两端的压力差成正比，与间隙的高度 δ 的三次方成正比。在工程中，为了减小间隙的泄漏量，首先应当减小间隙的高度。

(2) 流经相对运动平行平板间隙的流量。如图 2.17 所示，两平行平板的间隙充满液体，平板两端无压力差($p_1 = p_2$)，下平板不动，上平板相对下平板以 v_0 的速度向右运动。由于液体存在粘性，在平板运动时，间隙中的液体也在流动，这种流动称为剪切流动。流量公式为

$$q = \frac{b\delta}{2}v_0 \tag{2-28}$$

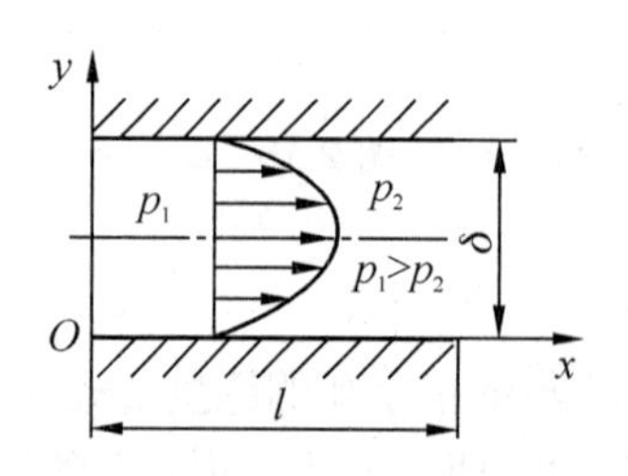

图 2.16　平行平板间隙压差流动图

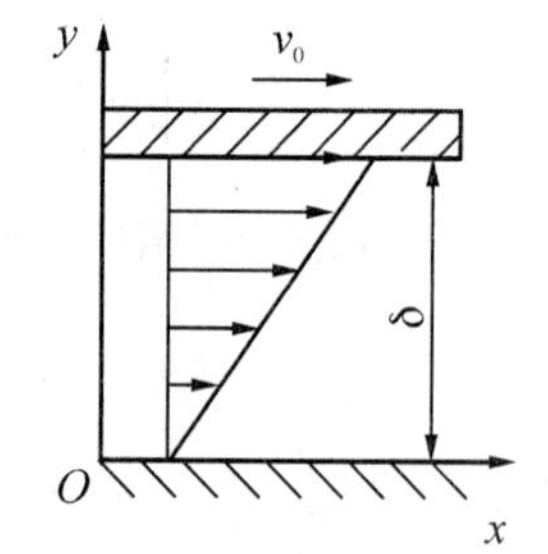

图 2.17　平行平板间隙剪切流动图

在一般情况下，相对运动平行平板间隙中既有压差流动，又有剪切流动，如图 2.18 所示。此时平行平板间隙的流量为

$$q = \frac{b\delta^3}{12\mu l}\Delta p \pm \frac{b\delta}{2}v_0 \tag{2-29}$$

式中“±”号的确定方法：当长平板相对于短平板移动的方向和压差方向相同时，取“+”号；反之，取“−”号。

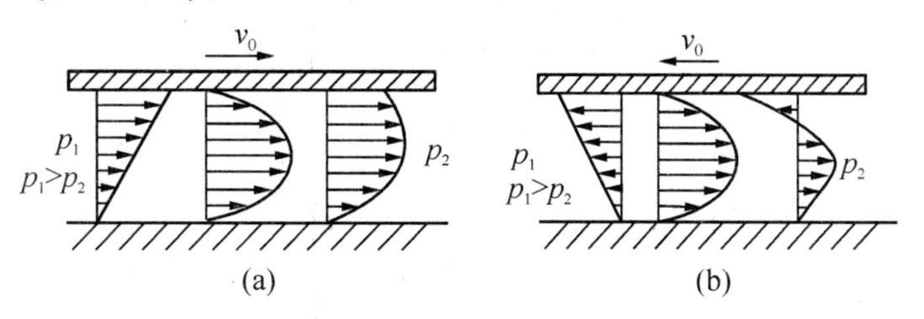

图 2.18　平行平板间隙在压差与剪切联合作用下的流动图

2. 流经环形间隙的流量

(1) 流经同心环形间隙的流量。在液压技术中，缸体与活塞的配合间隙，阀体与阀芯的配合间隙等均属于同心环形间隙。如图 2.19 所示，圆柱体直径为 d，间隙厚度为 δ，间隙长度为 l。环形间隙与平面间隙的流动在本质上是一致的，只要将环形间隙沿圆周方向展开，即成平面间隙，用 πd 代替平面间隙中的宽度 b，可得到环形间隙的流量公式，即

$$q=\frac{\pi d\delta^3}{12\mu l}\Delta p\pm\frac{\pi d\delta}{2}v_0 \tag{2-30}$$

(2) 流经偏心环形间隙的流量。在实际中完全同心的环形间隙极少，常常存在一定的偏心量 e，如图 2.20 所示，偏心环形间隙的流量公式为

$$q=\frac{\pi d\delta^3\Delta p}{12\mu l}\left(1+1.5\varepsilon^2\right)\pm\frac{\pi d\delta v_0}{2} \tag{2-31}$$

式中：δ——内外圆同心时的间隙厚度；

ε——相对偏心率，即内外圆偏心距 e 和同心环形间隙厚度 δ 的比值，$\varepsilon=e/\delta$。

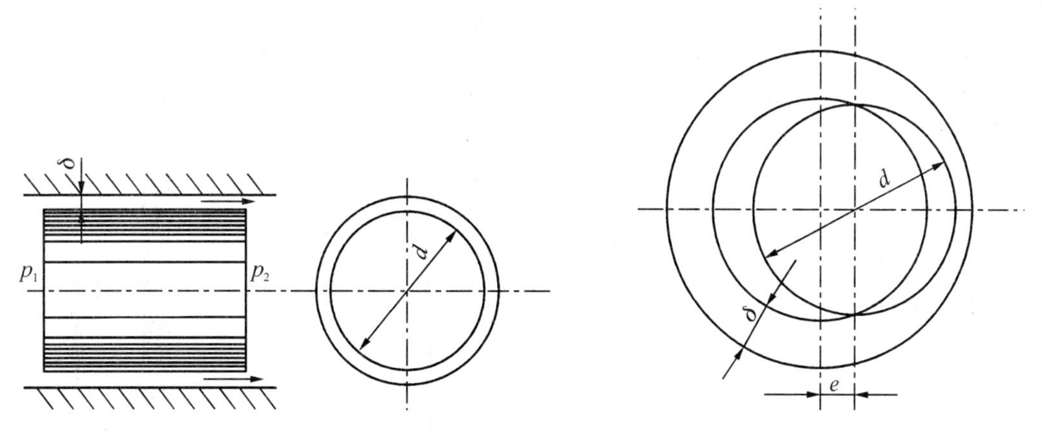

图 2.19　同心环形间隙的液流　　　　图 2.20　偏心环形间隙

由式(2-31)可知，当 $\varepsilon=1$ 时，即在最大偏心情况下，其压差流量为同心环形间隙压差流量的 2.5 倍。可见在液压元件中，为了减少圆环间隙的泄漏，应使相互配合的零件尽量处于同心状态。

2.6　液压冲击和空穴现象

2.6.1　液压冲击

在液压传动系统中，由于某种原因致使液体压力瞬时急剧上升，会形成很高的压力峰值的现象，称为液压冲击。液压系统出现液压冲击时，一方面会引起强烈震动、噪声并使油温升高；另一方面巨大的压力峰值会使密封装置、管道或液压元件损坏；还会使液压元件(如压力继电器、顺序阀等)产生误动作，影响系统的正常工作。

1. 液压冲击产生的原因

(1) 当液压阀突然关闭或迅速换向时，液流速度的大小或方向发生变化，由于液流的惯性作用，便导致液压冲击。

(2) 当运动部件突然制动或换向时，因运动部件具有惯性，也将导致系统产生液压冲击。

2. 减小液压冲击的措施

(1) 尽可能延长阀门关闭和运动部件制动、换向的时间。

(2) 限制管中液流的速度。

(3) 在系统中的冲击源附近设置蓄能器或安全阀。

(4) 采用软管，降低系统的刚度，减小压力冲击。

2.6.2　空穴现象

在流动的液体中，当某点处的压力低于空气分离压时而产生气泡的现象，称为空穴现象。当液压系统中出现空穴现象时，大量的气泡破坏了液体流动的连续性，会产生压力波动。当所形成的气泡进入高压区时又急剧破灭，从而产生局部液压冲击，使局部压力及温度升高，并引起强烈的振动和噪声。由于油液中析出的气体有游离氧，对零件的表面有很强的氧化作用，会使金属表面剥落，出现海绵状的小洞穴，这种现象称为气蚀。气蚀还会导致液压元件寿命的缩短。

1. 产生空穴现象的原因

油液中都溶解有一定量的空气，当油液流动时某处压力低于空气分离压时，油液中的空气就会分离出来而产生大量气泡。由此可知，压力的过度下降是产生空穴现象的原因。

2. 减小空穴现象的措施

(1) 减小孔口或间隙前后压力差，即压力比 $p_1/p_2<3.5$。

(2) 适当加大吸油管直径，限制吸油管的流速，限制泵的安装高度。

(3) 管路应有良好的密封，以防止空气进入。

本 章 小 结

(1) 液体作为液压传动的工作介质，具有可压缩性和粘性；粘性是选择液压油的主要依据。

(2) 液压油的选择包括品种和粘度的选择。

(3) 液体静压力具有两个重要特性；压力的表示方法有两种，绝对压力和相对压力；静力学基本方程；液压千斤顶的工作原理是帕斯卡原理的应用；液压传动系统的压力取决于外负载。

(4) 连续性方程是质量守恒定律在流体力学中的表达形式，伯努利方程是能量守恒定律在流体力学中的表达形式，动量方程是动量定律在流体力学中的应用，它们是液压技术中分析问题和设计计算的基础。

(5) 液体流动时能量的损失用压力损失来表示，可分为沿程压力损失和局部压力损失。

(6) 小孔流量综合公式，取不同的值和指数，可计算流经薄壁小孔、细长小孔和短孔的流量。

习　　题

2-1　什么是液体的粘性？粘性的度量方法有哪些？

2-2　什么是静压力？静压力有哪些特征？

2-3　简述伯努利方程的物理意义。

2-4　液体有哪两种流态？如何判断两种流态？

2-5　液压冲击和空穴现象的产生原因是什么？如何降低液压冲击和空穴现象造成的危害？

2-6　如图 2.21 所示，液压缸内径为 150mm，柱塞直径为 100mm，液压缸中充满油液，如果柱塞上作用 50000N 的力，不计油液的重量，计算液压缸内的液体压力。

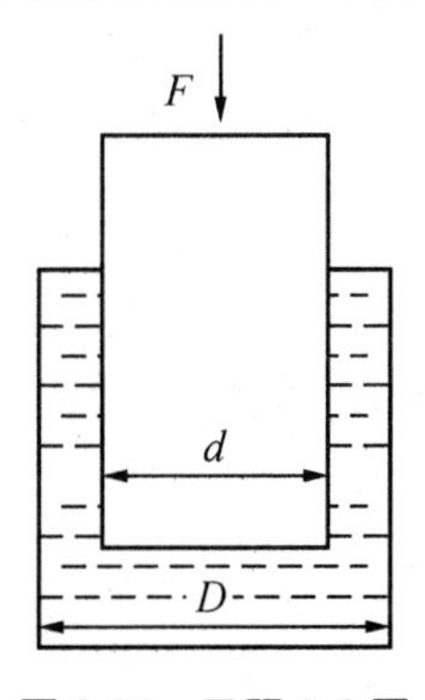

图 2.21　习题 2-6 图

2-7　如图 2.22 所示，有一直径为 d 、质量为 m 的活塞浸在液体中，并在力 F 的作用下处于静止状态。若液体的密度为 ρ，活塞浸入深度为 h，试确定液体在测压管内的上升高度 x。

2-8 如图 2.23 所示，具有一定真空度的容器用一根管子倒置于液面与大气相通的水槽中，液体在管中上升的高度 h=1m，设液体的密度为 ρ=1000kg/m^3，试求容器内的真空度。

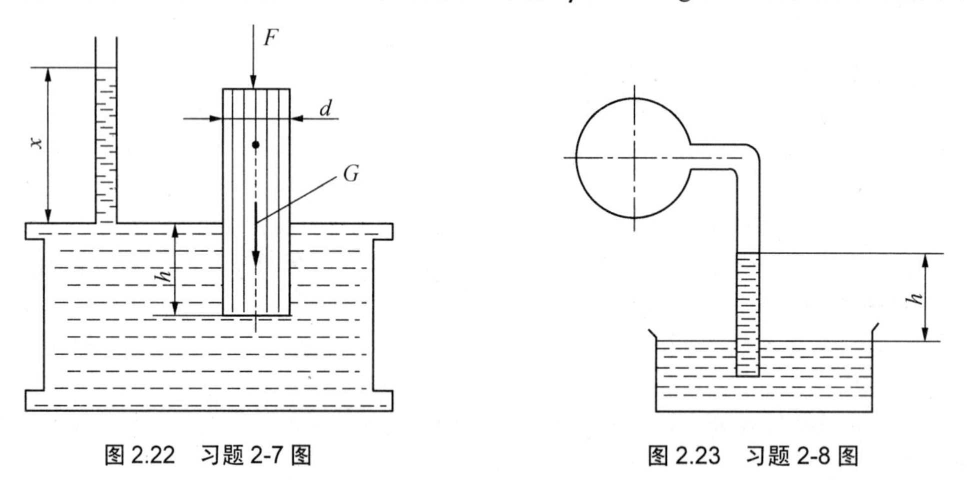

图 2.22　习题 2-7 图　　　图 2.23　习题 2-8 图

2-9 液压泵安装如图 2.24 所示，已知泵的输出流量 q=25L/min，吸油管直径 d=25mm，泵的吸油口距油箱液面的高度 H=0.4m。设油的运动粘度 υ=20mm^2/s，密度 ρ=900kg/m^3，试计算液压泵吸油口处的真空度。

2-10 如图 2.25 所示，在容器的下部开一小孔，容器面积比小孔面积大得多，容器上部为一活塞，并受一重物 G 的作用，活塞至小孔距离为 h，求孔口液体的流速。若液体仅在自重作用下流动，其流速为多大？

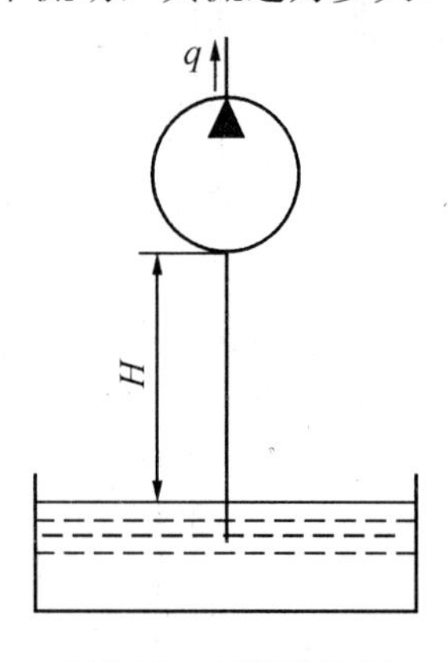

图 2.24　习题 2-9 图

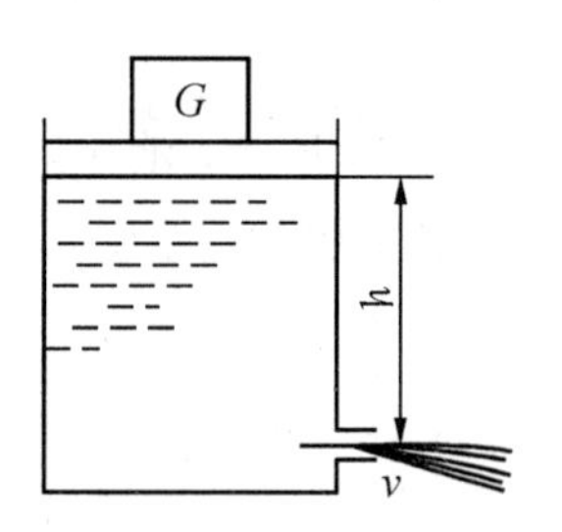

图 2.25　习题 2-10 图

第 3 章　液压动力元件

教学目标与要求：

- 掌握液压泵的工作原理及其正常工作的条件和主要性能参数
- 掌握齿轮泵的工作原理、结构特点和应用
- 掌握叶片泵的工作原理、结构特点和应用
- 掌握外反馈限压式变量叶片泵的工作原理及流量压力特性曲线
- 掌握柱塞泵的工作原理、结构特点和应用
- 熟悉液压泵的选用

教学重点：

- 齿轮泵、叶片泵和柱塞泵的工作原理和结构特点
- 液压泵主要性能参数的计算
- 外反馈限压式变量叶片泵的工作原理及流量压力特性曲线

教学难点：

- 液压泵的功率与效率的计算
- 齿轮泵的困油现象、产生原因及消除方法
- 外反馈限压式变量叶片泵的工作原理及流量压力特性曲线

液压动力元件是一种能量转换装置，它可将原动机(如电动机或内燃机)输入的机械能转换为工作液体的压力能，因此它是液压系统的重要组成部分。本章主要介绍齿轮泵、叶片泵和柱塞泵的工作原理、结构特点与排量和流量计算以及应用等。

3.1　概　　述

3.1.1　液压泵的工作原理与分类

1. 工作原理

图 3.1 所示为单柱塞液压泵的工作原理图。图中柱塞 2 装在泵体 3 中形成一个密封容积 a，柱塞在弹簧 4 的作用下始终压紧在偏心轮 1 上。原动机驱动偏心轮 1 旋转使柱塞 2 作往复运动，密封容积 a 的大小随之发生周期性的变化。当 a 由小变大时，腔内形成部分真空，油箱中的油液便在大气压力的作用下，经油管顶开单向阀 6 进入 a 中实现吸油，此时单向阀 5 处于关闭状态；随着偏心轮的转动，密封容积由大变小，其内油液压力则由小变大。当压力达到一定值时，便顶开单向阀 5 进入系统而实现压油(此时单向阀 6 关闭)，这样液压泵就将原动机输入的机械能转换为液体的压力能。随着原动机驱动偏心轮不断地旋转，液压泵就不断地吸油和压油。由此可知，液压泵是通过密封容积的变化来完成吸油

和压油的，其排量的大小取决于密封容积变化的大小，而与偏心轮转动的次数及油液压力的大小无关，故称为容积式液压泵。

为了保证液压泵的正常工作，对系统有以下两点要求：

(1) 应具有相应的配流机构，将吸、压油腔分开，保证液压泵有规律地吸、压油。图 3.1 中单向阀 5 和 6 使吸、压油腔不相通，起配油的作用，因而称为阀式配油。

(2) 油箱必须和大气相通以保证液压泵吸油充分。

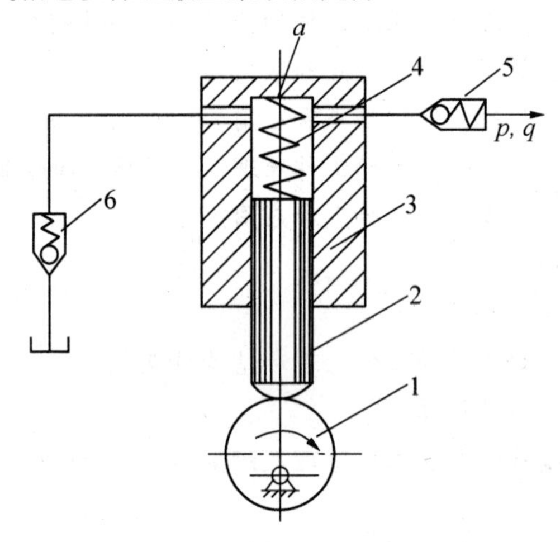

图 3.1　液压泵工作原理图

1—偏心轮；2—柱塞；3—泵体；4—弹簧；5、6—单向阀

2. 分类

液压泵按结构形式可分为齿轮式液压泵、叶片式液压泵、柱塞式液压泵、螺杆式液压泵等；按压力的大小液压泵又可分为低压泵、中压泵和高压泵；若按输出流量能否变化则可分为定量泵和变量泵。

3.1.2　液压泵的主要性能参数

液压泵的主要性能参数有压力、排量、流量、功率和效率。

1. 压力

(1) 工作压力 p 。液压泵工作时实际输出油液的压力称为工作压力。其大小取决于外负载，与液压泵的流量无关，单位为 Pa 或 MPa 。

(2) 额定压力 p_{n} 。液压泵在正常工作时，按试验标准规定连续运转的最高压力称为液压泵的额定压力。其大小受液压泵本身的泄漏和结构强度等限制，主要受泄漏的限制。

(3) 最高允许压力 p_{m} 。在超过额定压力的情况下，根据试验标准规定，允许液压泵短时运行的最高压力值，称为液压泵的最高允许压力。泵在正常工作时，不允许长时间处于这种工作状态。

2. 排量和流量

(1) 排量 V 。泵每一转，其密封容积发生变化所排出液体的体积称为液压泵的排量。

排量的单位为 m^3/r。排量的大小只与泵的密封腔几何尺寸有关，与泵的转速 n 无关。排量不变的液压泵为定量泵；反之，为变量泵。

(2) 理论流量 q_t。指泵在不考虑泄漏的情况下，单位时间内所排出液体的体积称为理论流量。当液压泵的排量为 V，其主轴转速为 n 时，则液压泵的理论流量 q_t 为

$$q_t = Vn \tag{3-1}$$

(3) 实际流量 q。泵在某一工作压力下，单位时间内实际排出液体的体积称为实际流量。它等于理论流量 q_t 减去泄漏流量 Δq，即

$$q = q_t - \Delta q \tag{3-2}$$

其中，泵的泄漏流量 Δq 与压力有关，压力越高，泄漏流量就越大，故实际流量随压力的增大而减小。

(4) 额定流量 q_n。泵在正常工作条件下，按试验标准规定(在额定压力和额定转速下)必须保证的流量称为额定流量。以上流量的关系如图 3.2 所示。

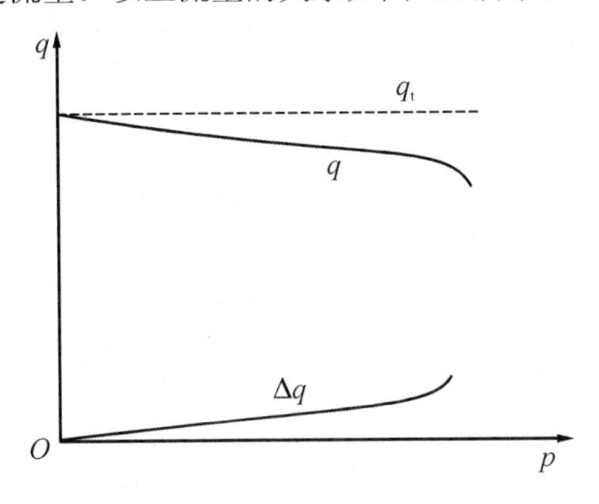

图 3.2　液压泵流量与压力的关系

3. 功率和效率

(1) 液压泵的功率。

① 输入功率 P_i：指作用在液压泵主轴上的机械功率，它是以机械能的形式表现的。当输入转矩为 T_i，角速度为 ω 时，则有

$$P_i = T_i\omega \tag{3-3}$$

② 输出功率 P：指液压泵在实际工作中所建立起的压力 p 和实际输出流量 q 的乘积，它是以液压能的形式表现的，即

$$P = pq \tag{3-4}$$

(2) 液压泵的效率。液压泵的功率损失包括容积损失和机械损失。

① 容积损失。容积损失是指液压泵在流量上的损失。即液压泵的实际流量小于其理论流量。造成损失的主要原因有：液压泵内部油液的泄漏、油液的压缩、吸油过程中油阻太大和油液粘度大以及液压泵转速过高等现象。

液压泵的容积损失通常用容积效率 η_v 表示。它等于液压泵的实际输出流量 q 与理论流量 q_t 之比，即

$$\eta_{\rm v}=\frac{q}{q_{\rm t}}=\frac{q}{Vn} \tag{3-5}$$

则液压泵的实际流量q为

$$q=q_{\rm t}\cdot\eta_{\rm v}=Vn\cdot\eta_{\rm v} \tag{3-6}$$

式中泄漏流量Δq与压力有关，随压力增高而增大，而容积效率随着液压泵工作压力的增大而减小，并随液压泵的结构类型不同而异，但恒小于1。

② 机械损失。机械损失是指液压泵在转矩上的损失。即液压泵的实际输入转矩大于理论上所需要的转矩，主要是由于液压泵内相对运动部件之间的摩擦损失以及液体的粘性而引起的摩擦损失。液压泵的机械损失用机械效率$\eta_{\rm n}$表示。

设液压泵的理论转矩为$T_{\rm t}$，实际输入转矩为$T_{\rm i}$，则液压泵的机械效率为

$$\eta_{\rm n}=\frac{T_{\rm t}}{T_{\rm i}}$$

式中理论转矩$T_{\rm t}$可根据能量守恒原理得出，即液压泵的理论输出功率$pq_{\rm t}$等于液压泵的理论输入功率$T_{\rm t}\ \omega$

$$T_{\rm t}=\frac{pV}{2\pi}$$

则液压泵的机械效率为

$$\eta_{\rm n}=\frac{pV}{2\pi T_{\rm i}} \tag{3-7}$$

式中：p——液压泵内的压力，$\rm N/m^2$；

V——液压泵的排量，$\rm m^3/r$；

$T_{\rm i}$——液压泵的实际输入转矩，$\rm N\cdot m$。

③ 液压泵的总效率。液压泵的总效率是指液压泵的输出功率P与输入功率$P_{\rm i}$的比值，即有

$$\begin{aligned}\eta&=\frac{P}{P_{\rm i}}=\frac{pq}{2\pi nT_{\rm i}}\\&=\frac{pV}{2\pi T_{\rm i}}\frac{q}{Vn}\\&=\eta_{\rm v}\eta_{\rm n}\end{aligned} \tag{3-8}$$

由式(3-8)可知，液压泵的总效率等于泵的容积效率与机械效率的乘积。即提高泵的容积效率或机械效率就可提高泵的总效率。

3.2 齿 轮 泵

齿轮泵因其具有结构简单、体积小、重量轻、转速高、工作可靠、寿命长，以及自吸性能好、对油污不敏感和便于维修、成本低等优点，被广泛地应用于各种液压机械中。齿轮泵按结构形式的不同，可分为外啮合齿轮泵和内啮合齿轮泵；按输出流量能否变化又可分为定量泵和变量泵，其中外啮合齿轮泵应用较广。下面以外啮合齿轮泵为例来分析研究

齿轮泵的工作原理与结构特点。

3.2.1 外啮合齿轮泵

1. 工作原理

齿轮泵的工作原理如图3.3所示，泵体内装有一对齿数相等、模数相同的外啮合齿轮，这对齿轮与泵的两端盖和泵体间形成一密封容积腔，并由齿轮的齿顶和啮合线把密封腔分为互不相通的两部分，即吸油腔和压油腔。

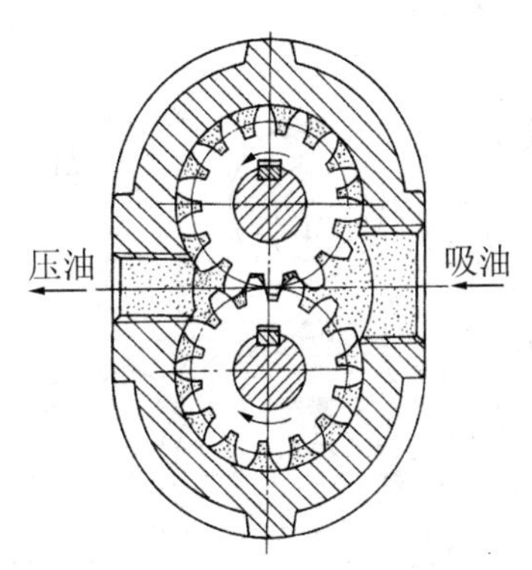

图3.3 齿轮泵的工作原理图

当泵的主动齿轮按图示箭头方向旋转时，齿轮泵齿轮右侧的轮齿逐渐脱开啮合，使密封容积腔的容积逐渐增大，形成局部真空(即形成吸油腔)，油箱中的油液在外界大气压的作用下，经油管进入吸油腔。然后随着齿轮的旋转，齿槽间的油液被带到左侧(进入压油腔)，这时轮齿逐渐进入啮合使左侧容积逐渐减小，腔内压力增大，迫使齿槽间的压力油进入液压系统，这就是齿轮泵的工作原理。

2. 排量和流量的计算

齿轮泵的排量可看作是两个齿轮的齿槽容积之和。假设齿槽的容积等于轮齿的体积，则齿轮泵的排量就相当于一个齿轮所有轮齿体积之和加上所有齿槽容积之和。

若泵的齿轮齿数为z、模数为m、节圆直径为$D=mz$、有效齿高$h=2m$、齿宽为b，则有

$$V=\pi Dhb=2\pi zm^2b \tag{3-9}$$

实际上，齿槽容积稍大于齿体体积，故π可取 3.33，则$V=6.66zm^2b$。于是，齿轮泵的流量为

$$q=6.66zm^2bn\eta_v \tag{3-10}$$

式中：n——齿轮泵转速，r/s；

η_v——齿轮泵的容积效率。

式(3-10)中的流量是指泵的平均流量，实际上齿轮泵的输出流量是脉动的，而且齿数愈少，流量脉动愈大。

3. 齿轮泵的结构问题与改进措施

(1) 泄漏。外啮合齿轮泵容易产生泄漏的部位有 3 处：齿轮端面与端盖配合处、齿轮外圆与泵体配合处和两个齿轮的啮合处，其中端面间隙处的泄漏影响最大。为防止泵内油液外泄又能减轻泄漏油对螺钉产生的拉力，可在泵体的两端面上开油封卸荷槽或泄油孔，使泄漏油流回到吸油腔，如图 3.4 所示。

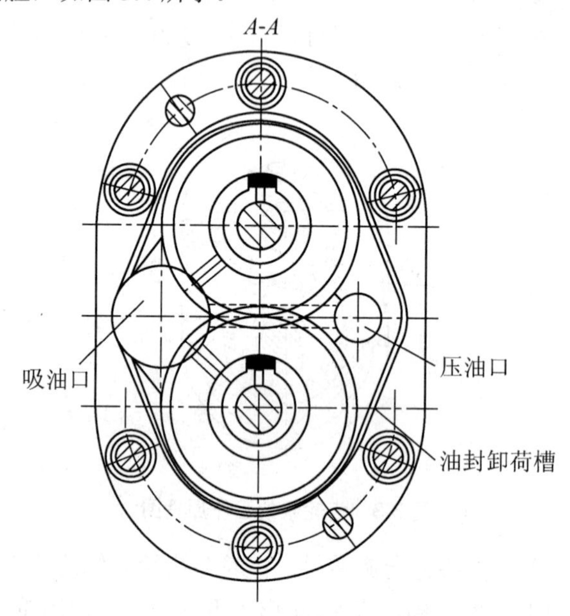

图 3.4　低压齿轮泵的结构图

(2) 困油。为使齿轮能够平稳工作，要求齿轮重叠系数$\varepsilon>1$，这样在两对齿轮进入啮合的瞬间，在啮合点之间形成一个独立的封闭空间，而一部分油液被困在其中。随着齿轮的转动，该密闭容积会发生变化。密闭容积由大变小时，如图 3.5(a)、图 3.5(b)所示，此时压力将急剧升高；而在密闭容积由小变大时，如图 3.5(b)、图 3.5(c)所示，将产生气穴，这就是困油现象。困油现象会引起噪声，使轴承在瞬间受到很大的冲击载荷以及使油液发热等，会严重地影响泵的工作稳定性和使用寿命。为此通常在端盖上开有困油卸荷槽，以减轻困油所产生的不良影响。

(3) 径向力不平衡。齿轮泵在工作时，因压油腔的压力大于吸油腔的压力，这样对齿轮和轴便会产生不平衡的径向力，而且液压力越高，不平衡径向力就越大，它直接影响轴承的使用寿命。为减少不平衡径向力，可采用缩小压油口或开压力平衡槽的方法，如图 3.4 所示。

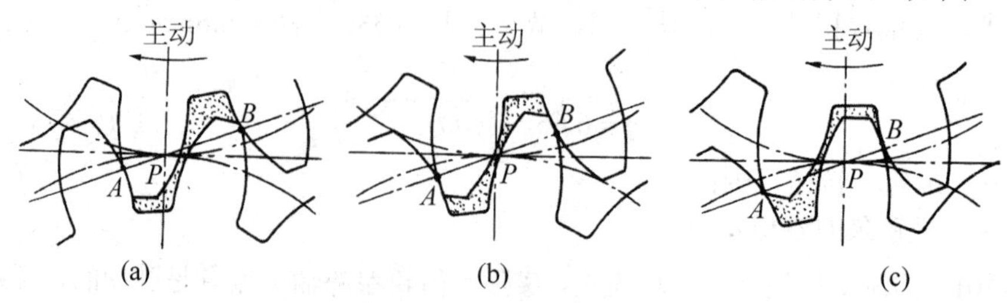

图 3.5　齿轮泵的困油现象

4. 应用特点

一般外啮合齿轮泵具有结构简单、制造方便、重量轻、价格低廉等优点。但由于径向力不平衡及泄漏等影响，一般只用于低压场合。如负载小、功率小的机床设备及机床辅助装置的送料或夹紧等不重要的场合中。

3.2.2 内啮合齿轮泵

图 3.6 所示是内啮合齿轮泵的工作原理图。它是由配油盘(前、后盖)、外转子(从动轮)和偏心安置在泵体内的内转子(主动轮)等组成。内啮合齿轮泵的工作原理同外啮合齿轮泵一样，也是利用齿间密封容积的变化来实现吸油压油的。小齿轮为主动轮，若按图 3.6 所示方向转动时，轮齿退出啮合密封容积逐渐增大而吸油，进入啮合密封容积逐渐减小而压油。内啮合齿轮泵有渐开线齿形和摆线齿形两种。在渐开线齿形内啮合齿轮泵泵腔内，内转子和外转子之间需装设一块月牙形隔板，以便把吸、压油腔隔开。而摆线齿形内啮合齿轮泵又称为摆线转子泵，内转子和外转子相差一齿，因而不需设置隔板。

内啮合齿轮泵结构紧凑、体积小、运动平稳、噪声小，在很高的转速下工作仍有较高的容积效率。其缺点是流量脉动大，转子的制造工艺复杂，价格较贵。随着工业技术的发展，摆线齿轮泵由于其优点突出已得到愈来愈广泛的使用。

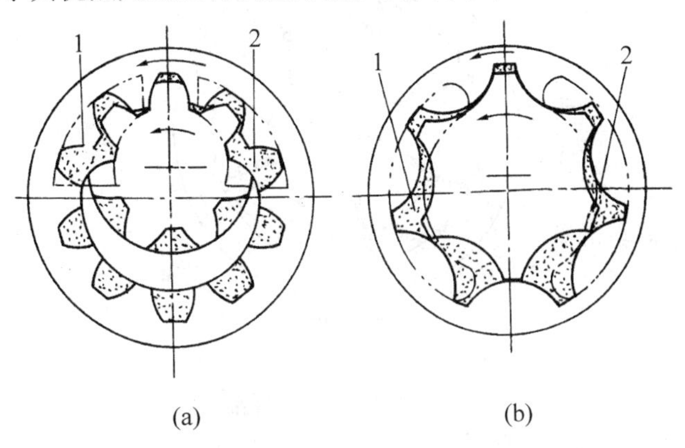

图 3.6 内啮合齿轮泵的工作原理图

1—吸油腔；2—压油腔

3.3 叶 片 泵

叶片泵具有结构紧凑、外形尺寸小、工作压力高、流量脉动小、工作平稳、噪声较小、寿命较长等优点。但也存在着结构复杂、自吸能力差、对油污敏感等缺点。在机床液压系统中和部分工程机械中应用很广。叶片泵按其工作时转子上所受的径向力可分为单作用叶片泵和双作用叶片泵。

3.3.1　单作用叶片泵

1. 结构与工作原理

图 3.7 所示为单作用叶片泵。它由定子、转子、叶片、配油盘(图中未画出)等组成。定子固定不动且具有圆柱形内表面，而定子沿轴线可左、右移动，定子和转子间有偏心距 e，且偏心距 e 的大小是可调的。叶片装在转子槽中，并可在槽内滑动，当转子旋转时，在离心力的作用下叶片紧压在定子内表面，这样在定子、转子、相邻两叶片间和两侧配油盘间成一个个密封容积腔。如图 3.7 所示，当叶片转至上侧时，在离心力的作用下叶片逐渐伸出叶片槽，使密封容积逐渐增大，腔内压力减小，油液从吸油口被压入，此区为吸油腔。当叶片转至下侧时，叶片被定子内壁逐渐压进槽内，密封容积逐渐减小，腔内油液的压力逐渐增大，增大压力的油液从压油口压出，则此区为压油腔。吸油腔和压油腔之间有一段油区，当叶片转至此区时，既不吸油也不压油且此区将吸、压油腔分开，则称此区为封油区。叶片泵转子每转一周，每个密封容积将吸、压油各一次，故称为单作用叶片泵。又因这种泵的转子在工作时所受到的径向液压力不平衡，又称为非平衡式叶片泵。

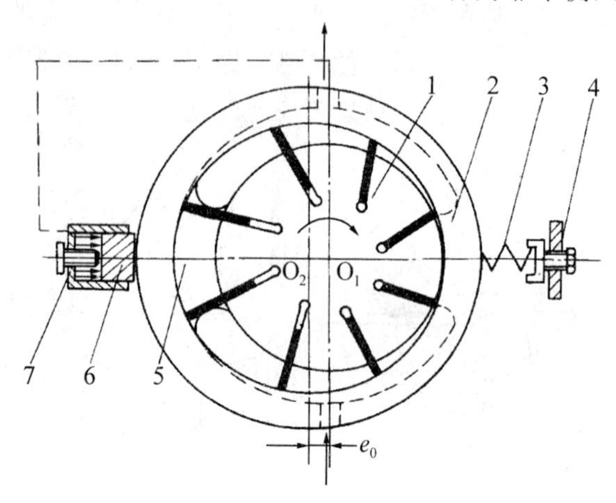

图 3.7　单作用叶片泵

1—转子；2—定子；3—限压弹簧；4— 限压螺钉；5—密封容积；6—柱塞；7—螺钉

2. 排量和流量

由叶片泵的工作原理可知，叶片泵每转一周所排出液体的体积即为排量。排量等于长短半径($R-r$)所扫过的环形体体积为

$$V=\pi(R^2-r^2)B$$

若定子内径为 D、宽度为 B、定子与转子偏心距为 e 时，排量为

$$V=2\pi DeB \tag{3-11}$$

若泵的转速为 n，容积效率为 η_v 时，则泵的实际流量 q 为

$$q=2\pi DeBn\eta_v \tag{3-12}$$

3. 单作用叶片泵的结构特点

(1) 叶片采用后倾 24° 安放，其目的是有利于叶片从槽中甩出。

(2) 只要改变偏心距 e 的大小就可改变泵输出的流量。由式(3-11)可知，叶片泵的排量 V 和流量 q 均和偏心距 e 成正比。

(3) 转子上所受的不平衡径向液压力，随泵内压力的增大而增大，此力使泵轴产生一定弯曲，加重了转子对定子内表面的摩擦，所以不宜用于高压。

(4) 单作用叶片泵的流量具有脉动性。泵内叶片数越多，流量脉动率越小，奇数叶片泵的脉动率比偶数叶片泵的脉动率小，所以单作用的叶片数均为奇数，一般为 13 片或 15 片。

3.3.2　限压式变量叶片泵

1. 工作原理

限压式变量叶片泵是单作用叶片泵，其流量的改变是利用压力的反馈来实现的。它有内反馈和外反馈两种形式，其中外反馈限压式变量叶片泵是研究的重点。外反馈限压式变量泵工作原理如下。

如图 3.7 所示，转子中心 O_1 固定不动，定子中心 O_2 沿中心线可左右移动。螺钉 7 调定后，定子在限压弹簧 3 的作用下，被推向最左端与柱塞 6 靠紧，使定子 O_2 与转子中心 O_1 之间有了初始的偏心距 e_0，e_0 的大小可决定泵的最大流量。通过螺钉 7 改变 e_0 的大小就可决定泵的最大流量。当具有一定压力 p 的压力油，经一定的通道作用于柱塞 6 的定值面积 A 上时，柱塞对定子产生一个向右的作用力 pA，它与限压弹簧 3 的预紧力 kx (k 为弹簧的刚度系数，x 为弹簧的预压缩量)作用于一条直线上，且方向相反，具有压缩弹簧减小初始偏心距 e_0 的作用。即当泵的出口压力 p_b 小于或等于限定工作压($p_c = kx_0$)时，则有 $p_b A \leqslant kx_0$，定子不移动，初始偏心距 e_0 保持最大，泵的输出流量保持最大；随着外负载的增大，泵的出口压力逐渐增大，直到大于泵的限定压力 p_c 时，$p_b A > kx_0$，限压弹簧被压缩，定子右移，偏心距 e 减小，泵的流量随之减小。若泵建立的工作压力越高($p_b A$ 值越大)而 e 越小，则泵的流量就越小。当泵的压力大到某一极限压力 p_c 时，限压弹簧被压缩到最短，定子移动到最右端位置，e 减到最小，泵的流量也达到了最小，此时的流量仅用于补偿泵的泄漏量，如图 3.8 所示。

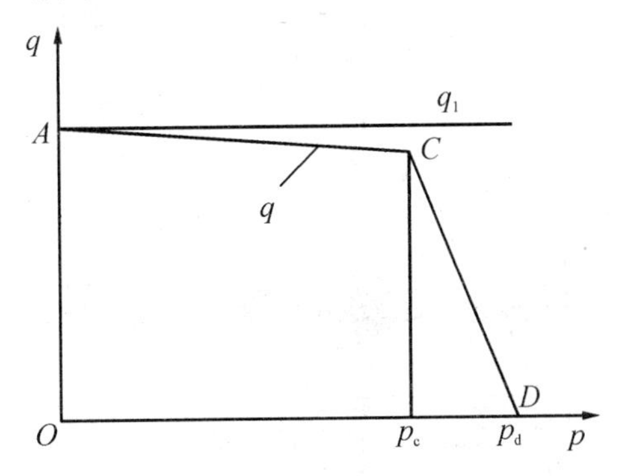

图 3.8　限压式变量叶片泵流量压力的特性曲线

2. 排量和流量

限压式变量叶片泵的排量和流量可用下列近似公式计算

$$V = 2\pi DeB \tag{3-13}$$

$$q = 2\pi DeBn\eta_v \tag{3-14}$$

上两式中：V——叶片泵的排量，m^3/r；

q——叶片泵的流量，m^3/s；

D——定子内圆直径，m；

e——偏心距，m；

B——定子的宽度，m；

n——电动机的转速，r/s；

η_v——叶片泵的容积效率。

3.3.3 双作用叶片泵

1. 结构和工作原理

双作用叶片泵的工作原理如图 3.9 所示，它由定子 1、转子 2、叶片 3、配油盘 4、转动轴 5 和泵体组成。转子和定子中心重合，定子内表面由 2 段长半径圆弧、2 段短半径圆弧和 4 段过渡曲线组成，近似椭圆柱形。建压后，叶片在离心力和作用在根部压力油的作用下从槽中伸出紧压在定子内表面。这样在两叶片之间、定子的内表面、转子的外表面和两侧配油盘间形成了一个个密封容积腔。当转子按图 3.9 所示方向旋转时，密封容积腔的容积在经过渡曲线运动到长半径(R)圆弧的过程中，叶片外伸，密封容积腔的容积增大，形成部分真空而吸入油液；转子继续转动，密封容积腔的容积从大圆弧经过渡曲线运动到短半径(r)圆弧时，叶片被定子内壁逐渐压入槽内，密封容积腔的容积减小，将压力油从压油口压出。在吸、压油区之间有一段封油区，将吸、压油腔分开。因此，转子每转一周，每个密封容积吸油和压油各两次，故称为双作用叶片泵。另外，这种叶片泵的两个吸油腔和两个压油腔是径向对称的，作用在转子上的径向液压力相互平衡，因此该泵又可称为平衡式叶片泵。

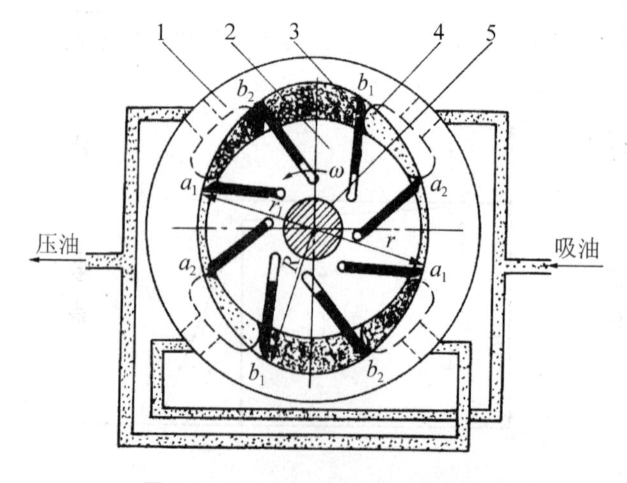

图 3.9　双作用叶片泵工作原理图

1—定子；2—转子；3—叶片；4—配油盘；5—转动轴

2. 排量和流量

在不计叶片所占容积时，设定子曲线长半径为 R (m)，短半径为 r (m)，叶片宽度为 b (m)，转子转速为 n (r/s)，则叶片泵的排量近似为

$$V = 2\pi b(R^2 - r^2) \tag{3-15}$$

叶片泵的实际流量为

$$q = 2\pi b(R^2 - r^2)n\eta_v \tag{3-16}$$

3. 双作用叶片泵的结构特点与应用

(1) 双作用叶片泵叶片前倾 10°～14°，其目的是减小压力角，减小叶片与槽之间的摩擦，以便利于叶片在槽内滑动，如图 3.10 所示。

(2) 双作用泵不能改变排量，只作定量泵用。

(3) 为使径向力完全平衡，密封容积数(即叶片数)应当为双数。

(4) 为保证叶片紧贴定子内表面，可靠密封，在配油盘对应于叶片根部处开有一环形槽 c (图 3.11)，槽内有两通孔 d 与压油孔道相通，从而引入压力油作用于叶片根部。f 为泄漏孔，将泵体内的泄漏油收集回吸油腔。

(5) 定子内曲线利用综合性较好的等加速等减速曲线作为过渡曲线，且过渡曲线与弧线交接处应圆滑过渡，为使叶片能紧压在定子内表面保证密封性，以减少冲击、噪声和磨损。

(6) 双作用叶片泵具有径向力平衡、运转平稳、输油量均匀和噪声小的特点。但它的结构复杂，吸油特性差，对油液的污染也比较敏感，故一般用于中压液压系统中。

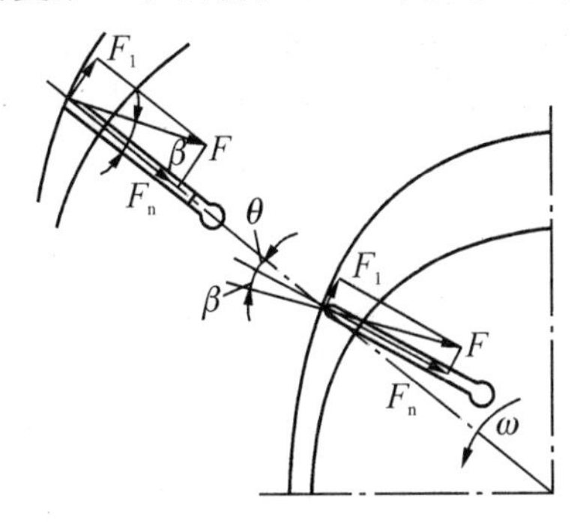

图 3.10　叶片的倾角

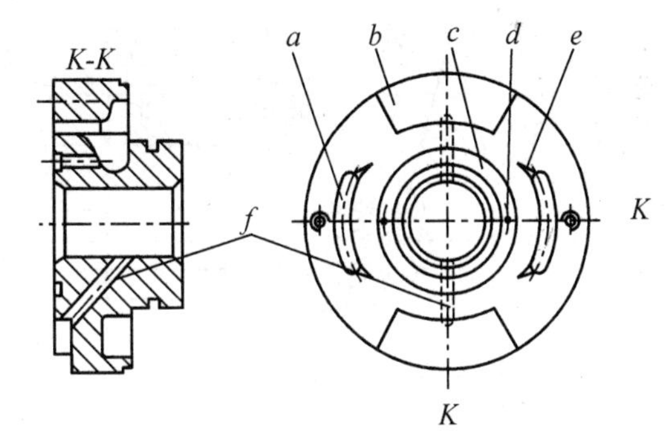

图 3.11　叶片泵的配油盘

3.4 柱　塞　泵

柱塞泵是利用柱塞在缸体中作往复运动，使密封容积发生变化来实现吸油与压油的液压泵。与上述两种泵相比，柱塞泵具有以下优点。

(1) 组成密封容积的零件为圆柱形的柱塞和缸孔，加工方便，配合精度高，密封性能好，在高压情况下仍有较高的容积效率，因此常用于高压场合。

(2) 柱塞泵中的主要零件均处于受压状态，材料强度性能可得到充分发挥。

(3) 柱塞泵结构紧凑，效率高，调节流量只需改变柱塞的工作行程就能实现。因此在需要高压、大流量、大功率的系统中和流量需要调节的场合(如在龙门刨床、拉床、液压机、工程机械、矿山冶金机械、船舶上)得到广泛的应用。

由于单向柱塞泵只能断续供油，因此作为实用的柱塞泵，常以多个柱塞泵组合而成。按柱塞的排列和运动方向不同，可分为径向柱塞泵和轴向柱塞泵两大类。径向柱塞泵由于径向尺寸大、结构复杂、噪声大等缺点，逐渐被轴向柱塞泵所替代。

3.4.1　轴向柱塞泵的工作原理

如图 3.12 所示为斜盘式轴向柱塞泵的工作原理图。它主要由柱塞 5、缸体 7、配油盘 10 和斜盘 1 等主要零件组成。轴向柱塞泵的柱塞平行于缸体轴心线。斜盘 1 和配油盘 10 固定不动，斜盘法线和缸体轴线间的交角为 γ。缸体由轴 9 带动旋转，缸体上均匀分布着若干个轴向柱塞孔，孔内装有柱塞 5，内套筒 4 在定心弹簧 6 的作用下，通过压盘 3 使柱塞头部的滑履 2 和斜盘靠牢，同时外套筒 8 使缸体 7 和配油盘 10 紧密接触，起密封作用。当缸体按图 3.12 所示方向转动时，由于斜盘和压盘的作用，迫使柱塞在缸体内作往复运动，柱塞在转角 0～π 范围内逐渐向外伸出，柱塞底部缸孔的密封工作容积增大，通过配油盘的吸油窗口吸油；在 π～2π 范围内，柱塞被斜盘逐渐推入缸体，使柱塞底部缸孔容积减小，通过配油盘的压油窗口压油。缸体每转一周，每个柱塞各完成一次吸、压油。

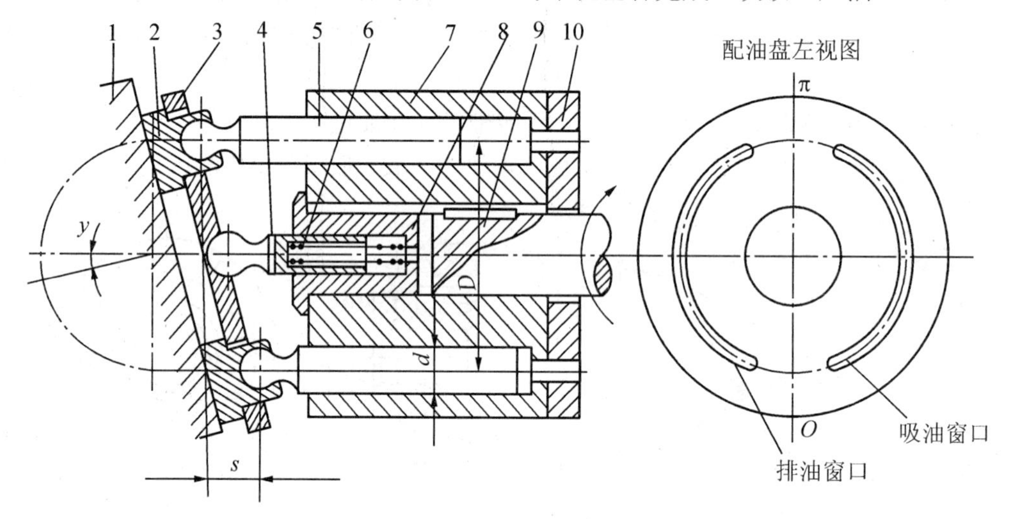

图 3.12　斜盘式轴向柱塞泵的工作原理图

1—斜盘；2—滑履；3—压盘；4—内套筒；5—柱塞；6—定心弹簧；7—缸体；8—外套筒；9—轴；10—配油盘

3.4.2　排量和流量计算

如图 3.12 所示，若柱塞个数为 z，柱塞的直径为 d，柱塞分布圆直径为 D，斜盘倾角为 γ 时，则每个柱塞的行程为 $L = D\tan\gamma$。z 个柱塞的排量为

$$V = \frac{\pi}{4} d^2 Dz \tan\gamma \tag{3-17}$$

若泵的转数为 n，容积效率为 η_v，则泵的实际输出流量为

$$q = \frac{\pi}{4} d^2 Dzn\eta_v \tan\gamma \tag{3-18}$$

3.4.3 柱塞泵的应用特点

(1) 改变斜盘倾角 γ 的大小，就能改变柱塞行程的长度，从而改变柱塞泵的排量和流量；改变斜盘倾角方向，就能改变吸油和压油的方向，使其成为双向变量泵。

(2) 柱塞泵柱塞数一般为奇数，且随着柱塞数的增多，流量的脉动性也相应减小，因而一般柱塞泵的柱塞数为单数，即 $z=7$ 或 $z=9$。

3.5 液压泵的性能比较与选用

合理地选择液压泵对于降低液压系统的能耗与噪声、改善系统工作性能、提高效率和保证系统可靠工作都是十分重要的。液压泵的选择原则有两个：一是根据液压设备的工作情况和系统所要求的压力、流量、工作性能等来确定泵的具体规格和形式；二是考虑能量的合理利用和能耗发热等问题。各类液压泵的性能特点与应用比较见表 3-1。

表 3-1 各类液压泵的性能特点与应用

类型 / 项目	齿轮泵	叶片泵		柱塞泵	
		单作用叶片泵	双作用叶片泵	径向柱塞泵	轴向柱塞泵
工作压力/MPa	≤17.5	≤6.3	6.3～21	10～20	20～35
容积效率 η_v	0.7～0.95	0.8～0.9	0.8～0.95	0.85～0.95	0.9～0.98
总效率 η	0.6～0.85	0.7～0.85	0.75～0.85	0.75～0.92	0.85～0.95
流量/L·min^{-1}	2.5～57	25～63	4～210	50～400	10～250
流量脉动率	稍大	较小	最小	较大	最大
转速范围/r·min^{-1}	300～4000	600～1800	960～1450	960～1450	10～3000
对油污的敏感性	不敏感	敏感	敏感	敏感	敏感
噪声	大	较小	最小	最大	最大
寿命	较短	较短	较长	长	长
价格	最低	中等	中等	最高	最高
特点	结构简单，价格便宜，自吸能力强，维护方便，耐冲击。流量不可调，脉动大，噪声大，压力低，效率低	轴承上易受单向力，易磨损，泄漏量大，压力不高。可变量，与柱塞泵比，结构简单，价格便宜	轴承无径向力，寿命长，流量均匀，运转平稳，噪声小，结构紧凑。不能变量，定子易磨损，叶片易折断	结构复杂，价格较贵，但密封性好、效率高、压力较高、流量可调，径向尺寸大，转动惯量大。此泵耐冲击能力强	结构复杂，价格较贵。由于径向尺寸小，转动惯量小，所以转速较高、流量大、压力高、变量方便、效率较高；对油污敏感，耐冲击能力稍差
应用范围	一般常用于压力小于 2.5MPa 以下的小型液压设备，如送料、夹紧等机构的液压系统	中低、压液压系统中及精度较高的机械设备上常用，如高精密度塑料机、组合机床液压系统	各类机械设备中应用广泛。如运输机、装载机、液压机等工程机械上用得很多	适用于负载、功率大(压力大于 10MPa) 的设备上。由于耐冲击，所以用于大型固定设备上，如拉床、压力机或船舶等	各类高压系统中应用非常广泛，如矿山、锻压、冶金、起重机械、造船等

本 章 小 结

(1) 液压泵是液压传动系统中的动力元件，它将原动机输入的机械能转化为液体的压力能。液压泵正常工作必须具备的条件是，有密封的变化容积，有配油装置，油箱必须和大气相通。液压泵按结构分为齿轮泵、叶片泵和柱塞泵。

(2) 液压泵的主要性能参数有压力、排量、流量、功率和效率；液压泵的工作压力取决于外负载；流量分理论流量和实际流量，液压泵的容积效率等于实际流量与理论流量的比值；液压泵的机械效率等于理论转矩与实际转矩的比值；泵的总效率等于容积效率与机械效率的乘积。

(3) 选择液压泵时应根据设备的工作情况和系统所要求的压力、流量和工作性能来选择。

习　　题

3-1　液压泵完成吸油、压油必须具备什么条件？

3-2　液压泵的排量和流量取决于哪些参数？理论流量和实际流量之间有什么关系？

3-3　简述齿轮泵的困油现象。这一现象有什么危害？可采取什么措施解决？

3-4　齿轮泵、双作用叶片泵、单作用叶片泵在结构上各有哪些特点？在工作原理上各有哪些特点？如何正确判断转子的转向？如何正确判断吸、压油腔？

3-5　简述齿轮泵、叶片泵、轴向柱塞泵的齿轮吸、压油时的特点。齿轮泵、叶片泵的压力提高受哪些因素的影响？采取哪些措施来提高齿轮泵和叶片泵的压力？

3-6　为什么轴向柱塞泵适用于高压？

3-7　某一齿轮泵，测得其参数如下：齿轮模数 $m_{\mathrm{m}}=4\ \mathrm{mm}$，齿数 $z=7$，齿宽 $b=32\ \mathrm{mm}$，若齿轮泵的容积效率 $\eta_{\mathrm{v}}=0.80$，机械效率 $\eta=0.90$，转速 $n=1450\ \mathrm{r/min}$，工作压力 $p=2.5\ \mathrm{MPa}$。试计算：齿轮泵的理论流量、实际流量、泵的输出功率和电动机驱动功率。

3-8　某液压泵的工作压力为 $p=10\ \mathrm{MPa}$，排量 $V=100\ \mathrm{cm^3/r}$，转速 $n=1450\ \mathrm{r/min}$，容积效率 $\eta_{\mathrm{v}}=0.95$，总效率 $\eta=0.9$。试求：(1) 液压泵的输出功率。(2) 电动机的驱动功率。

3-9　变量叶片泵的转子外径 $d=83\ \mathrm{mm}$，定子内径 $D=89\ \mathrm{mm}$，定子宽 $b=30\ \mathrm{mm}$。试求：(1)当泵的排量 $V=16\ \mathrm{mL/r}$ 时，定子与转子间的偏心量 e 为多大？(2)泵的最大排量是多少？

3-10　某一柱塞泵，柱塞直径 $d=32\ \mathrm{mm}$，分布圆直径 $D=68\ \mathrm{mm}$，柱塞数 $z=7$，斜盘倾角 $r=22^{\circ}30'$，转速 $n=960\ \mathrm{r/min}$，输出压力 $p=10\ \mathrm{MPa}$，容积效率 $\eta_{\mathrm{v}}=0.95$，机械效率 $\eta_{\mathrm{n}}=0.90$。试求：(1)柱塞泵的理论流量、实际流量。(2)驱动泵所需电动机的功率。

第 4 章　液压执行元件

教学目标与要求：

- *掌握液压缸的类型与结构特点*
- *了解液压马达的工作原理及主要性能参数*

教学重点：

- *单杆活塞缸三种通油方式下的活塞运动速度和推力的计算*

教学难点：

- *差动液压缸的工作原理和速度、推力的计算*

液压系统的执行元件是液压缸和液压马达，它们是一种能量转换装置，可将液压能转变为机械能。液压缸主要用于实现直线的往复运动或摆动，输出力、速度或角速度；而液压马达主要用于实现连续回转运动，输出转矩与转速。

4.1　液压缸的类型与特点

4.1.1　液压缸的分类

液压缸的类型较多，按用途可分为两大类，即普通液压缸和特殊液压缸。其中普通液压缸按结构的不同可分为单作用式液压缸和双作用式液压缸。单作用式液压缸在液压力的作用下只能向一个方向运动，其反向运动需要靠重力或弹簧力等外力来实现；双作用式液压缸靠液压力可实现正、反两个方向的运动。单作用式液压缸包括活塞式和柱塞式两大类，其中活塞式液压缸应用最广；双作用式液压缸包括单活塞杆液压缸和双活塞杆液压缸两大类。而特殊液压缸包括伸缩套筒式、串联液压缸、增压缸、回转液压缸和齿条液压缸等几大类。

1. 活塞式液压缸

活塞式液压缸有双杆式活塞缸和单杆式活塞缸两种结构。

1) 双杆式活塞缸

根据安装方式的不同可以分为缸筒固定式和活塞杆固定式两种。图 4.1(a)所示为缸筒固定式的双杆式活塞缸。液压缸缸体固定，活塞通过活塞杆带动工作台移动，工作台的运动范围略大于缸有效长度的 3 倍，所以机床占地面积大，一般适用于小型机床。图 4.1(b)所示为活塞杆固定的形式，缸体与工作台相连，活塞杆通过支架固定在机床上。工作台的移动范围略大于液压缸有效行程的两倍，因此占地面积小，常用于行程长的大、中型设备的液压系统。

双杆式活塞缸的活塞两侧都有活塞杆伸出，当两侧活塞杆直径相等且缸内两腔输入的压力油和流量相等时，活塞或缸体在两个方向上输出的运动速度和推力也相等。因此这种液压缸常用于要求往复运动速度和负载相同的场合，如各种磨床、研磨机等。

双杆式活塞缸输出的力和运动速度可按式(4-1)和式(4-2)计算

$$F = Ap = \frac{\pi}{4}(D^2 - d^2)p \tag{4-1}$$

$$v = \frac{q}{A} = \frac{4q}{\pi(D^2 - d^2)} \tag{4-2}$$

式中：F——液压缸的推力，N；

A——液压缸的有效工作面积，cm^2；

p——液压系统所建立的压力，MPa；

D——液压缸的内径，cm；

v——活塞或缸体的运动速度，m/min；

d——活塞杆直径，cm；

q——进入缸内的流量，L/min。

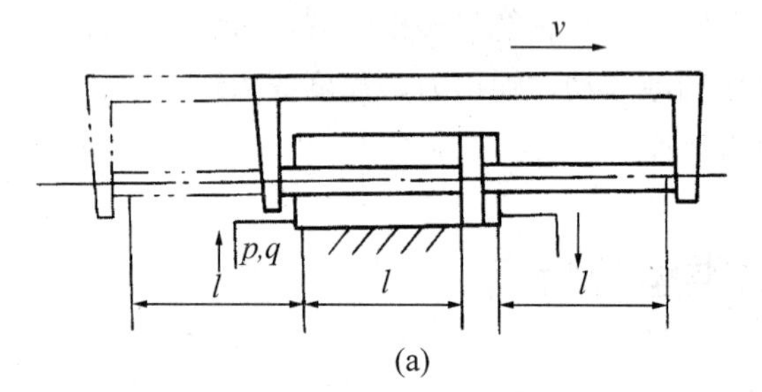

(a)

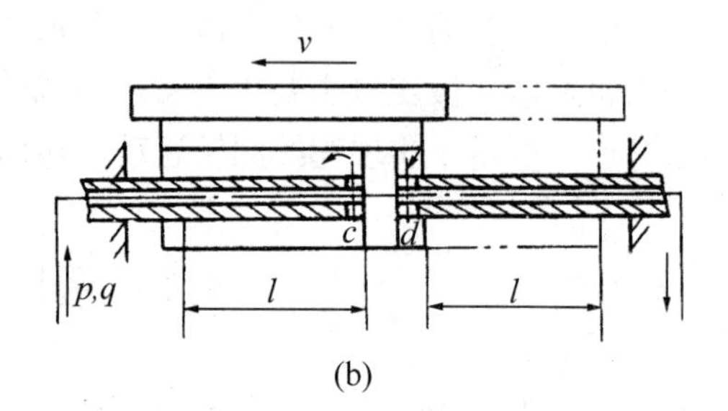

(b)

图 4.1　双杆式活塞缸

2) 单杆式活塞缸

如图 4.2 所示，单杆液压缸有缸体固定和活塞杆固定两种形式，它们的工作台移动范围是活塞或缸体有效行程的两倍。当向两缸提供相同油液压力和流量时，由于单杆活塞缸活塞两侧有效面积不等，则活塞或缸体在两个方向上的推力和运动速度也不相等。

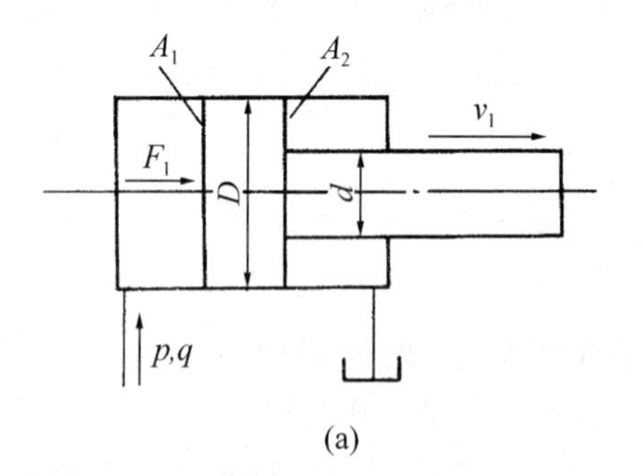

(a)

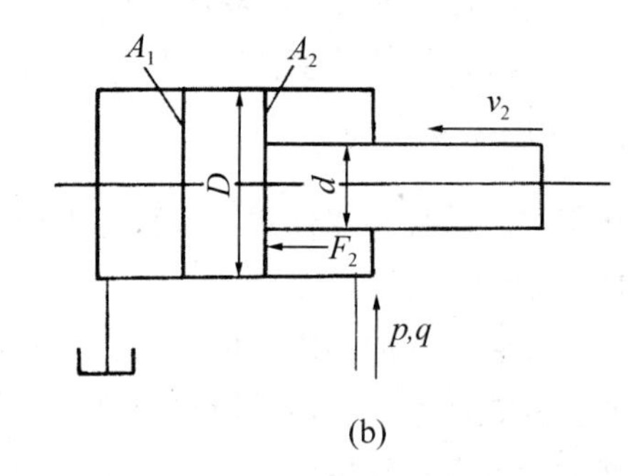

(b)

图 4.2　单杆式活塞缸

(1) 无杆腔进油、有杆腔回油。如图 4.2(a)所示，活塞输出的力和运动速度分别为

$$F_1 = A_1 p = \frac{\pi D^2}{4} p \tag{4-3}$$

$$v_1 = \frac{q}{A_1} = \frac{4q}{\pi D^2} \tag{4-4}$$

(2) 有杆腔进油、无杆腔回油。如图 4.2(b)所示，活塞输出的力和运动速度分别为

$$F_2 = A_2 p = \frac{\pi\left(D^2 - d^2\right)}{4} p \tag{4-5}$$

$$v_2 = \frac{q}{A_2} = \frac{4q}{\pi(D^2 - d^2)} \tag{4-6}$$

对上述 4 式比较可知，$v_1 < v_2$、$F_1 > F_2$，即无杆腔进油时，输出力大，速度低；有杆腔进油时，输出力小，速度高。因此，单杆活塞缸常用于一个方向有负载且运行速度较低、另一个方向为空载快速退回运动的设备。如各种压力机、金属切削机床、起重机的液压系统中常用单杆式液压缸。

(3) 差动连接。如图 4.3 所示，当单杆式活塞缸的左右两腔同时通以压力油时，由于无杆腔的有效面积大于有杆腔的有效面积，活塞向右运动，同时右腔中排出的油液也进入左腔，加大了流入左腔的流量，从而加快了活塞向右运动的速度。液压缸的这种连接称为差动连接。差动连接时，活塞输出的力和运动速度为

$$F_3 = A_1 p - A_2 p = A_3 p = \frac{\pi d^2}{4} p \tag{4-7}$$

$$v_3 = \frac{q}{A_1 - A_2} = \frac{q}{A_3} = \frac{4q}{\pi d^2} \tag{4-8}$$

比较式(4-3)与式(4-7)式可知，$F_1>F_3$；比较式(4-4)与式(4-8)可知，$v_1 < v_3$。即单杆活塞缸差动连接时能使液压缸获得很小的推力和很高的速度。因此，单杆式活塞缸常用在需要实现“快进(差动连接)→工进(无杆腔进油)→快退(有杆腔进油)”工作循环的组合机床等液压系统中。

若要求快进运动速度和快退运动速度相等，即 $v_3 = v_2$。由式(4-6)和式(4-8)可知，当 $D = \sqrt{2}d$ (或 $d = 0.71D$)，即活塞杆直径为缸体直径的 0.71 倍时就可实现。

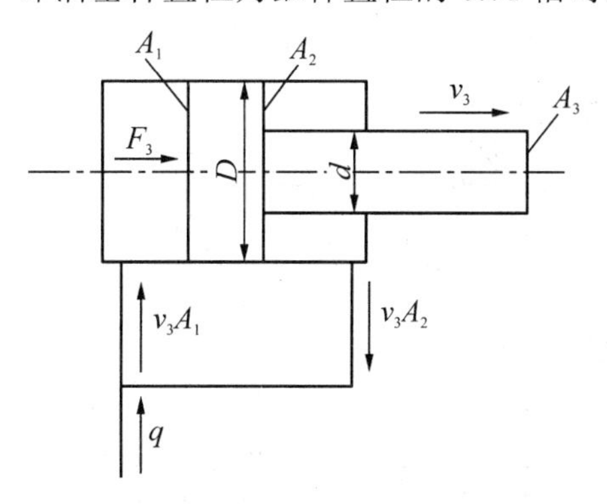

图 4.3 液压缸差动连接

2. 柱塞缸

图 4.4 所示为柱塞缸工作原理图。由图可见，柱塞缸由缸筒 1、柱塞 2、导向套 3、密封圈 4 和压盖 5 等零件组成。

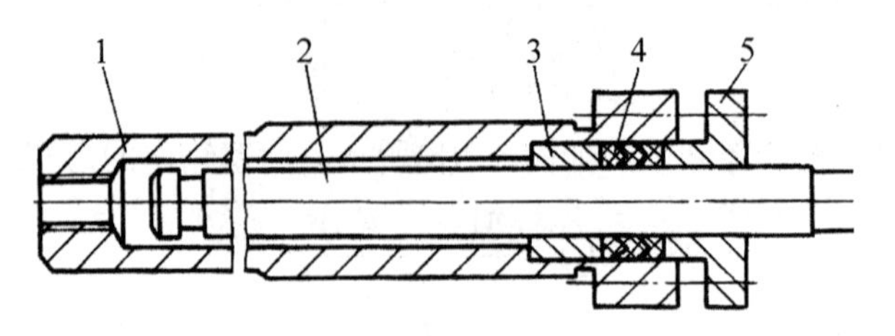

图 4.4　柱塞缸

1—缸筒；2—柱塞；3—导向套；4—密封圈；5—压盖

柱塞式液压缸的主要特点是柱塞的运动通过缸盖上的导向套来导向，因此柱塞与缸筒无配合要求，缸筒内孔不需精加工，工艺性好，成本低，所以它特别适用于行程较长的场合。为了能输出较大的推力，柱塞一般较粗重，为防止水平安装时柱塞因自重下垂造成的单边磨损，柱塞常制成空心的并设置支承和托架，故柱塞缸适宜于垂直安装使用。柱塞缸是一种单作用液压缸，它的回程需借自重或其他外力来实现。为了使工作台得到双向的运动，柱塞缸常成对使用，如图 4.5 所示。龙门刨床、导轨磨床、大型拉床等大型液压系统中常采用此法。

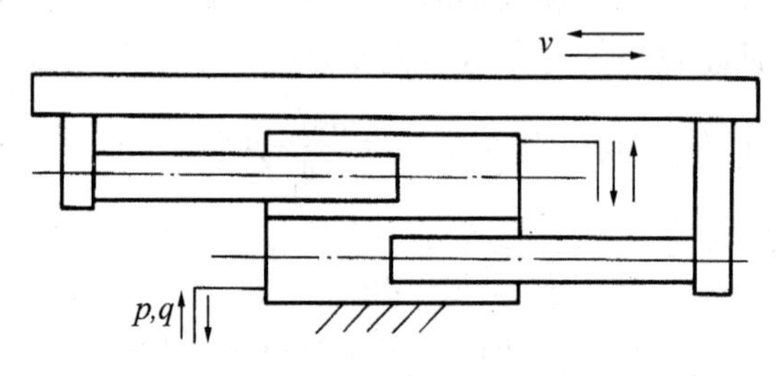

图 4.5　双作用柱塞缸

4.1.2　特殊液压缸

1. 增压缸

增压缸的工作原理如图 4.6 所示。其中大直径缸称为低压缸，小直径缸称为高压缸。增压缸可将输入的低压油转变为高压油输出，供液压系统中某一支油路使用。

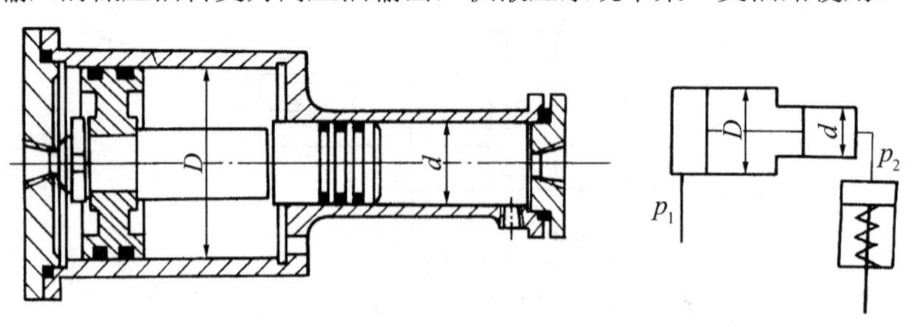

图 4.6　增压缸

若输入低压缸油液的压力为 p_1，由高压缸输出油液的压力为 p_2，不计摩擦阻力。根据力学平衡原理有

$$\frac{\pi}{4}D^2 p_1 = \frac{\pi}{4}d^2 p_2$$

则
$$p_2 = (\frac{D}{d})^2 p_1 \tag{4-9}$$

式中：$\frac{D}{d}$——增压比。

由式(4-9)可知，当 $D = 2d$ 时，$p_2 = 4p_1$，即压力可增大 4 倍。

值得注意的是，增压缸只能将高压端输出油通入其他液压缸以获取大的推力，它本身不能直接作为执行元件，所以安装时应尽量使它靠近执行元件。增压缸常用于压铸机、造型机等设备的液压系统。

2. 伸缩缸

如图 4.7 所示，伸缩缸由两级或多级活塞缸套装而成。活塞伸出的顺序是先大后小，相应的推力也是由大到小，而伸出时的速度是由慢到快。活塞缩回的顺序，一般是先小后大，而缩回的速度是由快到慢。这种缸伸出的活塞杆行程大，而收缩后的结构尺寸小，它的推力和速度是分级变化的。伸缩缸前一级的活塞与后一级的缸筒连为一体，伸缩缸常用于需占空间小且可实现长行程工作的机械上，如起重机伸缩臂、自卸汽车举升缸、挖掘机及自动线的输送带等。

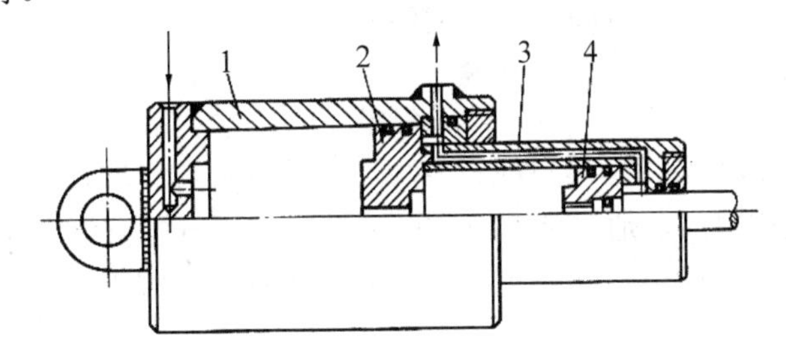

图 4.7　伸缩缸

1—一级缸筒；2—一级活塞；3—二级缸筒；4—二级活塞

3. 回转液压缸

回转液压缸也称为摆动液压缸，主要用于将油液的压力能转变为叶片及输出轴往复摆动的机械能。它有单叶片和双叶片两种形式，分别如图 4.8(a)、图 4.8(b)所示。

回转液压缸由缸体 1、叶片 2、定子块 3、摆动输出轴 4 等零件组成。定子块固定在缸体上，叶片与输出轴连为一体。当两油口交替通入压力油时，叶片即可带动输出轴做往复摆动。

若回转缸叶片宽度为 b，缸的内径为 D，输出轴的直径为 d，在进油压力为 p、流量为 q 且不计回油压力时，其输出的转矩 T 和回转角速度 ω 为

$$T = \frac{pb(D^2 - d^2)}{8} \tag{4-10}$$

$$\omega = \frac{pq}{T} = \frac{8q}{b(D^2 - d^2)} \tag{4-11}$$

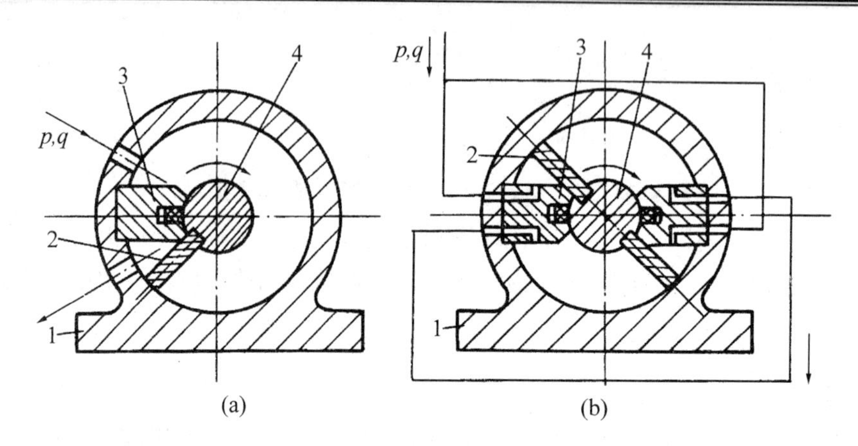

图 4.8　摆动缸

1—缸体；2—叶片；3—定子块；4—摆动输出轴

单叶片回转缸的摆动角度一般不超过 280°。若双叶片缸结构尺寸与单叶片缸相同，它的输出转矩就是单叶片缸的两倍，而角速度则是单叶片缸的一半，摆动角度通常不超过 150°。

回转缸常用于机床的送料装置、间歇进给机构、回转夹具、工业机器人手臂和手腕等回转装置及工程机械摆动回转机构的液压系统中。

4. 齿条活塞缸

齿条活塞缸(图 4.9)可将活塞的直线往复运动转变为齿轮轴的往复摆动。它由齿条活塞杆、齿轮及缸体等机构组成，通过调节缸体两端盖上的螺钉即可调节摆动角度的大小。

齿条活塞缸常用于机械手、回转工作台、回转夹具、磨床进给系统等需要转位机构的液压系统中。

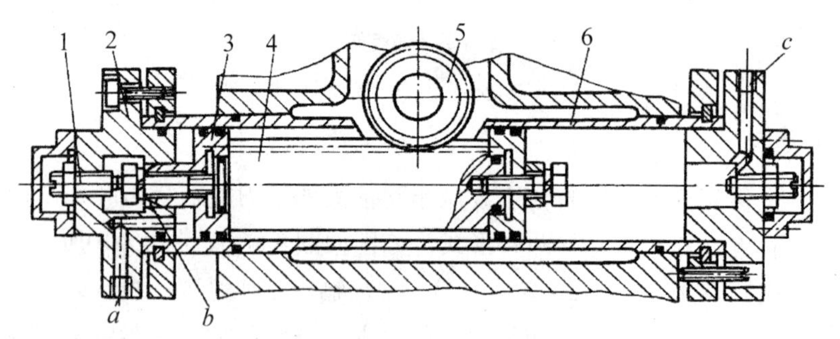

图 4.9　齿条活塞缸

1—调节螺钉；2—端盖；3—活塞；4—齿条活塞杆；5—齿轮；6—缸体

4.2　液压缸的典型结构

4.2.1　缸筒与缸盖的连接

缸筒与缸盖的连接方式主要有法兰连接、半环连接、螺纹连接、拉杆连接、焊接式连接和钢丝连接，具体见表 4-1。

表 4-1　缸筒与缸盖的各种连接形式比较

连接形式	结构示意图	应用比较
焊接	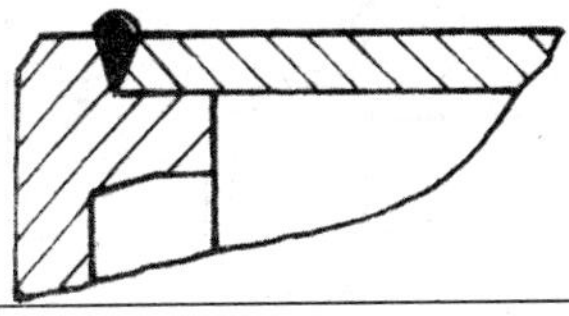	结构简单，尺寸小；但缸筒易变形，缸底内径精度较难保证，因此常用于缸的一端连接
钢丝连接	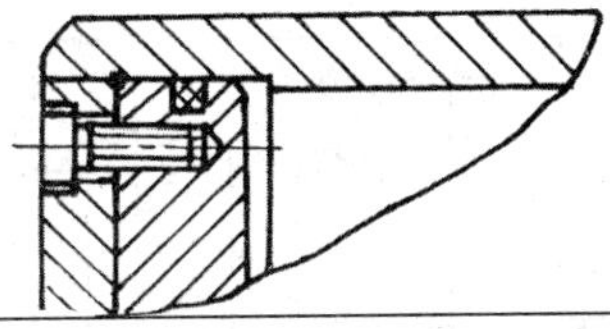	结构简单，尺寸小，重量轻；但承载能力小，只用于低压、小直径缸
拉杆连接	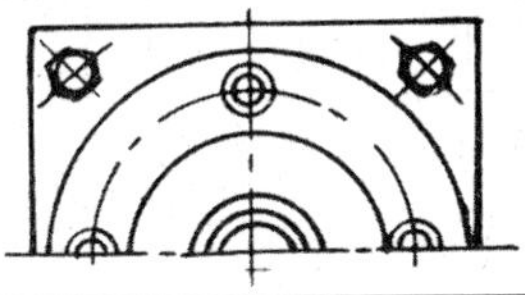 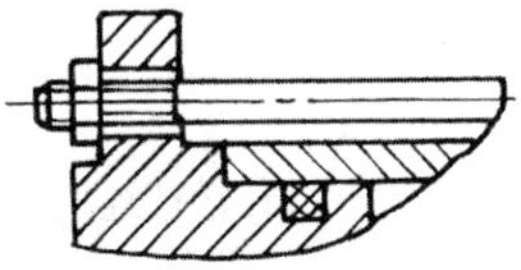	缸筒易于加工，结构通用性好；但重量较重，外形尺寸较大，高压及缸体较长时不宜采用
螺纹连接	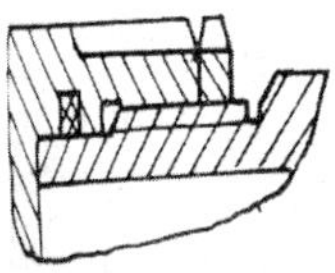 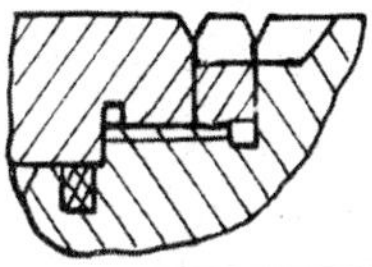	重量较轻，外形尺寸较小；端部要加工尺寸螺纹，结构复杂，装卸要用专用工具，缸外径尺寸过大时不宜采用此法
半环连接	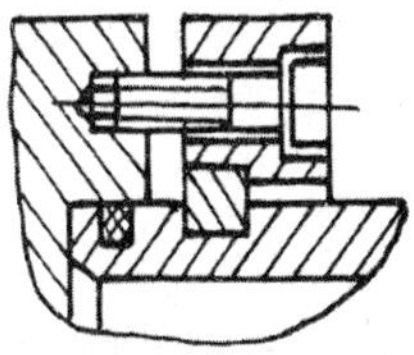 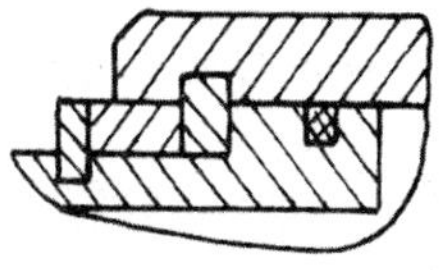	毛坯上不要法兰，结构简单，是法兰连接的改进；但键槽使缸筒的强度有所削弱，缸壁需相应加厚，适用于压力不高的场合
法兰连接	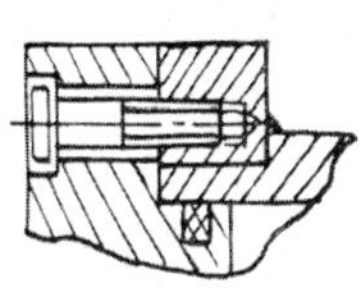 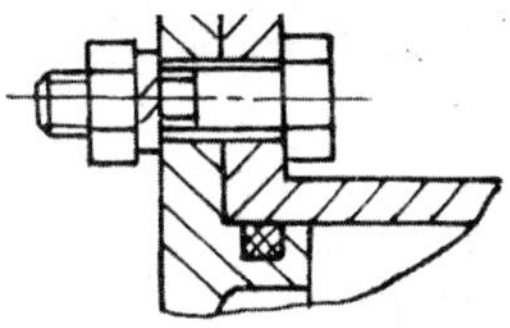	重量轻于拉杆连接，无论压力高低、直径大小、行程长短均适用；但比螺纹连接重，毛坯上要带法兰，工艺复杂

4.2.2　活塞与活塞杆的连接

活塞与活塞杆的连接方式主要有如下 3 种。

(1) 锥销连接。结构简单、装拆方便，多用于中、低压轻载液压缸中。

(2) 螺纹连接。装卸方便、连接可靠，适用尺寸范围大，但装配时需要用可靠的方法将螺母锁紧。

(3) 半环连接。在高压大负载的场合，特别是在振动较大情况下常被采用。这种连接拆装简单、连接可靠，但结构比较复杂。

活塞与活塞杆的螺纹连接与半环连接如图 4.10 所示。

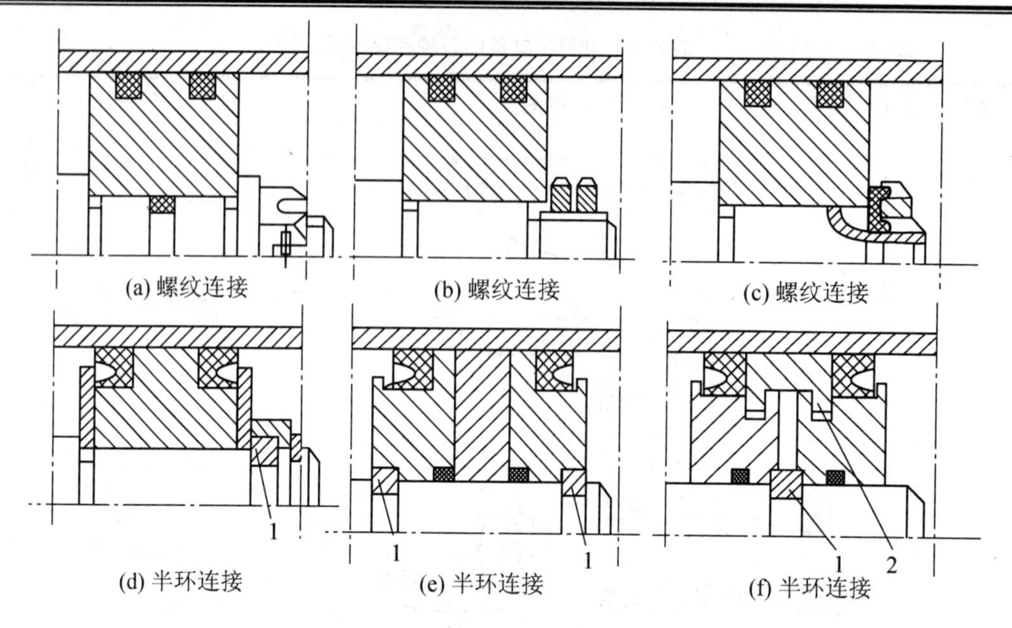

图 4.10　活塞与活塞杆的连接

1—半环；2—半环

4.2.3　液压缸的密封

液压缸的密封主要指活塞与缸筒、活塞杆与端盖之间的动密封，以及缸筒与端盖间的静密封。液压缸的密封应能防止油液的泄漏或外界杂质和空气侵入液压系统，而影响液压缸的工作性能和效率。常见的密封方式有如下几种。

1. 间隙密封

间隙密封(图 4.11)是通过精密加工，使具有相对运动的零件配合之间存在极微小 δ(0.01～0.05mm)的间隙，由此产生液阻来防止泄漏的一种密封方式。

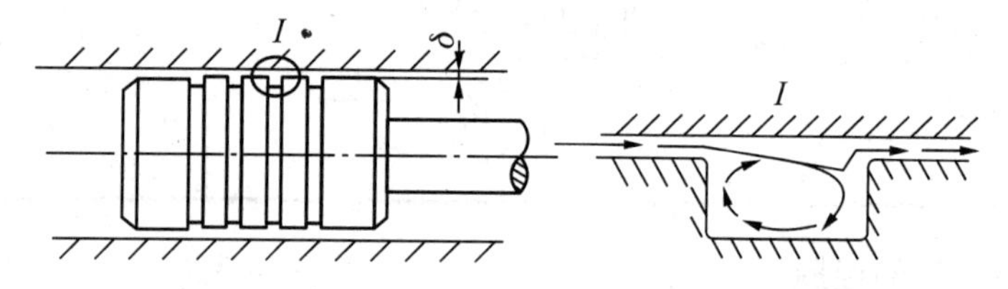

图 4.11　间隙密封

为增加泄漏油的液阻，常在圆柱端面上加工出几条环形的小槽 I (称为压力平衡槽，尺寸为 0.5mm×0.5 mm，槽间距为 2～5mm)。间隙密封结构简单，摩擦阻力小，能耐高温，是一种最简便的密封方式；但其密封效果差，密封性能不能随压力的增加而提高，且配合面磨损后无法补偿，对尺寸较大的液压缸难于实现密封。因此间隙密封仅用于尺寸较小、压力较低、运动速度较高的液压缸与活塞孔间的密封。

2. 密封圈密封

1) O 形密封圈

如图 4.12 所示，O 形密封圈的截面为圆形，由耐油合成橡胶制成。当压力低时，利用橡胶的弹性密封，而在压力升高时则利用橡胶的变形来实现密封。

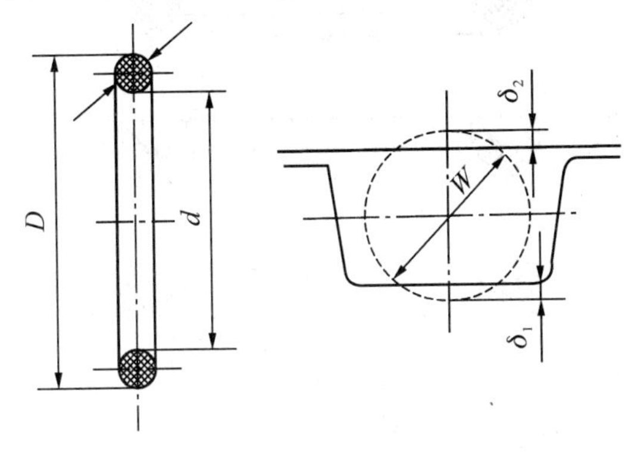

图 4.12　O 形密封圈

O 形密封圈结构紧凑，具有良好的密封性能，动摩擦阻力小，内外侧和端面都能起密封作用，运动件的摩擦阻力小；此外还具有制造容易、装拆方便、成本低的特点，且高、低压均可使用。因此，O 形密封圈在液压系统中得到广泛应用。

2) Y 形密封圈

Y 形密封圈的截面呈 Y 形，用耐油橡胶制成，如图 4.13 所示。工作时，它利用油的压力使两唇边贴于密封面而保持密封。Y 形密封圈在安装时，一定要使其唇边对着有压力的油腔，才能起密封作用。为防止密封圈产生翻转，要采用支承环定位。Y 形密封圈密封的特点是能随着工作压力的变化而自动调整密封性能，密封性能可靠，摩擦阻力小，当压力降低时唇边压紧力也随之降低，从而减少了摩擦阻力和功率消耗。一般用于轴、孔作相对往复运动且速度较高的场合。Y 形密封圈既可作轴用密封圈，也可作孔用密封圈。

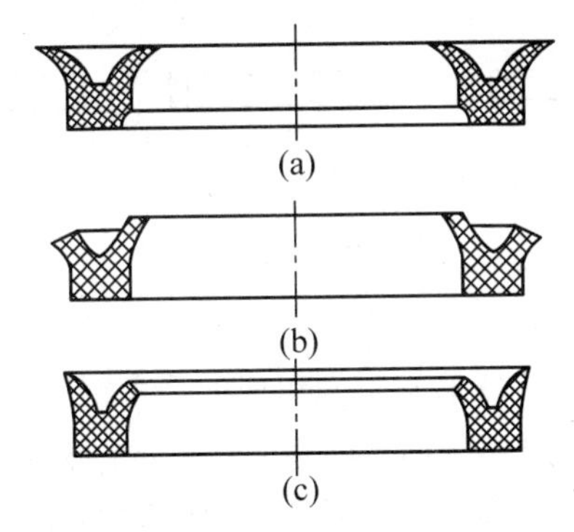

图 4.13　Y 形密封圈

3) V 形密封圈

V 形密封圈由多层涂胶织物压制而成，如图 4.14 所示。当压环压紧密封环时，支承环使密封环产生变形而起密封作用。安装时也应注意方向，即密封环开口应对着有压力的油腔。

V 形密封圈耐压性能好，磨损后可进行压紧补偿，且接触面较长，密封性可靠，但密封处摩擦阻力较大，多用于运动速度不高的场合。

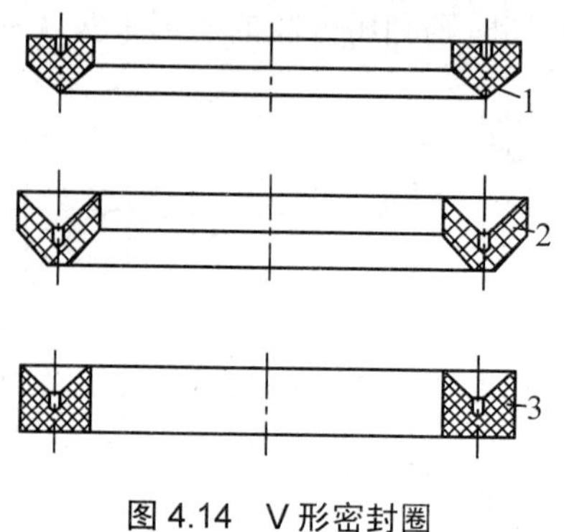

图 4.14　V 形密封圈

1—支承环；2—密封环；3—压环

3. 活塞环密封

活塞环密封是利用铸铁等材料制成的金属环的弹性变形力压紧在密封表面而实现密封的一种密封方式，如图 4.15 所示。这种密封方式只能用于活塞与缸筒内壁间的密封，故称为活塞环。活塞环通常不单独使用，需要由 3 个以上的活塞环合用，加工工艺较复杂，成本高。但由于能在高温、高速的条件下工作，且使用寿命长，故常用于拆装不便的重型设备的液压缸中。

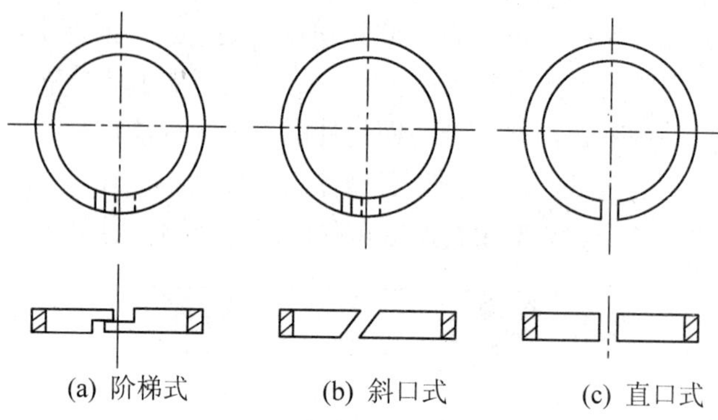

图 4.15　活塞环密封

4. 组合式密封

图 4.16 所示为一种由滑环和 O 形密封圈组成的新型密封圈。滑环与金属的摩擦系数小，因而耐磨；O 形圈弹性好，能从滑环内表面施加一向外的张力，从而使滑环产生微小变形而与配合件表面贴合，故它的使用寿命比单独使用 O 形密封圈提高很多倍。这种组合式密封圈主要用于要求启动摩擦小、滑动阻力小，且动作循环频率很高的场合，例如伺服液压缸等。

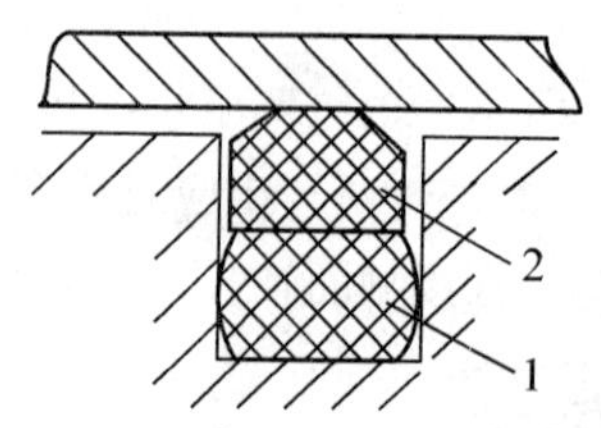

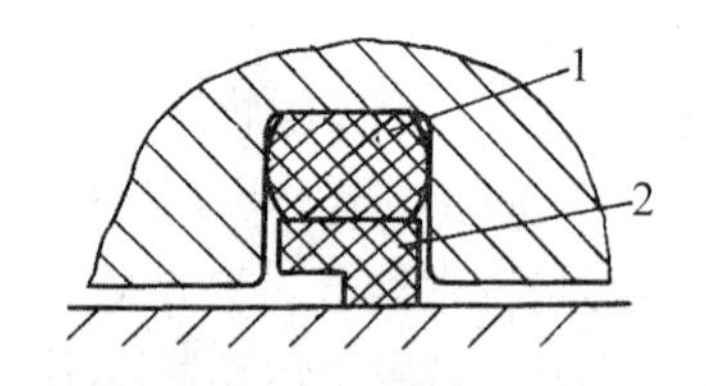

图 4.16　滑环式组合密封圈

1—O形密封圈；2—滑环

除用上述各种密封圈进行密封外，目前国内、外已研制出多种新型的密封装置。例如，双向组合唇形密封圈、紧密式复合密封圈，适用于高压、重型液压缸活塞的自动式组合 U 形密封圈等。它们具有一系列的优点，促进了液压元件设计和制造技术的发展。

4.2.4　液压缸的缓冲装置与排气装置

1. 缓冲装置

在运动部件质量大、运动速度较大(>12 m/min)的情况下，活塞运动到缸筒的终端换向时，会与端盖发生机械碰撞而产生很大的冲击力、振动和噪声，从而影响系统的工作平稳性，甚至损坏机件。因此，常在液压缸两端设置缓冲装置。常见的缓冲装置如图 4.17 所示。

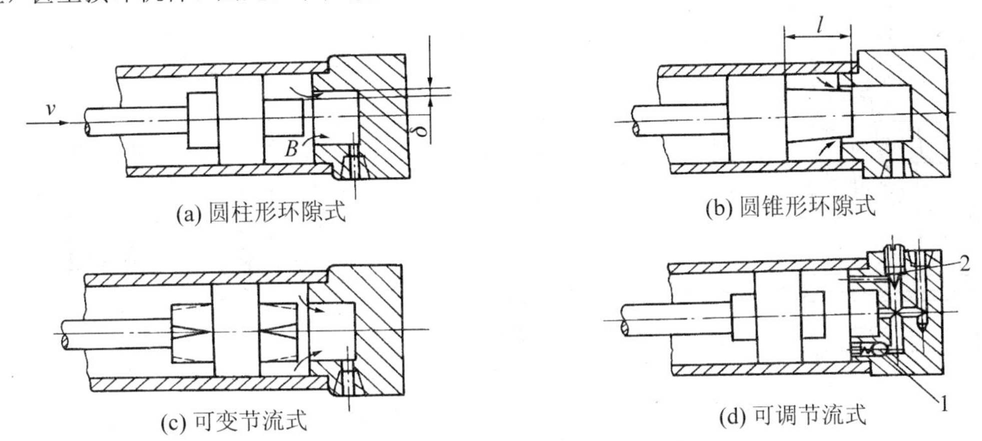

图 4.17　液压缸的缓冲装置

1—单向阀；2—可调节流阀

1) 环状间隙缓冲装置

图 4.17(a)、图 4.17(b)所示分别为圆柱形和圆锥形环隙式缓冲装置，活塞端部有圆柱形或圆锥形缓冲柱塞，当柱塞运动至液压缸端盖处的圆柱光孔时，封闭在缸筒内的油液只能从环形间隙处挤出，这时活塞即受到一个很大的阻力而减速制动，从而减缓了冲击。

2) 可变节流式缓冲装置

图 4.17(c)所示为可变节流式缓冲装置，在其圆柱形的缓冲柱塞端部上开有几个均布的三角形节流沟槽。随着柱塞伸入孔中距离的增长，其节流面积逐渐减小，使冲击压力均匀减小，制动位置精度高。

3) 可调节流式缓冲装置

图 4.17(d)所示为可调节流式缓冲装置，在液压缸的端盖上设有单向阀 1 和可调节流阀 2。当缓冲柱塞伸入端盖上的内孔后，活塞与端盖间的油液需经节流阀 2 流出。由于节流口的大小可根据液压缸负载及速度的不同进行调整，因此能获得最理想的缓冲效果。当活塞反向运动时，压力油可经单向阀 1 进入活塞端部，使其迅速启动。

2. 排气装置

由于液压系统油液中混入空气而形成的气穴现象，会使系统在工作中产生振动、噪声，引起活塞低速爬行，工作部件突然前冲及换向精度下降等不良后果。因此在设计液压缸时，必须考虑空气的排除问题。对于要求不高的液压缸可以不设专门的排气装置，而将油口布置在缸筒两端的最高处，通过流出的油液将缸内的空气带入油箱，再从油箱中逸出。

对速度稳定性要求高的液压缸及大型液压缸，则需在其最高部位设置排气阀(图 4.18)或排气塞(图 4.19)，并用管道与排气阀相连排气。打开排气阀或松开排气塞的螺钉，并使液压缸活塞(或缸体)空行程往复 8～10 次，即可将缸中的空气排出，再将排气阀或排气塞关闭，液压缸便可进入正常工作。

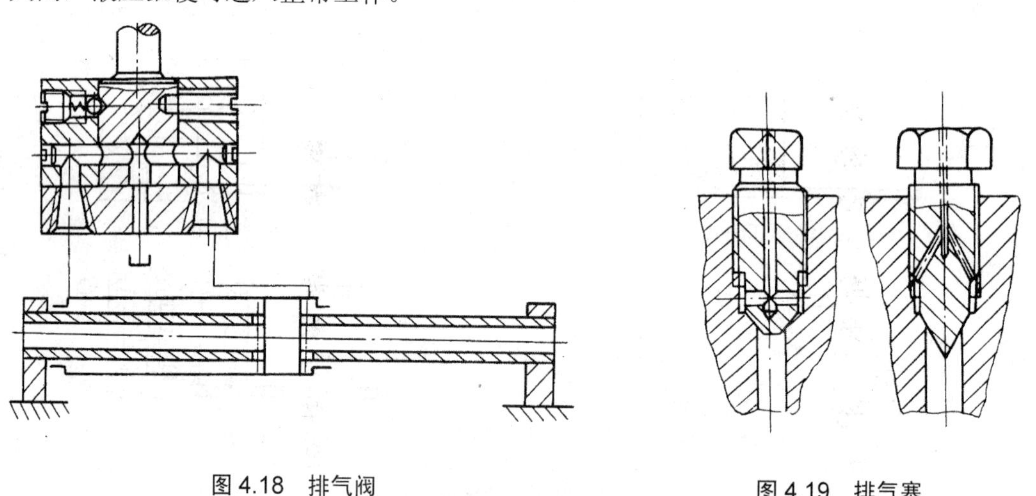

图 4.18　排气阀　　　　图 4.19　排气塞

4.3　液压缸结构尺寸的设计

液压缸结构设计的主要尺寸为缸的内径 D 、长度 L 、活塞杆直径 d 和长度 l 。确定上述尺寸的依据是液压缸的负载 F_L 、运动速度 v 和行程长度 s 等。

4.3.1　液压缸工作压力的确定

液压缸的工作压力可根据负载的大小和设备的类型选取。具体选择见表 4-2 和表 4-3。

表 4-2　各类液压设备常用的工作压力

设备类型	车床、铣床镗床	磨床	拉床	龙门刨床	组合机床	小型工程机械	重型、大型机械
工作压力 p/MPa	2～4	0.8～2	8～10	2～8	3～5	10～16	20～32

表 4-3　液压缸推力与工作压力之间的关系

液压缸推力 F/kN	<5	5～10	10～20	20～30	30～50	>50
工作压力 P/MPa	0.8～1	1.5～2	2.5～3	3～4	4～5	≥5～7

4.3.2 液压缸主要尺寸的确定

下面介绍液压缸内径 D 和活塞杆直径 d 的确定。

1. 动力较小的液压设备(如磨床、研磨机床、珩磨机床等)

这种设备需先按结构要求选定活塞杆直径 d，再按给定的速比系数 φ 来确定液压缸的内径 D，即

$$\varphi=\frac{v_2}{v_1}=\frac{D^2}{D^2-d^2} \tag{4-12}$$

将式(4-12)整理得

$$D=\sqrt{\frac{\varphi}{\varphi-1}}d=\sqrt{\frac{v_2}{v_2-v_1}}d \tag{4-13}$$

由式(4-13)可知，若已知液压缸速比 φ，再按结构要求选取活塞杆直径 d，就可计算出液压缸的内径 D。

2. 动力较大的液压设备(如拉床、刨床、组合机床、液压机等)

液压缸的内径 D 是根据设备的类型，以及缸所受负载 F_L (液压缸的推力 $F=F_L$)的大小来确定的。

(1) 当有杆腔进油时，由于

$$F=\frac{\pi}{4}(D^2-d^2)p$$

$$=\frac{\pi}{4}D^2(1-\lambda^2)p$$

则有

$$D=\sqrt{\frac{4F}{\pi(1-\lambda^2)p}} \tag{4-14}$$

式中的系数 $\lambda=\frac{d}{D}$，可由表 4-4 查出。

(2) 当无杆腔进油时，由于

$$F=\frac{\pi}{4}D^2p$$

则有

$$D=\sqrt{\frac{4F}{\pi p}} \tag{4-15}$$

根据由式(4-14)、式(4-15)算出的 D 值及选定的 λ 值即可计算出活塞杆的直径 d。用上述方法计算出来的 D 和 d 必须按 QB 2348—1980 取标准值，详见表 4-5 和表 4-6。

表 4-4　系数 λ 的推荐值

工作压力/MPa λ	<5	5～7	>7
活塞杆受拉	0.3～0.45		
活塞杆受压	0.50～0.55	0.6～0.7	0.7

表 4-5　液压缸内径尺寸系列(QB 2348—1980)/(D/mm)

8	10	12	16	20	25	32		40
50	63	80	(90)	100	(110)	125		(140)
160	(180)	200	220	250	320	400	500	630

注：括号内数值为后选用者。

表 4-6　液压杆直径尺寸系列(QB 2348—1980)/(d/mm)

4	5	6	8	10	12	14	16	18
20	22	25	28	32	36	40	45	50
55	63	70	80	90	100	110	125	140
160	180	200	220	250	280	320	360	400

4.3.3　液压缸、活塞杆长度的确定

液压缸的长度 L 按其最大行程确定，一般 $L \leqslant (20 \sim 30)D$。

活塞杆的长度可根据液压缸的长度 L、活塞的宽度 B、导向套和端盖的尺寸及活塞杆的连接方式综合考虑各因素来确定。而对于长径比 $L/D > 15$ 的受压活塞杆，应按材料力学中的有关公式进行稳定性校核计算。

4.3.4　液压缸其他尺寸的确定

(1) 活塞长度 B 按缸的工作压力和活塞的密封方式确定，一般 $B = (0.6 \sim 1)D$。

(2) 液压缸壁厚 δ 需根据液压缸结构和工艺的要求来确定，通常不进行计算；但当缸所承受的工作压力较高或缸的直径较大时，有必要对其最薄弱部位的壁厚 δ 进行强度的校核。

当 $\frac{D}{\delta} \geqslant 10$ 时，

$$\geqslant \frac{p_y D}{2[\sigma]} \tag{4-16}$$

当 $\frac{D}{\delta} < 10$ 时，

$$\delta \geqslant \frac{D}{2}\left[\sqrt{\frac{[\sigma]+0.4p_y}{[\sigma]-1.3p_y}} - 1\right] \tag{4-17}$$

式中：p_y——试验压力，比缸最高工作压力大 20%～30%，MPa；

$[\sigma]$——缸筒材料的许用应力，MPa。铸铁 $[\sigma] = 60 \sim 70$MPa；铸钢、无缝钢管 $[\sigma] = 100 \sim 110$MPa；锻钢 $[\sigma] = 110 \sim 120$MPa。

(3) 导向套滑动面的长度。当 $D < 80$mm 时，取 $(0.6 \sim 1)D$；当 $D \geqslant 80$mm 时，取 $(0.6 \sim 1)d$。

(4) 端盖尺寸、紧固螺钉的个数和尺寸。当压力不高时可由结构决定，压力高时，则必须对螺钉的强度进行强度校核。

液压缸主要零件的材料和技术条件，详见《液压传动设计手册》。

4.4 液 压 马 达

液压马达是将液压能转化为机械能，并能输出旋转运动的液压执行元件。本节只对柱塞式液压马达的工作原理做一简要介绍。

4.4.1 轴向柱塞式液压马达工作原理

如图 4.20 所示，当压力油经配油盘的窗口进入缸体的柱塞孔时，柱塞在压力油的作用下被顶出柱塞孔压在斜盘上，设斜盘作用在某一柱塞上的反作用力为 F ，F 可分解为 F_r 和 F_t 两个分力。其中轴向分力 F_r 和作用在柱塞后端的液压力相平衡，其值为 $F_r=\dfrac{\pi d^2 p}{4}$ ，而垂直于轴向的分力 $F_t=F_r\tan\gamma$，使缸体产生一定的转矩。其大小为

$$\begin{aligned} T_i &= F_t a = F_t R\sin\varphi \\ &= F_r R\tan\gamma\sin\varphi = \frac{\pi d^2}{4}pR\tan\gamma\sin\varphi \end{aligned} \tag{4-18}$$

液压马达输出的转矩应该是处于高压腔柱塞产生转矩的总和，即

$$T=\sum\frac{\pi d^2}{4}pR\tan\gamma\sin\varphi \tag{4-19}$$

由于柱塞的瞬时方位角 φ 是变化的，柱塞产生的转矩也随之变化，故液压马达产生的总转矩是脉动的。若互换液压马达的进、回油路时，液压马达将反向转动；若改变斜盘倾角 γ 时，液压马达的排量便随之发生改变，从而可以调节输出转矩或转速。

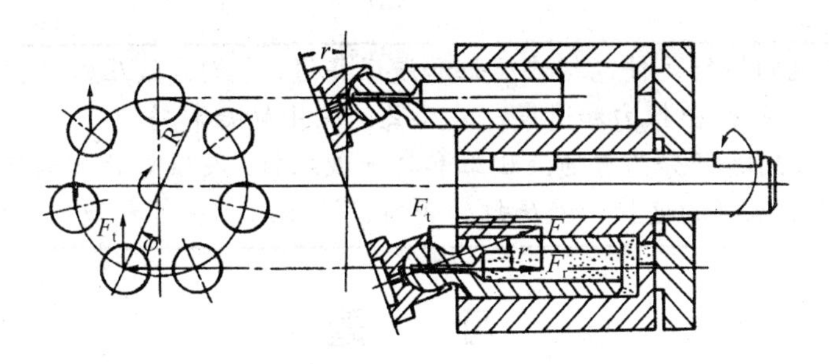

图 4.20 轴向柱塞式液压马达

4.4.2 液压马达的主要性能参数

从液压马达的功用来看，其主要性能转速 n 、转矩 T 和效率 η 。

1. 转速 n

$$n=\frac{q}{V}\eta_v \tag{4-20}$$

式中：V ——液压马达的排量；

q ——实际供给液压马达的流量；

η_v ——容积效率。

2. 转矩T

液压马达的输出转矩

$$T = T_t\eta_n = \frac{pV}{2\pi}\eta_n \tag{4-21}$$

式中：T_t ——液压马达理论输出转矩，即$T_t = \dfrac{pV}{2\pi}$；

p ——油液压力；

V ——液压马达的排量；

η_n ——机械效率。

3. 液压马达的总效率

液压马达的总效率为马达的输出功率$2\pi nT$和输入功率pq之比，即

$$\eta = \frac{2\pi nT}{pq} = \eta_v\eta_n \tag{4-22}$$

式中：p ——油液压力；

q ——实际供给液压马达的流量；

η_v、η_n ——分别为液压马达的容积效率和机械效率。

从式(4-22)可知，液压马达的总效率等于液压马达的机械效率η_n与容积效率η_v的乘积。

本章小结

(1) 液压系统的执行元件包括液压缸和液压马达，它们是液压能转化为机械能的能量转化装置；液压缸输出推力和速度，液压马达输出转矩和转速。

(2) 液压缸按用途可分为普通液压缸和特殊液压缸。液压缸的结构包括缸体与端盖的连接，活塞与活塞杆的连接，液压缸的密封、液压缸的缓冲和液压缸的排气装置。

习　题

4-1　试分析单杆活塞缸有杆腔进油、无杆腔进油和差动连接时，其运动件的运动速度、运动方向和所受的液压推力有何异同。利用单杆式活塞缸可实现什么样的工作循环？

4-2　如图4.3所示试推导单杆活塞缸差动连接时的推力F_3和速度v_3的计算公式。

4-3　液压缸如何实现排气和缓冲？

4-4　一双杆活塞式液压缸，其内径$D = 30$ mm，活塞杆直径$d = 0.7D$。求：

(1) 若进入液压缸的流量$q = 8$ L/min，活塞运动的速度v为多大？

(2) 若要求活塞运动速度$v = 8$ cm/s，求液压缸所需要的流量q为多少？

4-5　设计一单杆液压缸，已知外负载$F_l = 2\times10^4$ N，活塞与活塞杆外的摩擦阻力$F_\mu = 12\times10^2$ N，液压缸的工作压力$p = 5$ MPa，试求：

(1) 液压缸的内径 D。

(2) 若活塞最大进给速度 $v = 0.04\,\text{m/s}$，系统的泄漏损失为10%，应选用多大流量的泵？

(3) 若泵的总效率 $\eta = 0.85$，电动机的驱动功率应为多大？

4-6　单叶片摆动液压缸的供油压力 $p_1 = 2\,\text{MPa}$，供油流量 $q = 25\,\text{L/min}$，缸内径 $D = 240\,\text{mm}$，叶片安装轴直径 $d = 80\,\text{mm}$，若输出轴的回转角速度 $\omega = 0.7\,\text{rad/s}$，试求叶片的宽度 b 和输出轴的转矩 T。

4-7　某柱塞式液压缸，柱塞的直径 $d = 12\,\text{cm}$，输入的流量 $q = 20\,\text{L/min}$，求柱塞运动的速度 v 为多少？

4-8　液压马达排量 $V = 250\,\text{mL/r}$，入口压力 $p_1 = 10\,\text{MPa}$，出口压力 $p_2 = 0.5\,\text{MPa}$，其总效率 $\eta = 0.90$，容积效率 $\eta_v = 0.92$，当输入流量 $q = 25\,\text{mL/r}$ 时，试求：

(1) 液压马达的输出转矩。

(2) 液压马达的实际输出转速。

4-9　某一液压马达，要求输出 $25.5\,\text{N·m}$ 的转矩，转速为 $30\,\text{r/min}$，马达的排量为 $105\,\text{mL/r}$，马达的机械效率和容积效率均为0.90，马达的出口压力为 $2\times10^5\,\text{Pa}$，试求液压马达所需的流量和压力各为多少？

第 5 章　液压控制元件

教学目标与要求：

- 掌握液压阀的分类与基本要求
- 掌握方向控制阀的结构、工作原理、图形符号和应用
- 掌握压力控制阀的结构、工作原理、图形符号和应用
- 掌握流量控制阀的结构、工作原理、图形符号和应用
- 了解其他液压控制阀的结构和工作原理

教学重点：

- 换向阀的工作原理和图形符号，三位换向阀的中位机能
- 溢流阀的工作原理、应用和流量压力特性
- 减压阀的工作原理及应用
- 流量控制阀节流口的特性和形式
- 调速阀的工作原理

教学难点：

- 三位换向阀的中位机能
- 溢流阀的工作原理、应用和流量压力特性
- 减压阀的工作原理及应用

液压控制元件(简称液压阀)是控制液流方向、压力和流量的元件。其性能好坏直接影响液压系统的工作过程和工作特性，它是液压系统中的重要元件。

5.1　液压阀概述

尽管各类液压阀的形式不同，功能各异，但都具有共性。在结构上，所有阀都是由阀体、阀芯和驱动阀芯运动的元、部件(如弹簧)等组成；在工作原理上，所有阀的阀口大小、进出口的压差以及通过阀的流量之间的关系都符合孔口流量公式，仅是各种阀控制的参数不同而已。

5.1.1　液压阀的分类

液压阀按用途可分为方向控制阀、压力控制阀和流量控制阀；按控制原理又可分为定值或开关控制阀、电液比例阀、伺服控制阀和数字控制阀；按安装连接方式也可分为管式阀、板式阀、叠加阀和插装阀；按结构还可分为滑阀、转阀、座阀和射流管阀等。

5.1.2　对液压阀的基本要求

(1) 动作灵敏、使用可靠，工作时冲击和振动要小。

(2) 油液通过时，压力损失要小。

(3) 密封性能好。

(4) 结构紧凑，安装、调节、使用及维护方便，且通用性和互换性要好，使用寿命长。

5.2　方向控制阀

方向控制阀通过控制液压系统中液流的通断或流动方向，从而控制执行元件的启动、停止及运动方向。它可分为单向阀和换向阀两种。

5.2.1　单向阀

单向阀是控制油液单方向流动的方向控制阀。常用的单向阀有普通单向阀和液控单向阀两种。

1. 普通单向阀

普通单向阀只允许液流沿着一个方向流动，反向被截止，故又称为止回阀。按流道不同，普通单向阀有直通式和直角式两种，如图 5.1(a)、图 5.1(b)所示。当液流从进油口 P_1 流入时，克服作用在阀芯 2 上的弹簧 3 的作用力以及阀芯 2 与阀体 1 之间的摩擦力而顶开阀芯，并通过阀芯上的径向孔 a、轴向孔 b 从出油口 P_2 流出；当液流反向从 P_2 口流入时，在液压力和弹簧力共同作用下，使阀芯压紧在阀座上，使阀口关闭，实现反向截止。图形符号如图 5.1(c)所示。

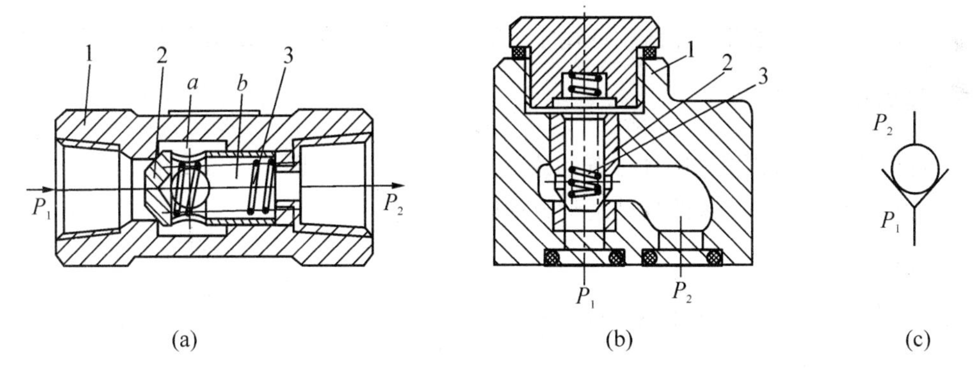

图 5.1　单向阀

1—阀体；2—阀芯；3—弹簧

单向阀中的弹簧仅用于克服阀芯的摩擦阻力和惯性力，所以其刚度较小，开启压力很小，一般在 0.035～0.05MPa 之间。若将单向阀中的弹簧换成刚度较大的弹簧时，可用作背压阀，开启压力在 0.2～0.6MPa 之间。

2. 液控单向阀

液控单向阀与普通单向阀相比，在结构上增加了一个控制活塞 1 和控制油口 K。如图 5.2(a)所示。除了可以实现普通单向阀的功能外，还可以根据需要由外部油压来控制，以实现逆向流动。当控制油口 K 没有通入压力油时，它的工作原理与普通单向阀完全相同，压力油从 P_1 流向 P_2，反向被截止；当控制油口 K 通入控制压力油 P_K 时，控制活塞 1 向上移动，顶开阀芯 2，使油口 P_1 和 P_2 相通，使油液反向通过。为了减小控制活塞移动时的阻力，设一外泄油口 L，控制压力 P_K 最小应为主油路压力的 30%～50%。

图 5.2(b)为带卸荷阀芯的液控单向阀。当控制油口通入压力油 P_K 时，控制活塞先顶起卸荷阀芯 3，使主油路的压力降低，然后控制活塞以较小的力将阀芯 2 顶起，使 P_1 和 P_2 相通。可用于压力较高的场合。其图形符号如图 5.2(c)所示。

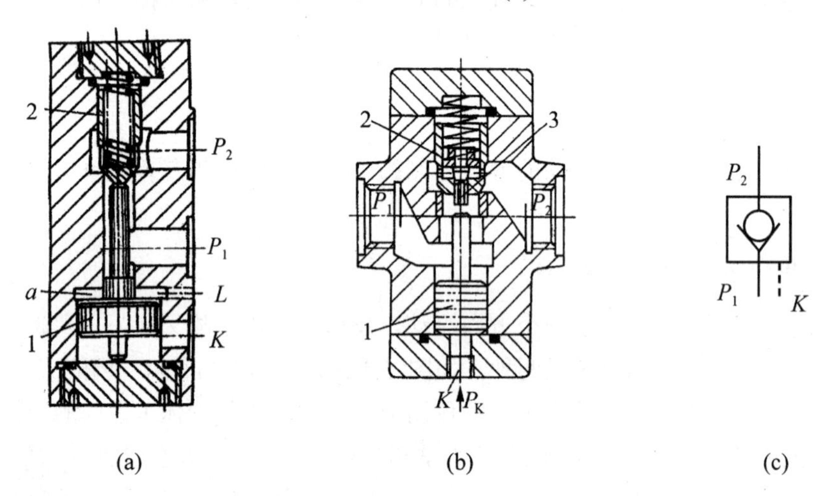

图 5.2　液控单向阀

1—控制活塞；2—阀芯；3—卸荷阀芯

液控单向阀在机床液压系统中应用十分普遍，常用于保压、锁紧和平衡回路。

5.2.2　换向阀

换向阀是利用阀芯相对阀体位置的改变，使油路接通、断开或改变液流方向，从而控制执行元件的启动、停止或改变其运动方向的液压阀。

1. 分类

换向阀的种类很多，具体类型见表 5-1。

表 5-1　换向阀的类型

分类方式	类　型
按阀芯结构分类	滑阀式、转阀式、球阀式
按工作位置数量分类	二位、三位、四位
按通路数量分类	二通、三通、四通、五通等
按操纵方式分类	手动、机动、电磁、液动、电液动等

2. 换向阀的工作原理、结构和图形符号

图 5.3 为滑阀式换向阀的工作原理图。当阀芯向右移动一定距离时，液压泵的压力油

从阀的 P 口经 A 口进入液压缸左腔，推动活塞向右移动，液压缸右腔的油液经 B 口流回油箱；反之，活塞向左运动。换向阀的结构原理和图形符号详见表 5-2。

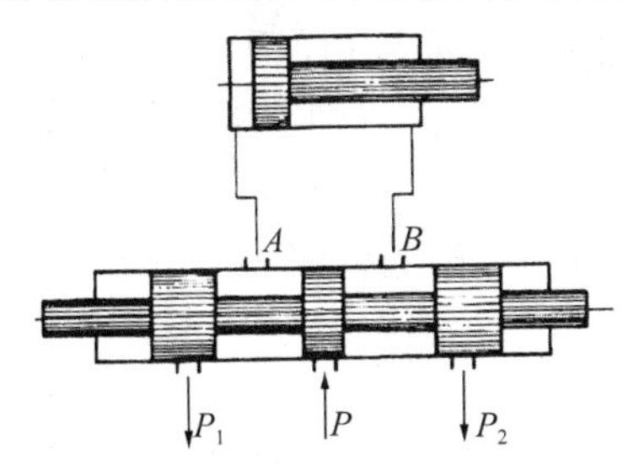

图 5.3　换向阀的工作原理图

表 5-2　常用滑阀式换向阀的结构原理图和图形符号

<table>
<tr><th>名　称</th><th>结构原理图</th><th>图形符号</th><th colspan="3">备　注</th></tr>
<tr><td>二位二通阀</td><td>A P</td><td>A P</td><td colspan="3">控制油路的接通与切断(相当于一个开关)</td></tr>
<tr><td>二位三通阀</td><td>A P B</td><td>A B P</td><td colspan="3">控制液流方向(从一个方向变换成另一个方向)</td></tr>
<tr><td>二位四通阀</td><td>A P B T</td><td>A B P T</td><td rowspan="4">控制执行元件换向</td><td>不能使执行元件在任一位置处停止运动</td><td rowspan="2">执行元件正反向运动时回油方式相同</td></tr>
<tr><td>三位四通阀</td><td>A P B T</td><td>A B P T</td><td>能使执行元件在任一位置处停止运动</td></tr>
<tr><td>二位五通阀</td><td>T_1 A P B T_2</td><td>A B T_1PT_2</td><td>不能使执行元件在任一位置处停止运动</td><td rowspan="2">执行元件正反向运动时可以得到不同的回油方式</td></tr>
<tr><td>三位五通阀</td><td>T_1 A P B T_2</td><td>A B T_1PT_2</td><td>能使执行元件在任一位置处停止运动</td></tr>
</table>

表 5-2 中图形符号的含义如下。

(1) 用方框表示阀的工作位置，有几个方框就表示有几个工作位置。

(2) 一个方框与外部相连接的主油口数有几个，就表示几“通”。

(3) 方框内的箭头表示该位置上油路接通，但不表示液流的流向；方框内的符号“┬”或“┴”表示此通路被阀芯封闭。

(4) P 和 T 分别表示阀的进油口和回油口，而与执行元件连接的油口用字母 A、B 表示。

(5) 三位阀的中间方框和二位阀侧面画弹簧的方框为常态位。绘制液压系统图时，油路应连接在换向阀的常态位上。

(6) 控制方式和复位弹簧应画在方框的两端。

3. 换向阀的中位机能

换向阀各阀口的连通方式称为阀的机能，不同的机能可满足系统的不同要求，对于三位阀，阀芯处于中间位置时(即常态位)各油口的连通形式称为中位机能。表 5-3 为常见的三位四通、五通换向阀中位机能的形式、结构简图和中位符号。由表 5-3 可以看出，不同的中位机能是通过改变阀芯的形状和尺寸得到的。

表 5-3 三位换向阀的中位机能

机能类型	结构简图	中间位置的符号		作用、机能特点
		三位四通	五位五通	
O 型	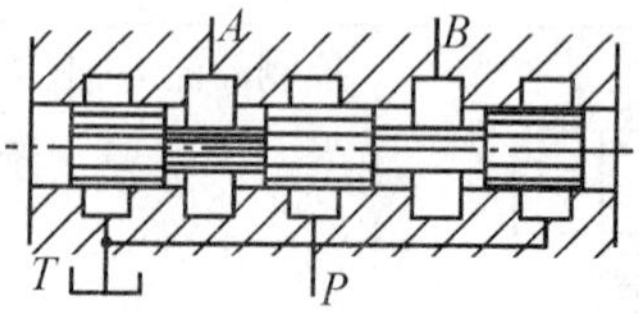	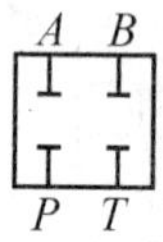	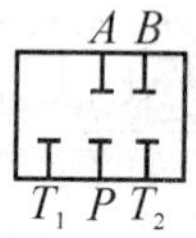	换向精度高，但有冲击，缸被锁紧，泵不卸荷，并联缸可运动
H 型	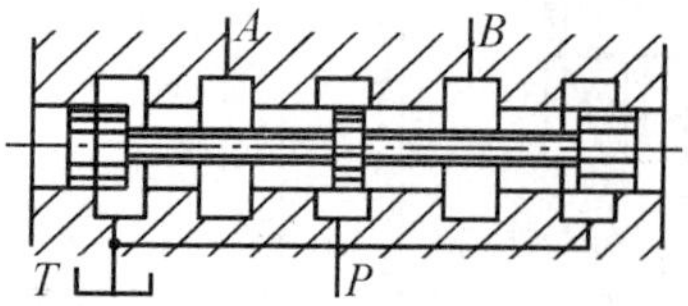	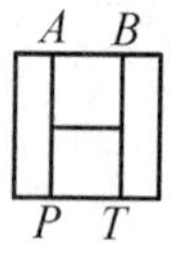	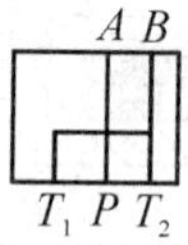	换向平稳，但冲击量大，缸浮动，泵卸荷，其他缸不能并联使用
Y 型	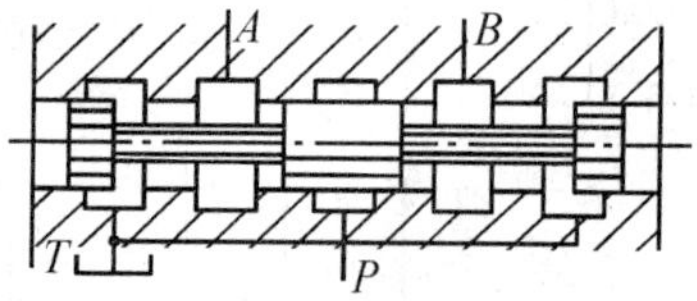	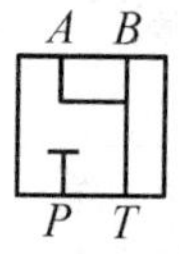	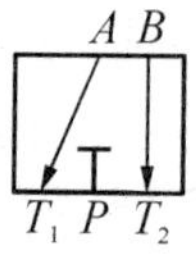	换向较平稳，冲击量较大，缸浮动，泵不卸荷，并联缸可运动
P 型	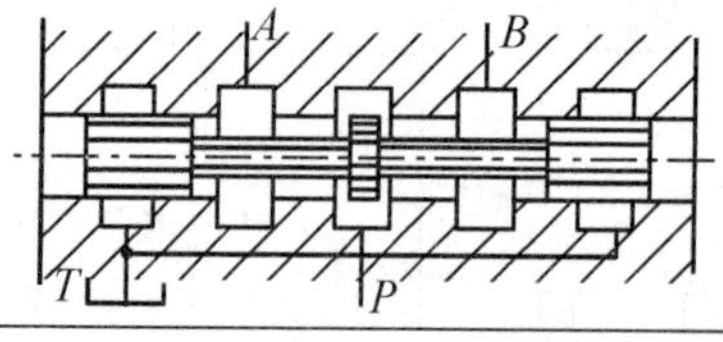		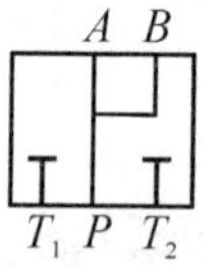	换向最平稳，冲击量较小，缸浮动，泵不卸荷，并联缸可运动
M 型	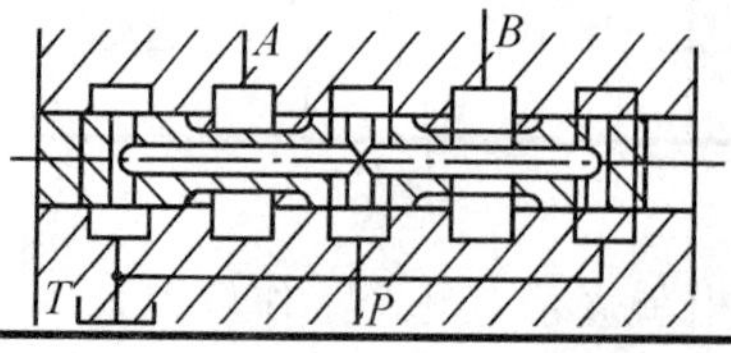	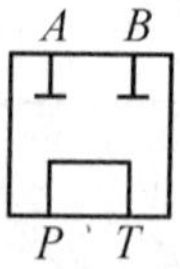	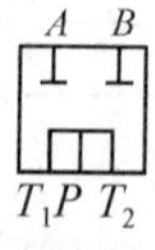	换向精度，但有冲击，缸被锁紧，泵卸荷，其他缸不能并联使用

在分析和选择阀的中位机能时，通常考虑以下几点：

(1) 系统保压与卸荷。当 P 口被堵塞时，如 O 型、Y 型，系统保压，液压泵能用于多缸液压系统。当 P 口和 T 口相通时，如 H 型、M 型，这时整个系统卸荷。

(2) 换向精度和换向平稳性。当工作油口 A 和 B 都堵塞时，如 O 型、M 型，换向精度高，但换向过程中易产生液压冲击，换向平稳性差。当油口 A 和 B 都通 T 口时，如 H 型、Y 型，换向时液压冲击小，平稳性好，但换向精度低。

(3) 启动平稳性。阀处于中位时，A 口和 B 口都不通油箱，如 O 型、P 型、M 型启动时，油液能起缓冲作用，易于保证启动的平稳性。

(4) 液压缸"浮动"和在任意位置处锁住。当 A 口和 B 口接通时，如 H 型、Y 型，卧式液压缸处于"浮动"状态，可以通过其他机构使工作台移动，调整其位置。当 A 口和 B 口都被堵塞时，如 O 型、M 型，则可使液压缸在任意位置处停止并被锁住。

4. 几种常用的换向阀

1) 机动换向阀

机动换向常用于控制机械设备的行程，又称为行程阀。它是利用安装在运动部件上的凸轮或挡块使阀芯移动而实现换向的。机动换向阀通常是二位阀，有二通、三通、四通和五通几种。二通的分为常开和常闭两种形式。

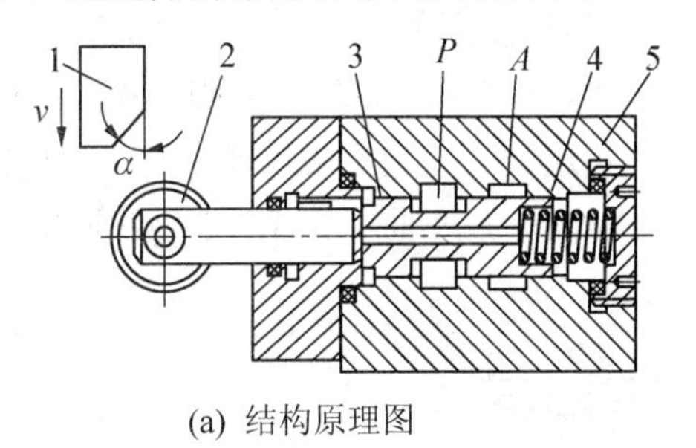

(a) 结构原理图

A
P

(b) 图形符号

图 5.4　二位二通机动换向阀

1—挡铁；2—滚轮；3—阀芯；4—弹簧；5—阀体

图 5.4(a)为二位二通机动换向阀的结构图。图示位置在弹簧 4 的作用下，阀芯 3 处于左端位置，油口 P 和 A 不连通；当挡铁压住滚轮 2 使阀芯 3 移到右端位置时，油口 P 和 A 接通。图 5.4(b)为其图形符号。

机动换向阀具有结构简单、工作可靠、位置精度高等优点。若改变挡铁的斜角 α 就可改变换向时阀芯的移动速度，即可调节换向过程的时间。机动换向阀必须安装在运动部件附近，故连接管路较长。

2) 电磁换向阀

电磁换向阀是利用电磁铁的吸力来推动阀芯移动，从而改变阀芯位置的换向阀。一般有二位和三位，通道数有二通、三通、四通和五通。

电磁换向阀按使用的电源不同，有交流型和直流型两种。交流电磁铁的使用电压多为 220V，换向时间短(约为 0.01～0.03s)，启动力大，电气控制线路简单。但工作时冲击和噪声大，阀芯吸不到位容易烧毁线圈，所以寿命短，其允许切换频率一般为 10 次/min。直流电磁铁的电压多为 24V，换向时间长(约为 0.05～0.08s)，启动力小，冲击小，噪声小，对过载或低电压反应不敏感，工作可靠，寿命长，切换频率可达 120 次/ min，故需配备专门的直流电源，因此费用较高。

图 5.5(a)为二位三通电磁换向阀的结构。图示位置电磁铁不通电，油口 *P* 和 *A* 连通，油口 *B* 断开；当电磁铁通电时，衔铁 1 吸合，推杆 2 将阀芯 3 推向右端，使油口 *P* 和 *A* 断开，与 *B* 接通。图 5.5(b)为其图形符号。

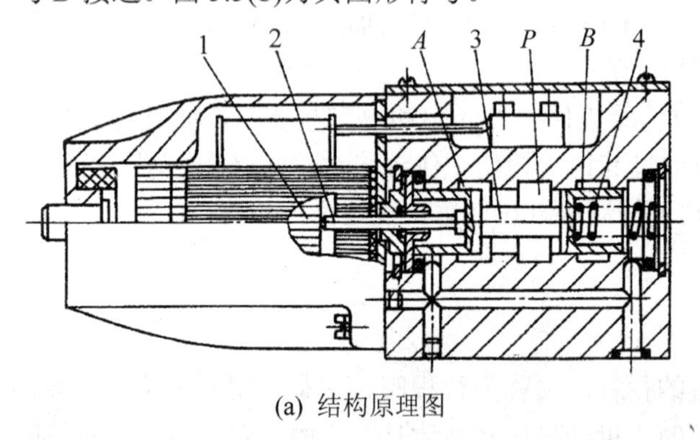

(a) 结构原理图　　(b) 图形符号

图 5.5　二位三通电磁阀

1—衔铁；2—推杆；3—阀芯；4—弹簧

图 5.6(a)为三位四通电磁铁换向阀。当两边电磁铁都不通电时，阀芯 3 在两边对中弹簧 4 的作用下处于中位，*P*、*T*、*A*、*B* 油口互不相通；当左边电磁铁通电时，左边衔铁吸合，推杆 2 将阀芯 3 推向右端，油口 *P* 和 *B* 接通，*A* 与 *T* 接通；当右边电磁铁通电时，则油口 *P* 和 *A* 接通，*B* 与 *T* 接通。其图形符号如图 5.6(b)所示。

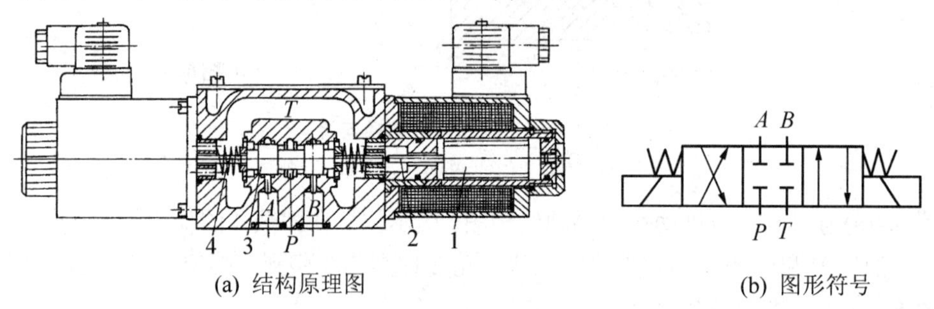

(a) 结构原理图　　(b) 图形符号

图 5.6　三位四通电磁阀

1—衔铁；2—推杆；3—阀芯；4—弹簧

电磁换向阀因具有换向灵敏、操作方便、布置灵活、易于实现设备的自动化等特点，因而应用最为广泛。但由于电磁铁吸力有限，因而要求切换的流量不能太大，一般在 63L/min 以下，且回油口背压不宜过高，否则易烧毁电磁铁线圈。

3) 液动换向阀

液动换向阀是利用控制油路的压力油来推动阀芯移动，从而改变阀芯位置的换向阀。图 5.7(a)为三位四通液动换向阀的结构原理图。阀上设有两个控制油口 K_1 和 K_2；当两个控制油口都未通压力油时，阀芯 2 在两端对中弹簧 4、7 的作用下处于中位，油口 *P*、*T*、*A*、

B 互不相通；当 K_1 接压力油、K_2 接油箱时，阀芯在压力油的作用下右移，油口 P 与 B 接通，A 与 T 接通；反之，当 K_2 通压力油、K_1 接油箱时，阀芯左移，油口 P 与 A 接通，B 与 T 接通。其图形符号如图 5.7(b)所示。

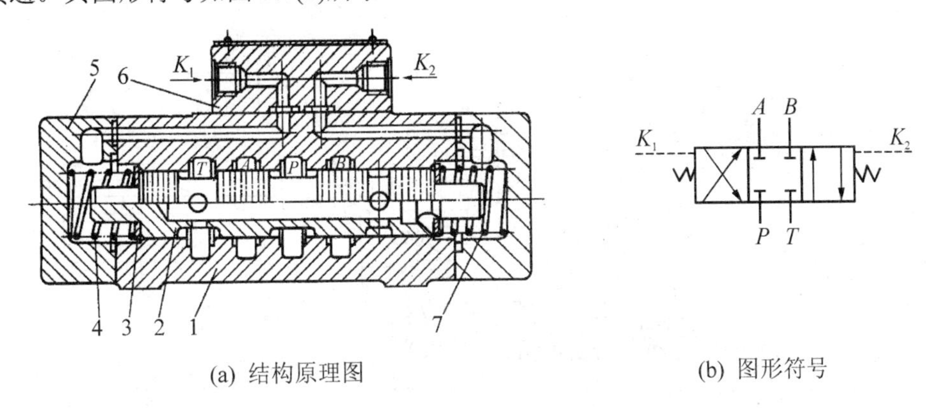

(a) 结构原理图　　　　　　　　(b) 图形符号

图 5.7　三位四通液动换向阀

1—阀体；2—阀芯；3—挡圈；4、7—弹簧；5—端盖；6—盖板

液动换向阀常用于切换流量大、压力高的场合。液动换向阀常与电磁换向阀组合成电液换向阀，以实现自动换向。

4) 电液换向阀

电液换向阀是由电磁换向阀和液动换向阀组合而成的复合阀。电磁换向阀起先导阀的作用，用来改变液动换向阀的控制油路的方向，从而控制液动换向阀的阀芯位置；液动换向阀为主阀，实现主油路的换向。由于推动主阀芯的液压力可以很大，故主阀芯的尺寸可以做大，允许大流量液流通过。这样就可以实现小规格的电磁铁方便地控制着大流量的液动换向阀。

图 5.8(a)为电液换向阀的结构原理图。当先导阀的电磁铁都不通电时，先导阀的阀芯在对中弹簧作用下处于中位，主阀芯左、右两腔的控制油液通过先导阀中间位置与油箱连通，主阀芯在对中弹簧作用下也处于中位，主阀的 P、A、B、T 油口均不通。当先导阀左边电磁铁通电时，先导阀芯右移，控制油液经先导阀再经左单向阀进入主阀左腔，推动主阀芯向右移动，这时主阀右腔的油液经右边的节流阀及先导阀回油箱，使主阀 P 与 A 接通，B 与 T 接通；反之，先导阀右边电磁铁通电，可使油口 P 与 B 接通，A 与 T 接通(主阀芯移动速度可由节流阀的开口大小调节)。图 5.8(b)为电液换向阀的图形符号和简化符号。

5) 手动换向阀

手动换向阀是利用手动杠杆操纵阀芯运动，以实现换向的换向阀。它有弹簧自动复位和钢球定位两种。图 5.9(a)为自动复位式手动换向阀。向右推动手柄 4 时，阀芯 2 向左移动，使油口 P、A 接通；B、T 接通。若向左推动手柄，阀芯向右运动，则 P 与 B 相通，A 与 T 相通。松开手柄后，阀芯依靠复位弹簧的作用自动弹回到中位，油口 P、T、A、B 互不相通。图 5.9(c)为其图形符号。

自动复位式手动换向阀适用于动作频繁、持续工作时间较短的场合，操作比较安全，常用于工程机械的液压系统中。

若将该阀右端弹簧的部位改为图 5.9(b)的形式，即可成为在左、中、右 3 个位置定位的手动换向阀。当阀芯向左或向右移动后，就可借助钢球使阀芯保持在左端或右端的工作位置上。图 5.9(d)为其图形符号。该阀适用于机床、液压机、船舶等需保持工作状态时间较长的场合。

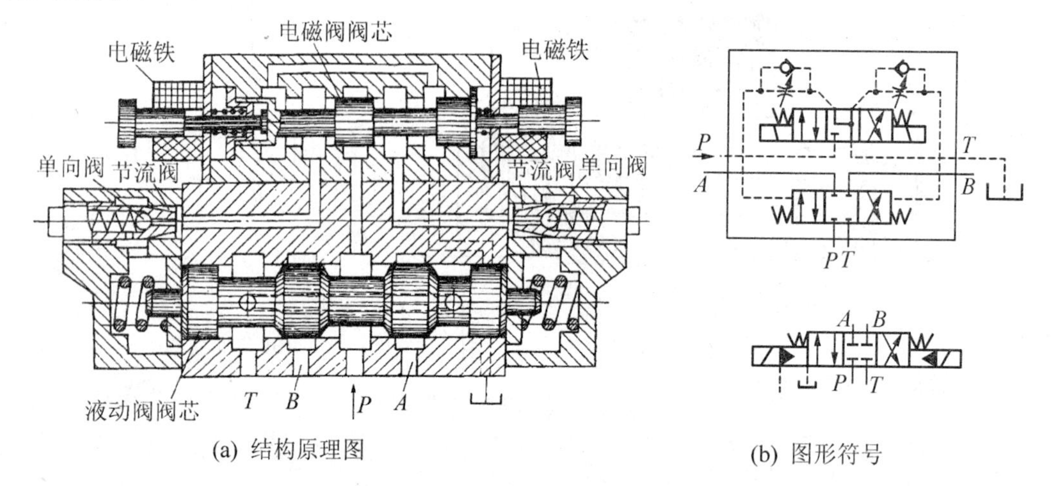

(a) 结构原理图　(b) 图形符号

图 5.8　电液换向阀

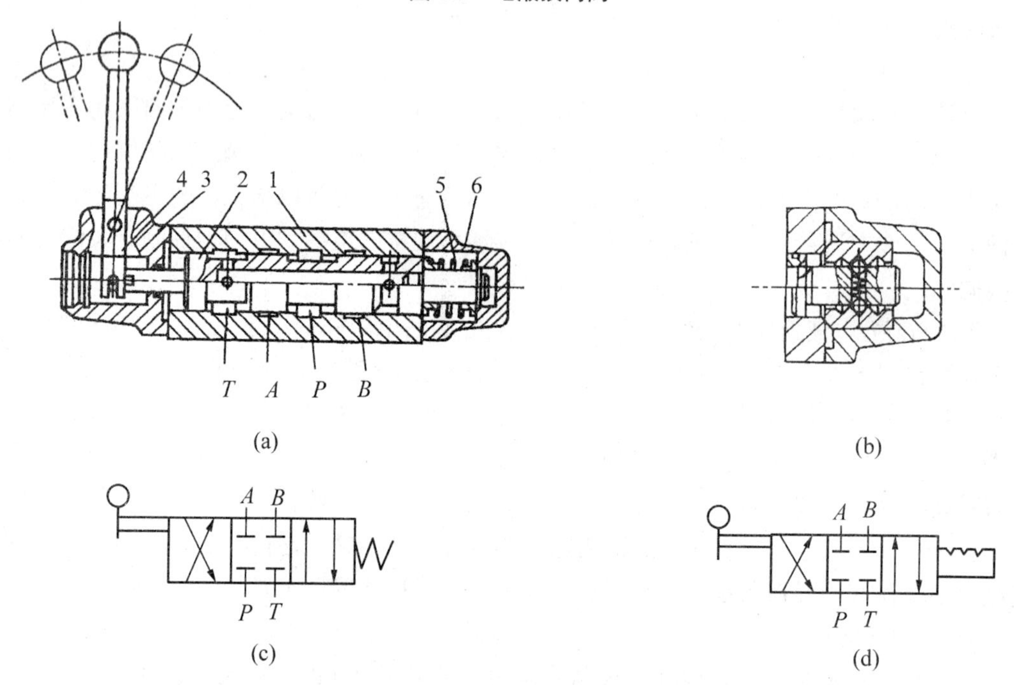

(a)　(b)　(c)　(d)

图 5.9　三位四通手动换向阀(自动复位式)

1—阀体；2—阀芯；3—前盖；4—手柄；5—弹簧；6—后盖

5.3　压力控制阀

在液压系统中，控制油液压力高低的阀和通过压力信号实现动作控制的阀统称为压力控制阀。它们是利用作用在阀芯上的液压力和弹簧力相平衡的原理来工作的。压力控制阀主要有溢流阀、减压阀，顺序阀和压力继电器等。

5.3.1　溢流阀

溢流阀在液压系统中的作用是通过阀口的溢流量来实现调压、稳压或限压，按其结构不同可分为直动式和先导式两种。

1. 工作原理

1) 直动式溢流阀

直动式溢流阀是靠系统中的压力油直接作用于阀芯上和弹簧力相平衡的原理来工作的。图 5.10(a)为直动式溢流阀的结构图。P 是进油口，T 是回油口，压力油从 P 口进入，经阀芯 4 上的径向小孔 c 和轴向阻尼小孔 d 作用在阀芯底部 a 上，当进油压力 p 升高，阀芯所受的液压力 pA 超过弹簧力 F_s 时，阀芯 4 上移，阀口被打开，油口 P 和 T 相通实现溢流。阀口的开度经过一个过渡过程后，便稳定在某一位置上，进油口压力 p 也稳定在某一调定值上。调整螺母 1，可以改变弹簧 2 的预紧力，这样就可调节进油口的压力 p。阀芯上的阻尼小孔 d 的作用是对阀芯的动作产生阻尼，提高阀的工作平稳性。图 5.10 中 L 为泄油口，溢流阀工作时，油液通过间隙泄漏到阀芯上端的弹簧腔，通过阀体上的 b 孔与回油口 T 相通，此时 L 口堵塞，这种连接方式称为内泄；若将 b 孔堵塞，打开 L 口，泄漏油直接引回油箱，这种连接方式称为外泄。当溢流阀稳定工作时，作用在阀芯上的液压力和弹簧力相平衡(阀芯的自重、摩擦力等都忽略不计)，则有

$$pA = F_s$$

$$p = \frac{F_s}{A} \tag{5-1}$$

式中：p——溢流阀调节压力；

F_s——调压弹簧力；

A——阀芯底部有效作用面积。

对于特定的阀，A 值是恒定的，调节 F_s 就可调节进口压力 p。当系统压力变化时，阀芯会作相应的波动，然后在新的位置上平衡；与之相应的弹簧力也要发生变化，但相对于调定的弹簧力来说变化很小，所以认为 p 值基本保持恒定。

直动式溢流阀具有结构简单、制造容易、成本低等优点。但缺点是油液压力直接和弹簧力平衡，所以压力稳定性差。当系统压力较高时，要求弹簧刚度大，使阀的开启性能差，故一般只用于低压小流量场合。图 5.10(b)为直动式溢流阀的图形符号。

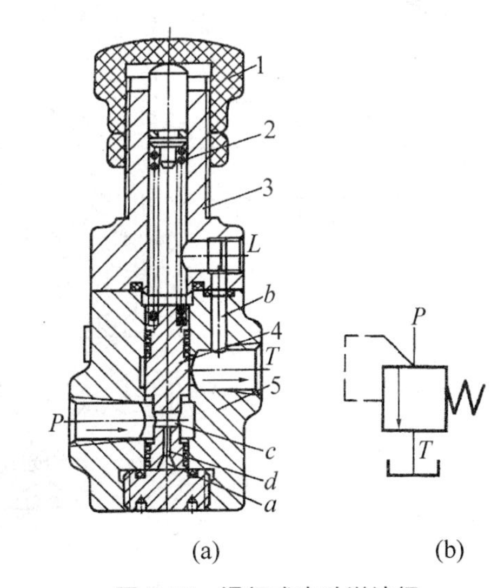

图 5.10　滑阀式直动溢流阀

1—调压螺母；2—调压弹簧；3—上盖；4—主阀芯；5—阀体；a—锥孔；b—内泄孔道；c—径向小孔；d—轴向阻尼小孔

2) 先导式溢流阀

先导式溢流阀由先导阀和主阀两部分组成。它是利用主阀芯上、下两端的压力差所形成的作用力和弹簧力相平衡的原理来进行工作的。其结构如图 5.11(a)所示。P 是进油口，T 是回油口，压力油从 P 口进入，通过阀芯轴向小孔 a 进入 A 腔，同时经 b 孔进入 B 腔，又经 d 孔作用在先导阀的锥阀芯 8 上。当进油压力 p 较低，不足以克服调压弹簧 6 的弹簧力 F_s' 时，锥阀芯 8 关闭，主阀芯 2 上、下两端压力相等，主阀芯 2 在复位弹簧 3 的作用下处于最下端位置，阀口 P 和 T 不通，溢流口关闭。当进油压力升高，作用在锥阀芯上的液压力大于 F_s' 时，锥阀芯 8 被打开，压力油便经 c 孔、回油口 T 流回油箱。由于阻尼孔 b 的作用，使主阀芯 2 上端的压力 p_1 小于下端压力 p，当这个压力差超过复位弹簧 3 的作用力 F_s' 时，主阀芯上移，进油口 P 和回油口 T 相通，实现溢流。所调节的进口压力 p 也要经过一个过渡过程才能达到平衡状态。当溢流阀稳定工作时，作用在主阀芯上的液压力和弹簧力相平衡(阀芯的自重、摩擦力等忽略不计)，则有

$$pA = p_1 A + F_s \tag{5-2}$$

式中：p——进口压力；

p_1——主阀芯上腔压力；

F_s——主阀芯弹簧力；

A——主阀芯有效作用面积。

由式(5-2)可知，由于 p_1 是由先导阀弹簧调定，基本为定值；主阀芯上腔的复位弹簧 3 的刚度可以较小，且 F_s 的变化也较小。所以当溢流量发生变化时，溢流阀进口压力 p 的变化较小。因此先导式溢流阀相对直动式溢流阀具有较好的稳压性能。但它的反应不如直动式溢流阀灵敏，一般适用于压力较高的场合。

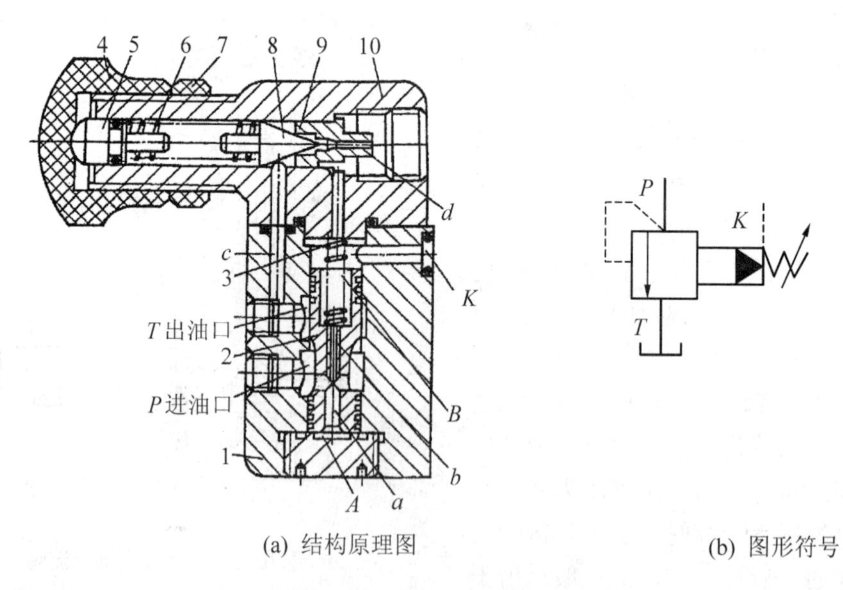

(a) 结构原理图　　(b) 图形符号

图 5.11　先导式溢流阀

1—主阀体；2—主阀芯；3—复位弹簧；4—调节螺母；5—调节杆；6—调压弹簧；7—螺母；8—锥阀芯；9—锥阀座；10—阀盖；a、b—轴向小孔；c—流道；d—小孔

先导式溢流阀有一个远程控制口 K，如果将此口连接另一个远程调压阀(其结构和先导阀部分相同)，调节远程调压阀的弹簧力，即可调节主阀芯上腔的液压力，从而对溢流阀的进口压力实现远程调压。但远程调压阀调定的压力不能超过溢流阀先导阀调定的压力，否则不起作用。当远程控制口 K 通过二位二通阀接通油箱时，主阀芯上腔的油液压力接近于零，复位弹簧很软，溢流阀进油口处的油液以很低的压力将阀口打开，流回油箱，实现卸荷。图 5.11(b)为其图形符号。

2. 溢流阀的性能

溢流阀的性能包括静态性能和动态性能两类，下面只对其静态性能作一简单介绍。

1) 调压范围

溢流阀的调压范围是指阀所允许使用的最小和最大压力值。在此范围内所调压力能平稳上升或下降，且压力无突跳和迟滞现象。

2) 流量－压力特性(启闭特性)

启闭特性是溢流阀最重要的静态特性，是评价溢流阀定压精度的重要指标。它是指溢流阀从关闭状态到开启，然后又从全开状态到关闭的过程中，压力与溢流量之间的关系。如图 5.12 所示为直动式溢流阀与先导式溢流阀启闭特性曲线图。由于开启和闭合时，阀芯摩擦力方向不同，故阀的开启特性曲线和闭合特性曲线不重合。一般认为通过 1%额定溢流量时的压力为溢流阀的开启压力和闭合压力。开启压力与额定压力的比值称为开启比，闭合压力与额定压力的比值称为闭合比。比值越大，它的调压偏差 $p_S - p_B$、 $p_S - p_K$ 的值越小，阀的定压精度越高。

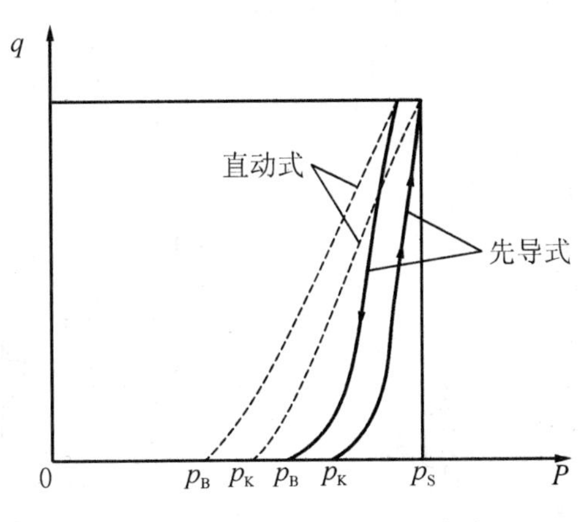

图 5.12　溢流阀的启闭特性曲线

3) 卸荷压力

卸荷压力是指溢流阀的远程控制口与油箱接通，系统卸荷，溢流阀的进、出油口的压力差。卸荷压力越小，流经阀时压力损失就越小。

3. 溢流阀的应用场合

1) 定压溢流

在定量泵供油的节流调速系统中，在泵的出口处并联溢流阀，和流量控制阀配合使用，将液压泵多余的油液溢流回油箱，保证泵的工作压力基本不变。图 5.13(a)所示为溢流阀作定压溢流用。

2) 防止系统过载

在变量泵调速的系统中，系统正常工作时，溢流阀常闭，当系统过载时，阀口打开，使油液排入油箱而起到安全保护作用，如图 5.13(b)所示。

3) 作背压阀用

在液压系统的回油路上串接一个溢流阀，可以形成一定的回油阻力，这种压力称为背压。它可以改善执行元件的运动平稳性，如图 5.13(c)所示。

4) 实现远程调压

将先导式溢流阀的远程控制口与直动式溢流阀连接，可实现远程调压，如图 5.13 (d)所示。

5) 使泵卸荷

将二位二通电磁阀接先导式溢流阀的远程控制口，可使液压泵卸荷，降低功率消耗，减少系统发热，如图 5.13(e)所示。

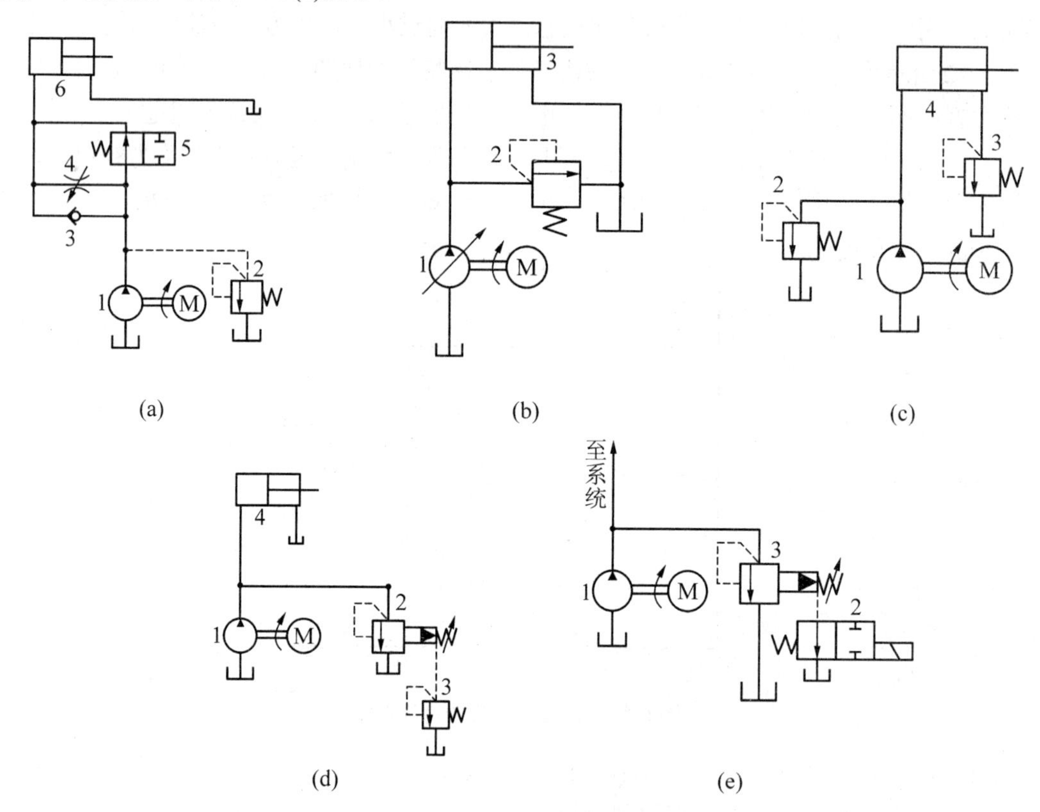

图 5.13　溢流阀的应用场合

5.3.2　减压阀

减压阀是利用压力油流经缝隙时产生的压力损失，使其出口压力低于进口压力，并保持压力恒定的一种压力控制阀(又称为定值减压阀)。它和溢流阀类似，也有直动式和先导式两种，直动式减压阀较少单独使用，而先导式减压阀性能良好，使用广泛。

1. 先导式减压阀的工作原理

图 5.14(a)为先导式减压阀的结构原理图。该阀由先导阀和主阀两部分组成，P_1、P_2 分别为进、出油口，当压力为 p_1 的油液从 P_1 口进入，经减压口并从出油口流出，其压力为 p_2，出口的压力油经阀体 6 和端盖 8 的流道作用于主阀芯 7 的底部，经阻尼孔 9 进入主阀弹簧腔，并经流道 a 作用在先导阀的阀芯 3 上，当出口压力低于调压弹簧 2 的调定值时，先导阀口关闭，通过阻尼孔 9 的油液不流动，主阀芯 7 上、下两腔压力相等，主阀芯 7 在复位弹簧 10 的作用下处于最下端位置，减压口全部打开，不起减压作用，出口压力 p_2 等于进口压力 p_1；当出口压力超过调压弹簧 2 的调定值时，先导阀芯 3 被打开，油液经泄油口 L 流回油箱。

由于油液流经阻尼孔 9 时，会产生压力降，使主阀芯下腔压力大于上腔压力，当此压力差所产生的作用力大于复位弹簧力时，主阀芯上移，作用力使减压口关小，减压增强，出口压力 p_2 减小。经过一个过渡过程，出口压力 p_2 便稳定在先导阀所调定的压力值上。调节调压手轮 1 即可调节减压阀的出口压力 p_2。

由于外界干扰，如果使进口压力 p_1 升高，出口压力 p_2 也升高，主阀芯受力不平衡，向上移动，阀口减小，压力降增大，出口压力 p_2 降低至调定值，反之亦然。

先导式减压阀有远程控制口 K，可实现远程调压，原理与溢流阀的远程控制原理相同。图 5.14(b)为其图形符号。

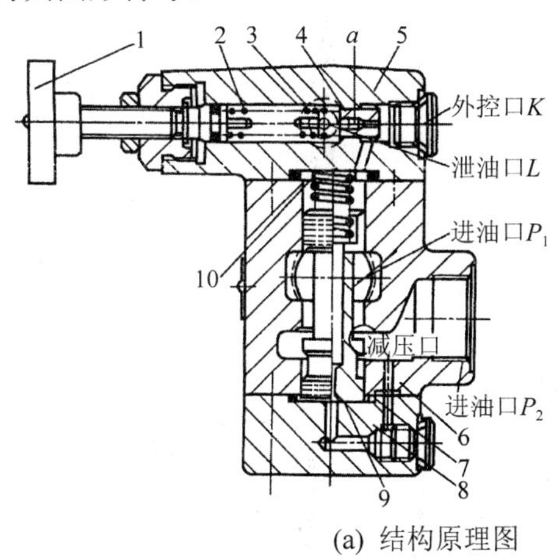

(a) 结构原理图

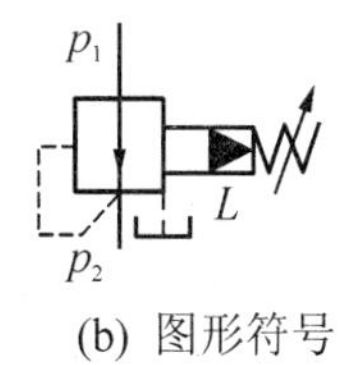

(b) 图形符号

图 5.14　主阀为滑阀的先导式减压阀

1—调压手轮；2—调压弹簧；3—先导阀芯；4—先导阀座；5—阀盖；6—阀体；
7—主阀芯；8—端盖；9—阻尼孔；10—复位弹簧；a—流道

2. 减压阀的应用

1) 减压稳压

在液压系统中，当几个执行元件采用一个油泵供油时，而且各执行元件所需的工作压力不尽相同时，可在支路中串接一个减压阀，就可获得较低而稳定的工作压力。图 5.15 (a)为减压阀用于夹紧油路的工作原理图。

2) 多级减压

利用先导式减压阀的远程控制口 K 外接远程调压阀，可实现二级、三级等减压回路。图 5.15(b)为二级减压回路，泵的出口压力由溢流阀调定，远程调压阀 2 通过二位二通换向阀 3 控制，才能获得二级压力，但必须满足阀 2 的调定压力小于先导阀 1 的调定压力的要求，否则不起作用。

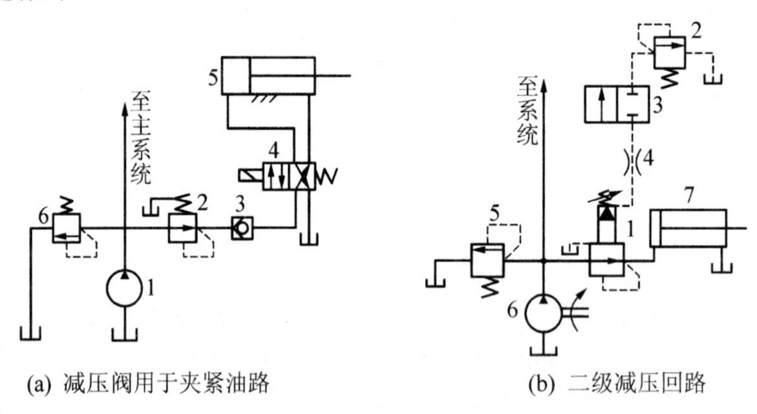

(a) 减压阀用于夹紧油路　　(b) 二级减压回路

图 5.15　减压阀的应用

除此之外，减压阀还可限制工作部件的作用力引起的压力波动，从而改善系统的控制特性。

5.3.3　顺序阀

顺序阀利用系统中油液压力的变化来控制油路的通断，从而控制多个执行元件的顺序动作。按照工作原理和结构的不同，顺序阀可分为直动式和先导式两类；按照控制方式的不同，又可分内控式和外控式两种。

1. 工作原理

图 5.16(a)为直动式顺序阀的结构原理图。P_1 为进油口，P_2 为出油口，当压力油由 P_1 流入，经阀体 4、底盖 7 的通道，作用到控制活塞 6 的底部，使阀芯 5 受到一个向上的作用力。当进油压力 p_1 低于调压弹簧 2 的调定压力时，阀芯 5 在弹簧 2 的作用下处于下端位置，进油口 P_1 和出油口 P_2 不通；当进口油压增大到大于弹簧 2 的调定压力时，阀芯 5 上移，进油口 P_1 和出油口 P_2 连通，油液从顺序阀流过。顺序阀的开启压力可由调压弹簧 2 调节。在阀中设置控制活塞，活塞面积小，可减小调压弹簧的刚度。

图 5.16(a)中控制油液直接来自进油口，这种控制方式称为内控式；若将底盖旋转 90°安装，并将外控口 K 打开，可得到外控式。外泄油口 L 单独接回油箱，这种形式称为外泄；当阀出油口 P_2 接油箱，还可经内部通道接油箱，这种泄油方式称为内泄。图 5.16 (b)、(c)为其图形符号。

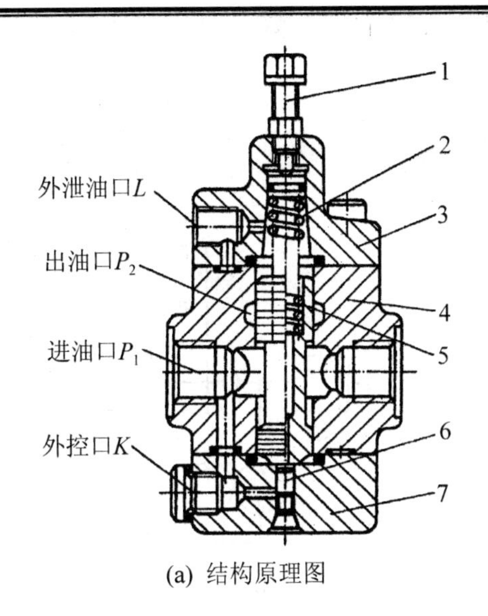

(a) 结构原理图

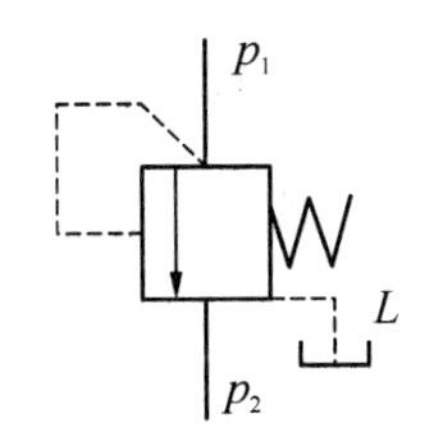

(b) 内控外泄式顺序阀图形符号

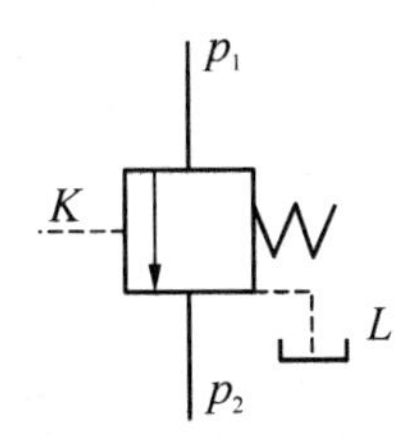

(c) 外控外泄式顺序阀图形符号

图 5.16　直动式顺序阀

1—调节螺钉；2—调压弹簧；3—端盖；4—阀体；5—阀芯；6—控制活塞；7—底盖

2. 顺序阀的应用

1) 多缸顺序动作的控制

图 5.17 中，当换向阀 5 电磁铁通电时，单向顺序阀 3 的调定压力大于缸 2 的最高工作压力，液压泵 7 的油液先进入缸 2 的无杆腔，实现动作①，动作①结束后，系统压力升高，达到单向顺序阀 3 的调定压力，打开阀 3 进入缸 1 的无杆腔，实现动作②。同理，当阀 5 的电磁铁失电后，且阀 4 的调定压力大于缸 1 返回最大工作压力时，先实现动作③后实现动作④。

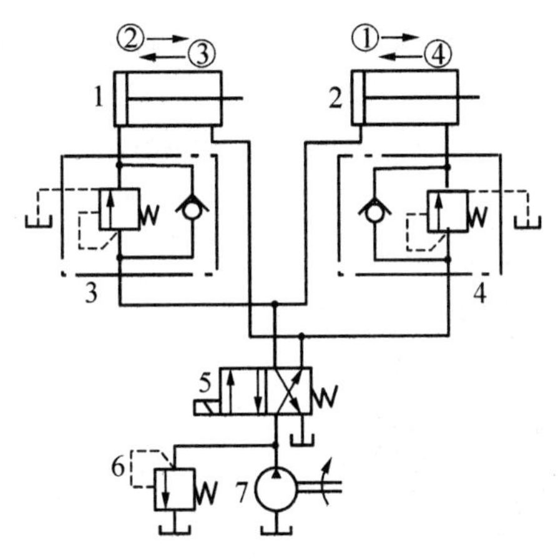

图 5.17　用单向顺序阀的双缸顺序动作回路

1、2—液压缸；3、4—单向顺序阀；5—二位四通换向阀；6—溢流阀；7—定量液压泵

2) 立式液压缸的平衡

图 5.18 中，调节顺序阀 2 的压力，可使液压缸下腔产生背压，平衡活塞及重物的自重，防止重物因自重产生超速下降。

3) 双泵供油的卸荷

图 5.19 为双泵供油的液压系统，泵 1 为低压大流量泵，泵 2 为高压小流量泵，当执行元件快速运动时，两泵同时供油。当执行元件慢速运动时，油路压力升高，外控顺序阀 3 被打开，泵 1 卸荷，泵 2 供油，满足系统需求。

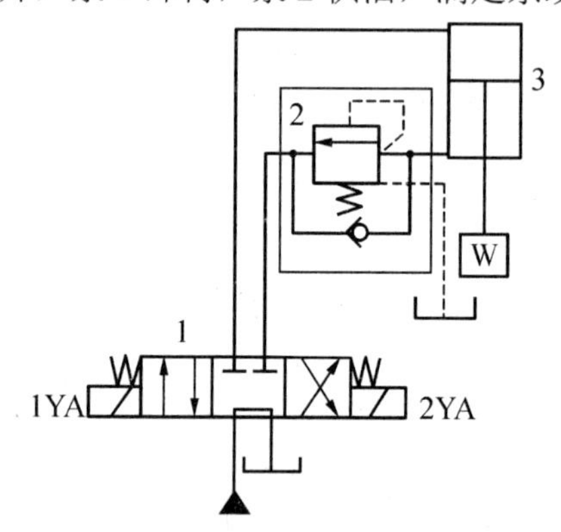

图 5.18　用内控式单向顺序阀的平衡回路

1—三位四通电磁换向阀；2—单向顺序阀；3—液压缸

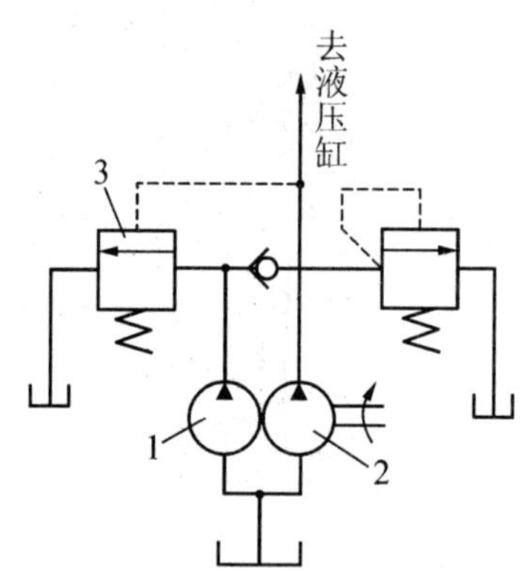

图 5.19　双泵供油液压系统的卸荷

5.3.4　压力继电器

压力继电器是利用油液的压力来启闭电气微动开关触点的液－电转换元件。当油液的压力达到压力继电器的调定压力时，发出电信号，控制电气元件(如电动机、电磁铁等)动作，实现泵的加载或卸荷、执行元件的顺序动作或系统的安全保护和互锁等。

1. 工作原理

压力继电器有柱塞式、薄膜式、弹簧管式和波纹管式 4 种结构。图 5.20(a)为柱塞式压力继电器的结构。当从压力继电器下端进油口 *P* 进入的油液压力达到弹簧的调定值时，作用在柱塞 1 上的液压力推动柱塞上移，使微动开关 4 切换，发出电信号。图 5.20(a)中 *L* 为泄油口，调节螺钉 3 即可调节弹簧力的大小。图 5.20(b)为其图形符号。

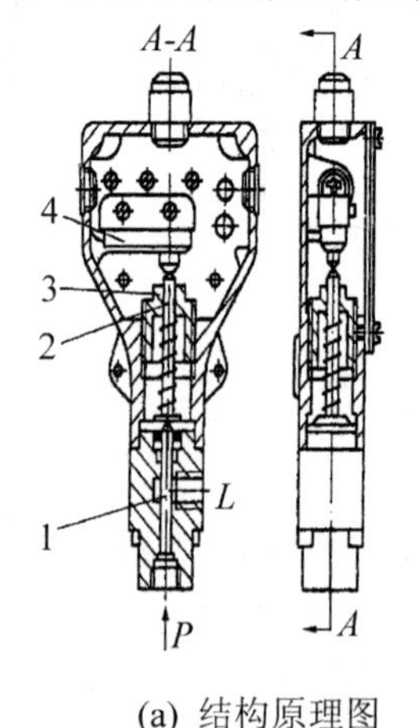

(a) 结构原理图

P
L

(b) 图形符号

图 5.20　压力继电器

1—柱塞；2—顶杆；3—螺钉；4—微动开关

2. 具体应用

1) 液压泵的卸荷——保压

图 5.21 为压力继电器使泵卸荷——保压的回路。

当电磁换向阀 7 左位工作时，泵向蓄能器 6 和缸 8 无杆腔供油，推动活塞向右运动并夹紧工件；当供油压力升高，并达到继电器 3 的调整压力时，发出电信号，指令二位二通电磁阀 5 通电，使泵卸荷，单向阀 2 关闭，液压缸 8 可由蓄能器 6 保压。当液压缸 8 的压力下降时，压力继电器复位，二位二通电磁阀 5 断电，泵重新向系统供油。

2) 用压力继电器实现顺序动作

图 5.22 为用压力继电器实现顺序动作的回路。当支路工作中，油液压力达到压力继电器的调定值时，压力继电器发出电信号，使主油路工作；当主油路压力低于支路压力时，单向阀 3 关闭，支路由蓄能器保压并补偿泄漏。

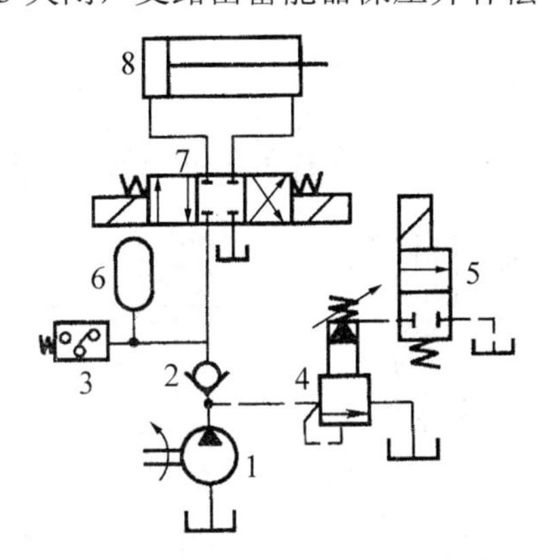

图 5.21 液压泵的卸荷——保压回路

1—定量液压泵；2—单向阀；3—压力继电器；4—先导式溢流阀；5—二位二通电磁换向阀；6—蓄能器；7—三位四通电磁换向阀；8—液压缸

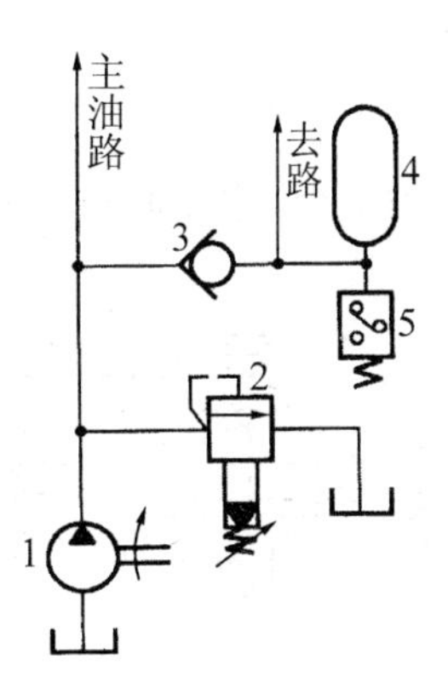

图 5.22 用压力继电器实现顺序动作的回路

1—定量液压泵；2—先导式溢流阀；3—单向阀；4—蓄能器；5—压力继电器

5.4 流量控制阀

流量控制阀通过改变阀口通流面积的大小或通流通道的长短来调节液阻，从而实现流量的控制和调节，以达到调节执行元件的运动速度。常用的流量控制阀有普通节流阀、调速阀、溢流节流阀和分流集流阀。

5.4.1 节流口的流量特性和形式

1. 流量特性

由流体力学可知，液体流经孔口的流量可用特性公式表示如下

$$q = KA\Delta p^{m} \tag{5-3}$$

式中：K——由节流口形状、流动状态、油液性质等因素决定的系数；

A——节流口的通流面积；

Δp——节流口的前后压力差；

m——压差指数，$0.5 \leqslant m \leqslant 1$。对于薄壁小孔，$m$=0.5；对于细长小孔；$m$=1。

由式(5-3)可知，在压差Δp一定时，改变节流口面积A，可改变通过节流口的流量。而节流口的流量稳定性则与节流口前后压差、油温和节流口形状等因素有关：

(1) 压差Δp变化、流量不稳定，且m越大，Δp的变化对流量的影响越大，故节流口宜制成薄壁小孔。

(2) 油温会引起粘度的变化，从而对流量产生影响。对于薄壁小孔，油温的变化对流量的影响不明显，故节流口应采用薄壁孔口。

(3) 在压差Δp一定时，通流面积很小时，节流阀会出现阻塞现象。为减小阻塞现象，可采用水力直径大的节流口。另外应选择化学稳定性和抗氧化性好的油液，以及保持油液的清洁度，这样能提高流量稳定性。

2. 节流口的形式

节流阀的结构主要取决于节流口的形式，图5.23所示为几种常用的节流口形式。

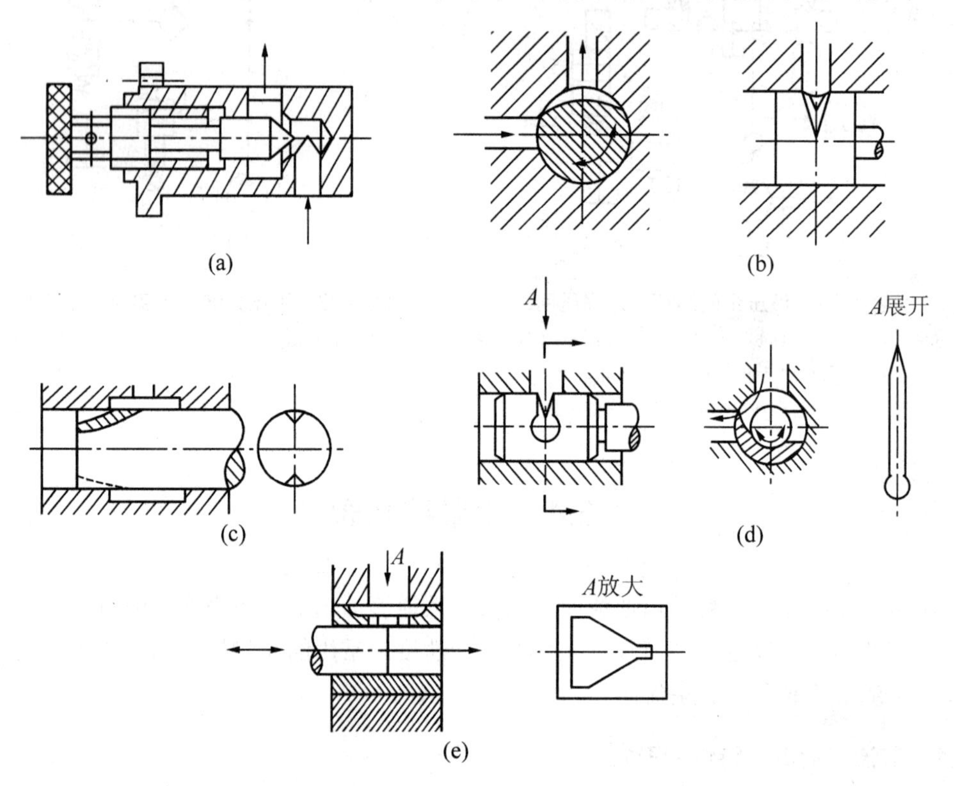

图5.23　典型节流口的形式

图5.23(a)为针阀式节流口。当阀芯轴向移动时，就可调节环形通道的大小，即可改变流量。这种结构加工简单，但通道长，易堵塞，流量受油温影响较大。一般用于对性能要求不高的场合。

图5.23(b)为偏心式节流口。阀芯上开有一个偏心槽，当转动阀芯时，就可改变通道的

大小，即可调节流量。这种节流口容易制造，但阀芯上的径向力不平衡，旋转费力，一般用于压力较低、流量较大及流量稳定性要求不高的场合。

图 5.23(c)为轴向三角槽式节流口。阀芯的端部开有一个或两个斜的三角槽，轴向移动阀芯就可改变通流面积，即可调节流量。这种节流口可以得到较小的稳定流量，目前被广泛使用。

图 5.23(d)为周向缝隙式节流口。阀芯上开有狭缝，转动阀芯就可改变通流面积大小，从而调节流量。这种节流口可以做成薄刃结构，适用于低压小流量场合。

图 5.23(e)为轴向缝隙式节流口。在套筒上开有轴向缝隙，阀芯轴向移动即可改变通流面积的大小，从而调节流量。这种节流口小流量时稳定性好，可用于性能要求较高的场合。但在高压下易变形，使用时应改善结构刚度。

5.4.2　节流阀

图 5.24(a)所示为节流阀的结构图。压力油从进油口 P_1 流入，经阀芯 2 左端的轴向三角槽 6，由出油口 P_2 流出。阀芯 2 在弹簧 1 的作用下始终紧贴在推杆 3 上，旋转调节手柄 4，可通过推杆 3 使阀芯 2 沿轴向移动，即可改变节流口的通流面积，从而调节通过阀的流量。这种节流阀结构简单，价格低廉，调节方便。节流阀的图形符号如图 5.24(b)所示。

节流阀常与溢流阀配合组成定量泵供油的各种节流调速回路。但节流阀流量稳定性较差，常用于负载变化不大或对速度稳定性要求不高的液压系统中。

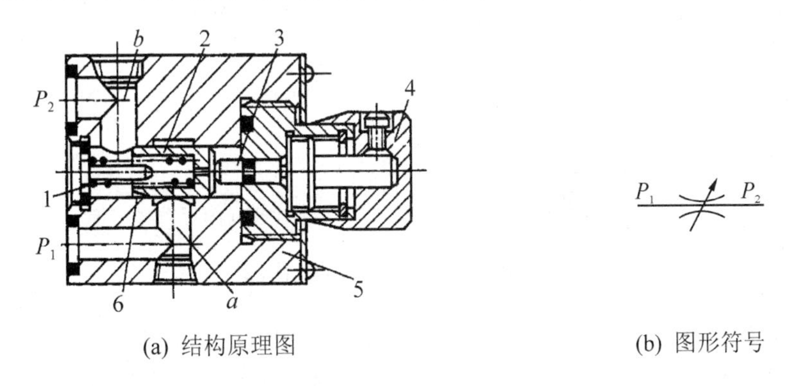

(a) 结构原理图　　(b) 图形符号

图 5.24　普通节流阀

1—弹簧；2—阀芯；3—推杆；4—调节手柄；5—阀体；6—轴向三角槽；a、b—通道

5.4.3　调速阀

图 5.25(a)所示为调速阀的工作原理图。它是由定差减压阀和节流阀串联而成的，由减压阀来进行压力补偿，使节流口前后压差 Δp 基本保持恒定，从而稳定流量。压力为 p_1 的油液经减压口后，压力降为 p_2，并分成两路。一路经节流口压力降为 p_3，其中一部分到执行元件，另一部分经孔道 a 进入减压阀芯上端 b 腔；另一路分别经孔道 e、f 进入减压阀芯下端 d 腔和 c 腔。这样节流口前后的压力油分别引到定差减压阀阀芯的上端和下端。定差减压阀阀芯两端的作用面积相等，减压阀的阀芯在弹簧力 F_s 和油液压力 p_2 与 p_3 的共同作用下处于平衡位置时，其阀芯的力平衡方程为(忽略摩擦力等)

$$p_3A+F_s=p_2A_1+p_2A_2$$

式中：A、A_1、A_2——分别为 b 腔、c 腔和 d 腔的压力油作用于阀芯的有效面积，且 $A=A_1+A_2$，所以有

$$p_2-p_3=\frac{F_s}{A} \tag{5-4}$$

式(5-4)说明节流口前后压差始终与减压阀芯的弹簧力相平衡而保持不变，通过节流阀的流量稳定。若负载增加，调速阀出口压力 p_3 也增加，作用在减压阀芯上端的液压力增大，阀芯失去平衡向下移动，于是减压口 h 增大，通过减压口的压力损失减小，p_2 也增大，其差值 p_2-p_3 基本保持不变；反之亦然。若 p_1 增大，减压阀芯来不及运动，p_2 在瞬间也增大，阀芯失去平衡向上移动，使减压口 h 减小，液阻增加，促使 p_2 又减小，即 p_2-p_3 仍保持不变。总之，由于定差减压阀的自动调节作用，节流阀前、后压力差总保持不变，从而保证流量稳定。其图形符号如图 5.25(b)所示。

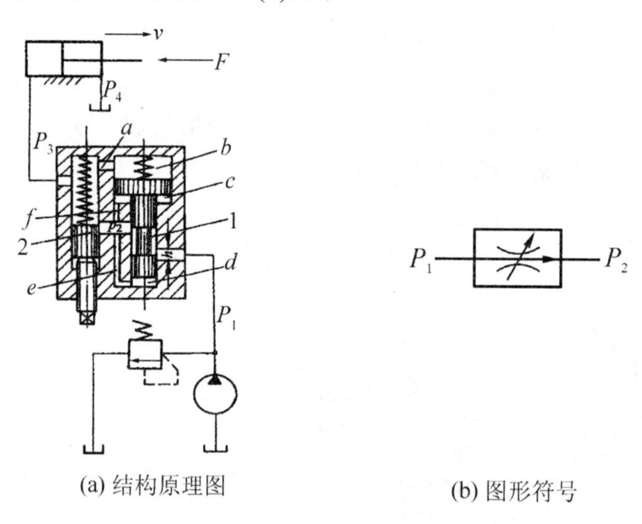

(a) 结构原理图　　(b) 图形符号

图 5.25　调速阀的工作原理

调速阀正常工作时，至少要求有 0.4～0.5MPa 以上的工作压差。当压差小时，减压阀阀芯在弹簧力作用下处于最下端位置，阀口全开，不能起到稳定节流阀前、后压差的作用。图 5.26 所示为调速阀和节流阀流量特性比较。由于调速阀能使流量不受负载变化的影响，所以适用于负载变化较大或对速度稳定性要求较高的场合。

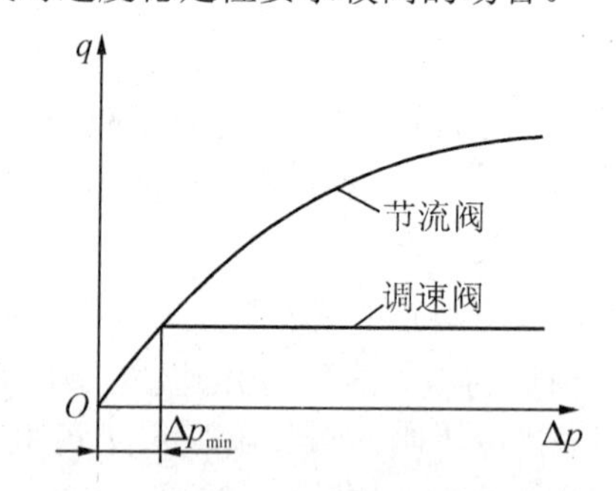

图 5.26　调速阀与节流阀的流量特性比较

5.4.4　溢流节流阀

图 5.27(a)所示为溢流节流阀的结构原理图。它是由节流阀和定差溢流阀并联而成的，定差溢流阀可使节流阀两端压力差保持恒定，从而保证通过节流阀的流量恒定。从泵输出的压力为 p_1 油液，一部分通过节流阀 4 压力降为 p_2，进入液压缸 1 的左腔；另一部分则通过溢流阀 3 的溢流口溢回油箱。溢流阀 3 的阀芯上端 a 腔与节流阀口后的压力油 p_2 相通，而溢流阀芯下端 b 腔和 c 腔则与节流口前的压力油 p_1 相通。这样溢流阀阀芯在弹簧力和油液压力 p_1 和 p_2 的共同作用下处于平衡。当负载发生变化时，p_2 变化，定差溢流阀使供油压力 p_1 也相应变化，保持节流口前后压力差 $p_1 - p_2$ 基本不变，使通过节流口的流量恒定。图 5.27 中 2 为安全阀，用以避免系统过载。图 5.27(b)为其图形符号。

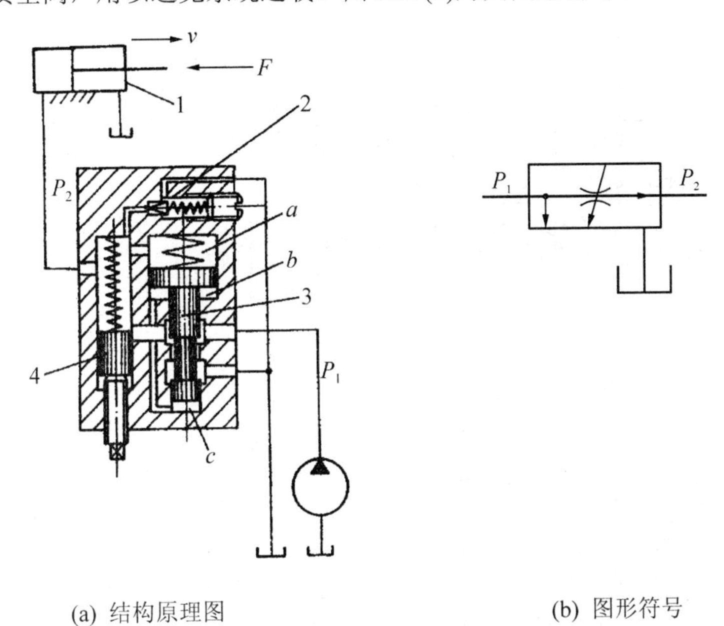

(a) 结构原理图　　　　(b) 图形符号

图 5.27　溢流节流阀

1—液压缸；2—安全阀；3—溢流阀；4—节流阀

因溢流节流阀中流过的流量较大，阀芯运动时阻力较大，弹簧较硬，它的稳定性较差，因此只适用于速度稳定性要求不太高而功率较大的节流调速系统。

5.5　叠加阀、插装阀和比例阀

叠加阀、插装阀和比例阀是近年来发展起来的新型液压元件。与普通液压阀相比较，它有许多优点，被广泛应用于各类设备的液压系统中。

5.5.1　叠加阀

叠加式液压阀简称叠加阀，其阀体既是元件又是具有油路通道的连接体，阀体的上、下面做成连接面。由叠加阀组成的液压系统，阀与阀之间不需要另外的连接体，而是以叠加阀阀体自身作为连接体，直接叠合再用螺栓结合而成。一般来说，同一通径的各种叠加阀的油口和螺钉孔的大小、位置、数量都与相匹配的板式换向阀相同。因此，同一通径的叠加阀只要按一定次序叠加起来，加上电磁控制换向阀，即可组成各种典型液压系统。

叠加阀的分类与一般液压阀相同，可分为压力控制阀、流量控制阀和方向控制阀 3 类。其中方向控制阀仅有单向阀类，换向阀不属于叠加阀。

1. 叠加式溢流阀

图 5.28(a)所示为叠加式溢流阀，它由主阀和先导阀两部分组成。主阀芯为二级同心式结构，先导阀为锥阀式结构。其工作原理与一般的先导式溢流阀相同。图 5.28 中 *P* 为进油口，*T* 为出油口，*A*、*B*、*T* 油口是为了沟通上、下元件相对应的油口而设置的。图 5.28(b)为其图形符号。

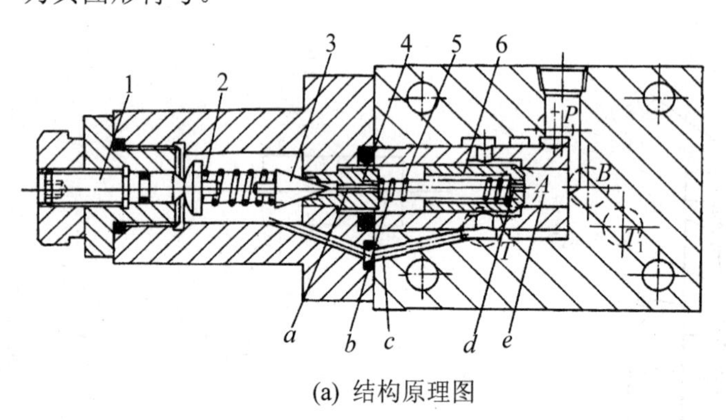

(a) 结构原理图

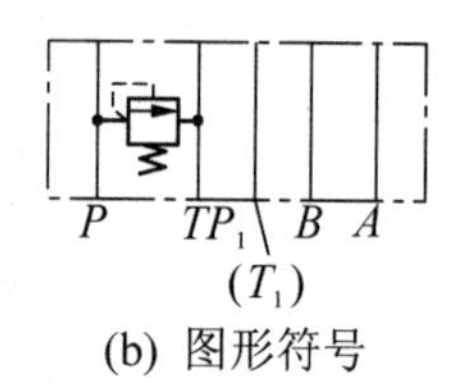

(b) 图形符号

图 5.28　叠加式溢流阀

1—推杆；2—弹簧；3—锥阀；4—阀座；5—弹簧；6—主阀芯

2. 叠加式调速阀

图 5.29(a)所示为叠加式调速阀。单向阀 1 插装在叠加阀阀体中。叠加阀右端安装了一个板式连接的调速阀。其工作原理与一般单向调速阀工作原理基本相同。图 5.29(b)为其图形符号。

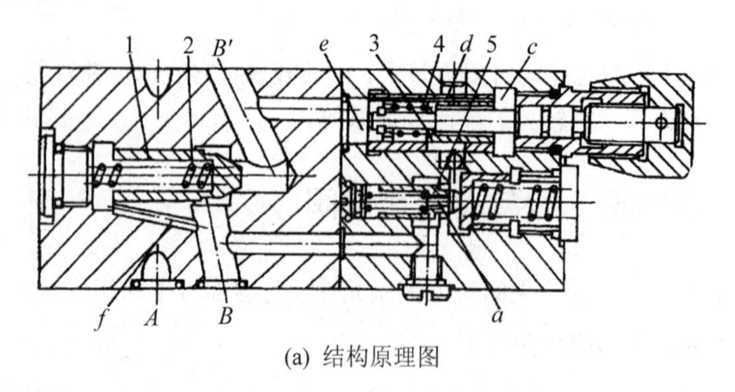

(a) 结构原理图

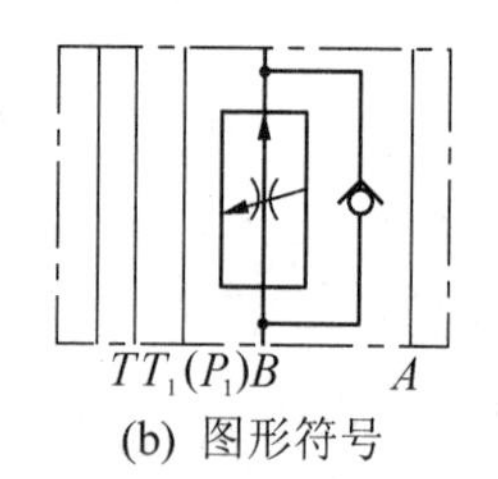

(b) 图形符号

图 5.29　叠加式调速阀

1—单向阀；2—弹簧；3—节流阀；4—弹簧；5—减压阀

5.5.2　插装阀

插装阀又称为逻辑阀，它的基本核心元件是插装元件。插装元件是一种将液控型、单控制口装于油路主级中的液阻单元。若将一个或若干个插装元件进行不同组合，并配以相应的先导控制级，就可以组成各种控制阀，插装阀(如方向控制阀、压力控制阀和流量控制阀等)在高压大流量的液压系统中应用很广。

1. 插装阀的工作原理

图5.30所示为插装阀。它由插装元件、先导元件、控制盖板和插装块体四部分组成。插装元件3插装在插装块体4中，通过它的开启、关闭动作和开启量的大小来控制液流的通断或压力的高低、流量的大小，以实现对执行元件的方向、压力和速度的控制。

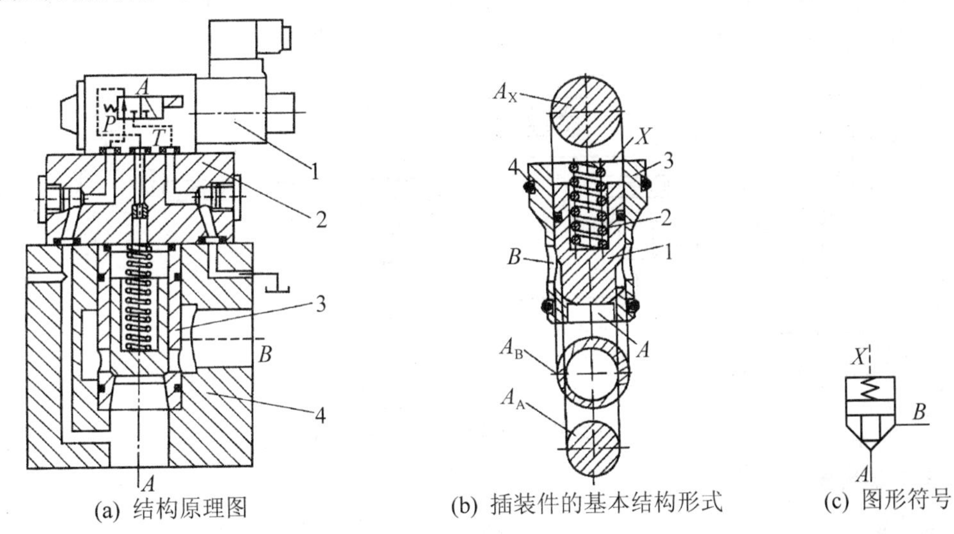

(a) 结构原理图　(b) 插装件的基本结构形式　(c) 图形符号

图5.30　插装阀

1—先导元件；2—控制盖板；3—插装元件；4—插装块体

插装单元的工作状态由各种先导元件控制，先导元件是盖板式二通插装阀的控制级。常用的控制元件有电磁球阀和滑阀式电磁换向阀等。先导元件除了以板式连接或叠加式连接安装在控制盖板以外，还经常以插入式的连接方式安装在控制盖板内部，有时也安装在阀体上。控制盖板不仅起盖住和固定插装件的作用，还起着连接插装件与先导元件的作用；此外，它还具有各种控制机能，与先导元件一起共同构成插装阀的先导部分。插装阀体上加工有插装单元和控制盖板等的安装连接孔口和各种流道。由于插装阀主要采用集成式连接形式，所以有时也称插装阀体为集成块体。

图5.30中A、B为主油路接口，X为控制油腔，三者的油压分别为p_A、p_B和p_X，各油腔的有效作用面积分别为A_A、A_B和A_X，其中

$$A_X = A_A + A_B$$

面积比为

$$\alpha_{A_X} = \frac{A_A}{A_X} \tag{5-5}$$

根据阀的用途不同，有$\alpha_{A_X}<1$和$\alpha_{A_X}=1$两种情况。

设 F_s 为弹簧力，F_Y 为阀芯所受的稳态液动力，不计阀芯的重量和摩擦阻力。

当 $F_s + F_Y + p_X A_X > p_A A_A + p_B A_B$ 时，插装阀关闭，A、B 油口不通。

当 $F_s + F_Y + p_X A_X < p_A A_A + p_B A_B$ 时，插装阀开启，A、B 油口连通。图 5.30(b)为其图形符号。

2．插装阀作方向控制阀

图 5.31 所示为几个插装阀作方向控制阀的实例。图 5.31(a)为插装阀用作单向阀。设 A、B 两腔的压力分别为 p_A 和 p_B。当 $p_A > p_B$ 时，阀口关闭，A 和 B 不通；当 $p_A < p_B$ 时，且 p_B 达到一定开启压力时，阀口打开，油液从 B 流向 A。

图 5.31(b)为插装阀用作二位三通阀。图中用一个二位四通阀来转换两个插装阀控制腔中的压力，当电磁阀断电时，A 和 T 接通，A 和 P 断开；当电磁阀通电时，A 和 P 接通，A 和 T 断开。

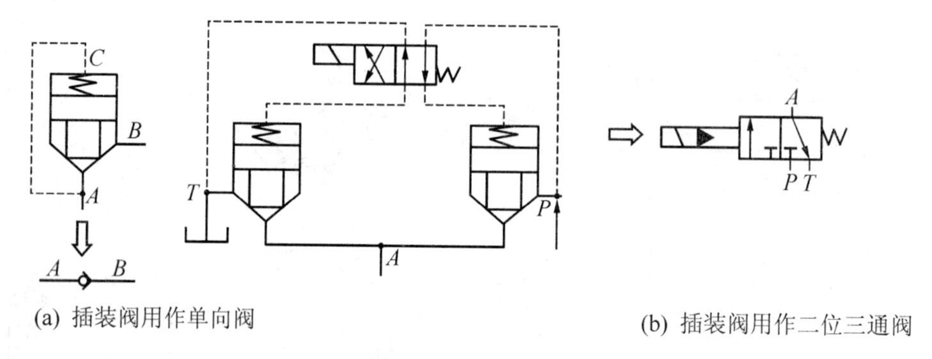

(a) 插装阀用作单向阀　　(b) 插装阀用作二位三通阀

图 5.31　插装阀作方向控制阀

3．插装阀作压力控制阀

图 5.32(a)所示为先导式溢流阀，A 腔压力油经阻尼小孔进入控制腔 C，并与先导阀的进口相通，当 A 腔的油压升高到先导阀的调定值时，先导阀打开，油液流过阻尼孔时造成主阀芯两端压力差，主阀芯克服弹簧力开启，A 腔的油液通过打开的阀口经 B 腔流回油箱，实现溢流稳压。当 B 腔不接油箱而接负载时，就成为一个顺序阀。在 C 腔再接一个二位二通电磁阀，如图 5.32(a)所示，成为一个电磁溢流阀，当二位二通阀通电时，可作为卸荷阀使用。

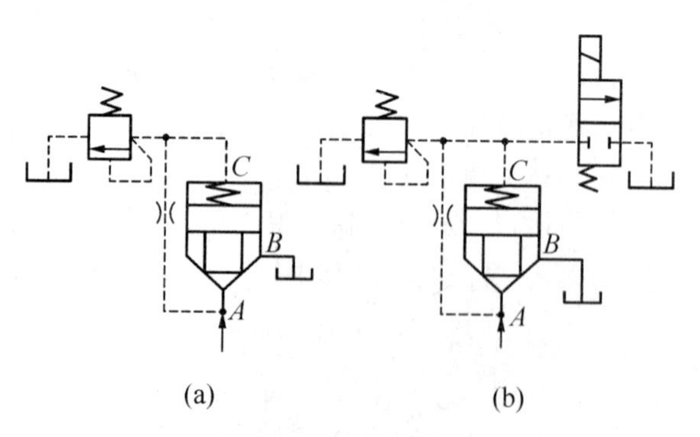

(a)　　(b)

图 5.32　插装阀用作压力阀

4. 插装阀用作流量控制阀

图 5.33(a)表示插装阀用作流量控制的节流阀。用行程调节器调节阀芯的行程，可以改变阀口通流面积的大小，插装阀可起流量控制阀的作用。如图 5.33(b)所示，在节流阀前串接一个减压阀，减压阀阀芯两端分别与节流阀进出油口相通，利用减压阀的压力补偿功能来保证节流阀两端的压差不随负载的变化而变化，这样就成为一个流量控制阀。

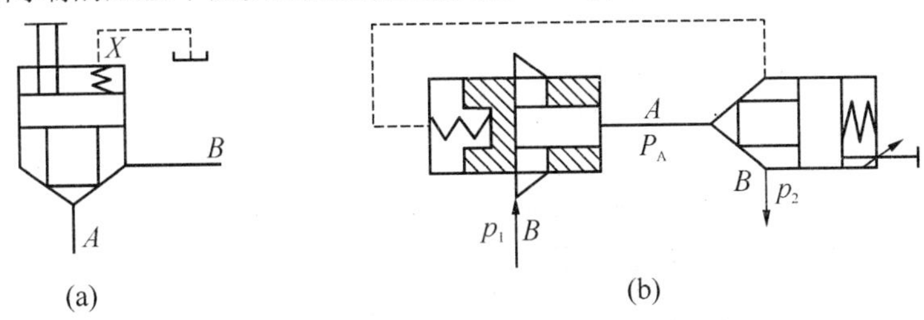

图 5.33 插装阀用作流量控制阀

5.5.3 电液比例阀

电液比例阀简称比例阀，它是根据输入电气信号的指令，连续成比例地控制系统的压力、流量等参数，使之与输入电气信号成比例地变化。

比例阀多用于开环液压控制系统中，实现对液压参数的遥控，也可以作为信号转换与放大元件，用于闭环控制系统。与普通的液压阀相比，比例阀明显简化液压系统，能实现复杂程序和运动规律的控制，通过电信号实现远距离控制，大大提高液压系统的控制水平。

比例阀由电—机械比例转换装置和液压阀本体两部分组成，分为压力阀、流量阀和方向阀 3 类。

1. 电液比例压力阀

如图 5.34(a)所示为直动式电液比例压力阀。当比例电磁铁输入电流时，推杆 2 通过弹簧 3 把电磁推力传给锥阀，与作用在锥阀芯上的液压力相平衡，决定了锥芯与阀座之间的开口量。当通过阀口的流量变化时，弹簧变形量的变化很小，可认为被控制油液压力与输入的控制电流近似成正比。这种直动式压力阀可以直接使用，也可作为先导阀组成先导式比例溢流阀和先导式比例减压阀等。图 5.34(b)为其图形符号。

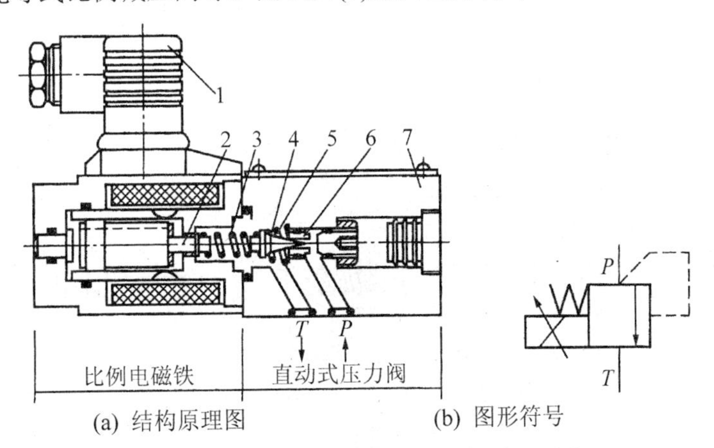

(a) 结构原理图　　(b) 图形符号

图 5.34 不带电反馈的直动式电液比例压力阀

1—插头；2—衔铁推杆；3—传力弹簧；4—锥阀芯；5—防振弹簧；6—阀座；7—方向阀式阀体

2. 电液比例调速阀

图 5.35 所示为电液比例调速阀。当比例电磁铁 1 通电后，产生的电磁推力作用在节流阀芯 2 上，与弹簧力相平衡，一定的控制电流对应一定的节流口开度。只要改变输入电流的大小，就可调节通过调速阀的流量。定差减压阀 3 用来保持节流口前后压差基本不变。图 5.35(b)为其图形符号。

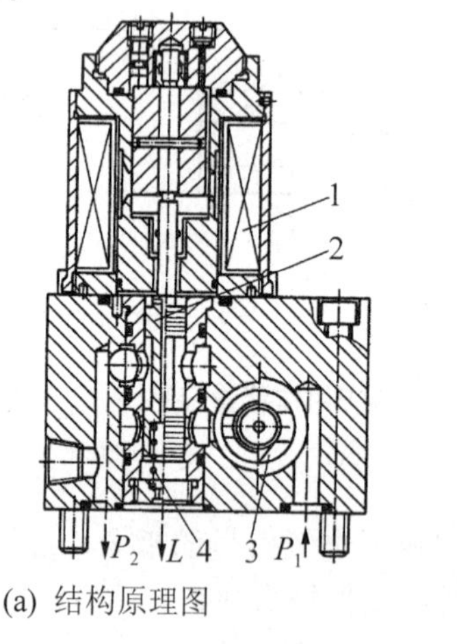

(a) 结构原理图

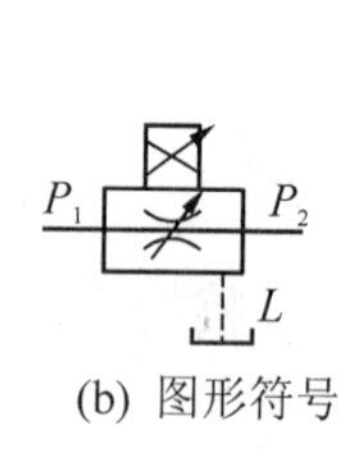

(b) 图形符号

图 5.35　电液比例调速阀

1—比例电磁铁；2—节流阀芯；3—定差减压阀；4—弹簧

3. 电液比例换向阀

图 5.36(a)为电液比例换向阀。它由比例电磁铁操纵的减压阀和液动换向阀组成。利用先导阀能够与输入电流成比例地改变出口压力，来控制液动换向阀的正反向开口量的大小，从而控制系统液流的方向和流量。

当比例电磁铁 2 通电时，先导阀芯 3 右移，压力油从油口 P 经减压口后，并经孔道 a、b 反馈至阀芯 3 的右端，形成反馈压力与电磁铁 2 的电磁力相平衡，同时，减压后的油液经孔道 a、c 进入换向阀阀芯 5 的右端，推动阀芯 5 左移，使油口 P 与 B 接通。阀芯 5 的移动量与输入电流成正比。若比例电磁铁 4 通电，则可以使油口 P 与 A 接通。图 5.36(b)为其图形符号。先导式比例方向阀主要用于大流量(50L/min 以上)的场合。

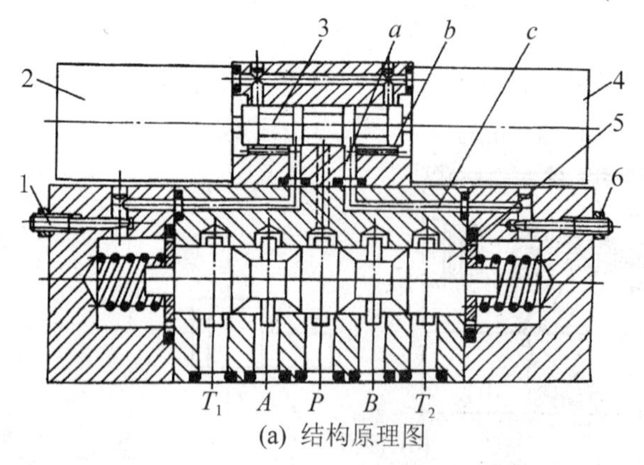

(a) 结构原理图

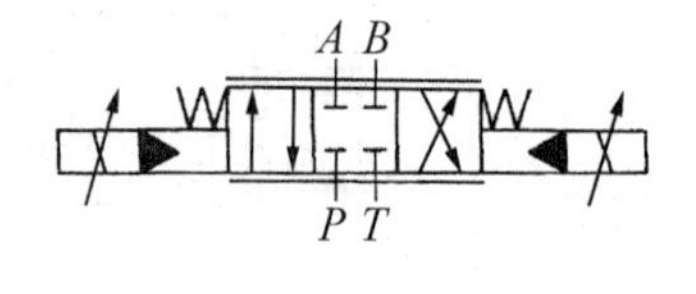

(b) 图形符号

图 5.36　电液比例换向阀

1、6—螺钉；2、4—电磁铁；3、5—阀芯

本 章 小 结

(1) 液压控制元件是控制液压系统中的油液的流动方向、压力和流量。按用途分为方向控制阀、压力控制阀和流量控制阀。

(2) 方向控制阀包括单向阀和换向阀，普通单向阀因弹簧刚度较大，可用作背压阀。换向阀的种类很多，但滑阀式换向阀应用最广。三位换向阀的中位机能可满足系统的不同要求，常用的五种中位机能为 O 型、H 型、P 型、Y 型、M 型。

(3) 压力控制阀包括溢流阀、减压阀、顺序阀和压力继电器；溢流阀的两种重要应用是溢流稳压和安全保护；减压阀当进口压力小于调定压力时，进出口压力相等，当进口压力大于调定压力时，出口压力稳定在调定压力上；顺序阀利用系统油液压力的变化控制油路的通断，但不控制系统的压力。

(4) 流量控制阀是通过改变节流口的通流面积或通流通道的长短来改变流量，对流量控制阀的要求是足够的调节范围，能保证稳定的最小流量，温度和压力对流量的影响要小。

(5) 叠加阀分为压力控制阀、流量控制阀和方向控制阀；对插装阀的插装元件进行不同的组合时，并配有相应的先导控制级，就可以组成各种控制阀，用于高压大流量的液压系统中。电液比例阀分压力阀、流量阀和方向阀。

习　　题

5-1　液控单向阀的工作原理是什么？举例说明液压锁对执行元件的双向锁紧作用。

5-2　三位换向阀有哪些常用的中位机能？并说明中位机能的特点及应用。

5-3　先导式溢流阀和直动式溢流阀相比较有何特点？先导式溢流阀中的阻尼小孔有何作用，若将阻尼小孔堵塞或加工成大的通孔，会出现什么故障？

5-4　从结构原理和图形符号上，说明溢流阀、减压阀和顺序阀的异同点。

5-5　如图 5.37 所示溢流阀 1 的调节压力 p_1=4MPa，溢流阀 2 的调节压力为 p_2=2MPa。问：

(1) 当在图 5.37 所示位置时，泵的出口压力为多少？

(2) 当 1YA 通电时，p 等于多少？

(3) 当 1YA 与 2YA 均通电时，p 等于多少？

5-6　如图 5.38 所示回路中，溢流阀的调整压力为 5.0 MPa，减压阀的调整压力为 2.5 MPa，试分析下列各情况，并说明减压阀阀口处于什么状态。

(1) 当泵压力等于溢流阀调定压力时，夹紧缸使工件夹紧后，A、C 点的压力各为多少？

(2) 当泵压力由于工作缸快进、压力降到 1.5 MPa 时(工件原先处于夹紧状态)，A、C 点的压力为多少？

(3) 夹紧缸在夹紧工件前作空载运动时，A、B、C 三点的压力各为多少？

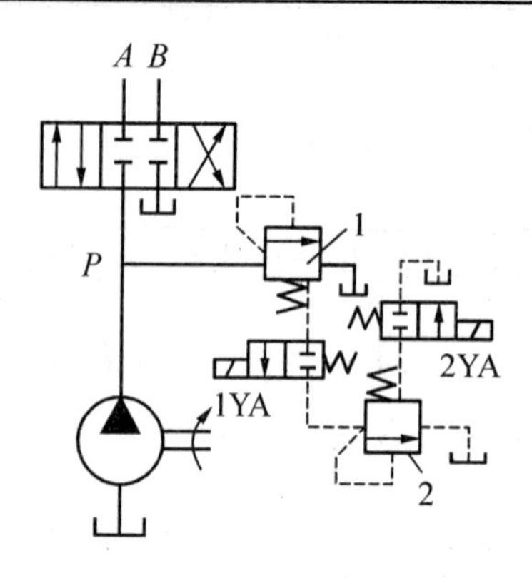

图 5.37　习题 5-5 图

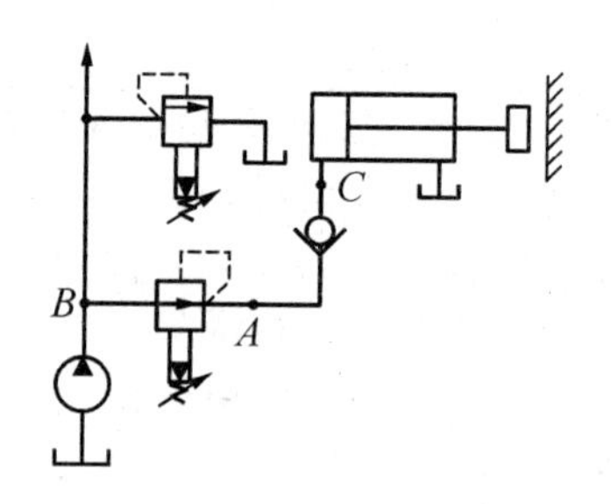

图 5.38　习题 5-6 图

5-7　如图 5.39 所示的液压系统，两液压缸有效面积为 $A_1=A_2=100\times10^{-4}\text{m}^2$，缸Ⅰ的负载 $F=3.5\times10^4\text{N}$，缸Ⅱ运动时负载为零，不计摩擦阻力、惯性力和管路损失，溢流阀、顺序阀和减压阀的调整压力分别为 4.0 MPa、3.0 MPa 和 2.0 MPa。求下列 3 种情况下 A、B 和 C 点的压力。

(1) 液压泵启动后，两换向阀处于中位。

(2) 1YA 通电，液压缸Ⅰ活塞移动时及活塞运动到终点时。

(3) 1YA 断电，2YA 通电，液压缸Ⅱ活塞运动时及活塞杆碰到固定挡铁时。

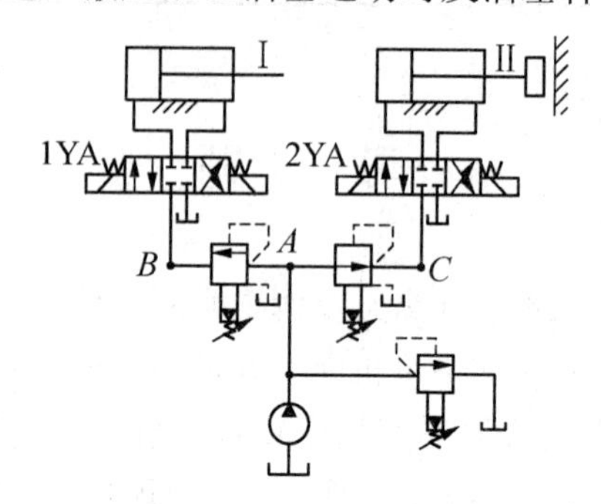

图 5.39　习题 5-7 图

5-8　调速阀与节流阀在结构和性能上有何异同？各适用于什么场合？

5-9　什么是叠加阀？它在结构和安装形式上有何特点？

5-10　电液比例阀与普通阀相比较有何特点？

第6章　液压辅助装置

教学目标与要求：

- 了解油管、管接头的分类和特点
- 了解滤油器、油箱和蓄能器的结构和功用
- 了解流量计、压力表和压力表开关的结构和功用

教学重点：

- 滤油器的类型和功用
- 油箱的类型和功用

液压系统中的辅助装置，如管件、油箱、滤油器、蓄能器和压力表等，是液压系统中不可缺少的部分，它们对系统的工作性能、寿命、噪声和温升等都有直接的影响。在设计液压系统时，应给予足够的重视。其中油箱、蓄能器需要根据系统要求自行设计，其他辅助元件已标准化、系列化，但应注意合理选用。

6.1　油管与管接头

6.1.1　油管

液压系统中使用的油管种类很多，常用的有钢管、铜管、尼龙管、塑料管、橡胶管等。一般在高压系统中常选用无缝钢管；在中、低压系统中，一般选用紫铜管；橡胶软管用作两个相对运动部件的连接，分低压和高压两种；塑料管质轻耐油，价格便宜，装配方便，但承压能力低，易变质老化，只宜用作低压的回油管或泄油管。

6.1.2　管接头

管接头是油管与油管、油管与液压元件之间可拆卸的连接件。它应满足连接牢固、密封可靠、结构紧凑、装拆方便、液阻小、工艺性好等各项要求条件。

管接头的种类很多，按接头的通路数量和流向可分为直通、弯头、三通、四通等；按管接头和油管的连接方式分为扩口式、焊接式、卡套式、扣压式等。表6-1列出了几种常用管接头的类型和特点。

表 6-1　几种管接头的类型和特点

类　型	结构图	特　点
扩口式管接头		利用管子端部扩口进行密封，不需要其他密封件。适用于薄壁管件和压力较低的场合
焊接式管接头		把接头与钢管焊接在一起，端面用 O 形密封圈密封。对管子尺寸精度要求不高，工作压力可达 31.5MPa
卡套式管接头		利用卡套的变形卡住管子并进行密封。轴向尺寸控制不严格，工作压力可达 31.5MPa，但对管子外径及卡套制作精度要求较高
扣压式管接头		管接头由接头外套和接头芯组成，软管装好后再用模具扣压，使软管得到一定的压缩量。此种结构具有较好的抗拔脱和密封性能
快速管接头	1　2	管子拆开后可自行密封，管道内的油液不会流失，因此适用于经常拆卸的场合。结构比较复杂，局部阻力损失较大

值得注意的是，液压系统中的泄漏问题大部分出现在管系中的接头处，因此对管材的选用，接头形式的确定，以及垫圈、密封、箍套、防漏涂料等的合理选用是十分重要的。

6.2　滤油器和油箱

6.2.1　滤油器

1. 滤油器的功用

滤油器又称为过滤器，其作用是有效清除油液中的各种杂质，以免划伤、磨损、腐蚀有相对运动的零件表面，卡死或堵塞零件上的小孔及缝隙，从而提高液压元件的寿命，保证系统的正常工作。

滤油器一般安装在液压泵的吸油口、压油口及重要元件的前面，通常液压泵吸油口安装粗滤油器，压油口与重要元件前安装精滤油器。

2. 滤油器的类型

滤油器按滤芯材料和结构形式的不同，滤油器可分为网式、线隙式、纸芯式、烧结式和磁性滤油器等。下面对各类滤油器作一简要介绍。

1) 网式滤油器

如图 6.1 所示，它主要由骨架，丝网和支架等组成。网式过滤器的过滤精度与网层数和网孔的大小有关。其特点是结构简单、通油能力大、清洗方便，但过滤精度低。常用于油液的粗过滤。

2) 线隙式滤油器

如图 6.2 所示，线隙式滤油器的滤芯由铜线或铝线绕在骨架上形成，依靠金属线间的微小间隙进行过滤。其特点是结构简单、通油能力大，与网式滤油器相比过滤精度高，但清洗困难，滤芯强度低、一般用于中、低压系统。

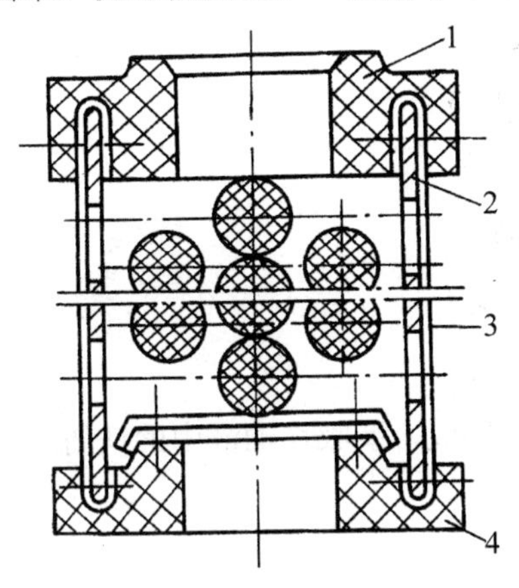

图 6.1　网式滤油器

1—上盖；2—圆筒；3—铜丝网；4—下盖

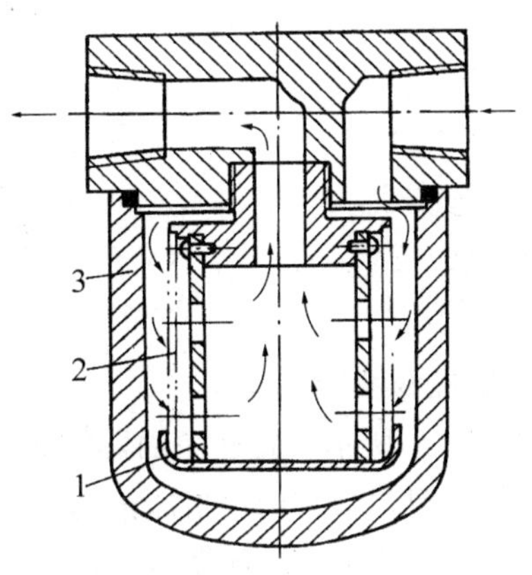

图 6.2　线隙式滤油器

1—芯架；2—滤芯；3—壳体

3) 纸芯式滤油器

如图 6.3 所示，纸芯式滤油器的结构类似于线隙式结构，但滤芯不同。纸芯式滤芯是由平纹或波纹的酚苯醛树脂或木浆微孔滤纸制成的，并且滤纸成折叠式，以增加过滤面积。滤纸用骨架支撑以增大滤芯强度。其特点是重量轻、成本低、压力损失小、过滤精度高。但不能清洗，需定期更换滤芯，主要用于低压、小流量的精过滤。

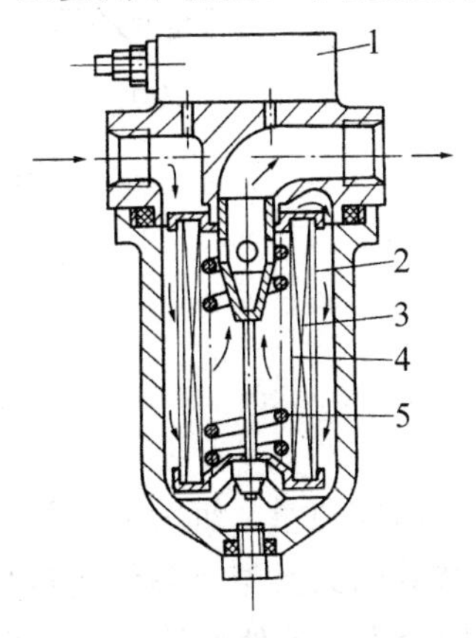

图 6.3　纸芯式滤油器

1—堵塞发信器；2—滤芯外层；3—滤芯中层；4—滤芯里层；5—支承弹簧

4) 烧结式滤油器

如图 6.4 所示，烧结式滤油器的滤芯是由金属粉末烧结而成的，利用金属颗粒间的微小孔来过滤。滤芯的过滤精度取决于金属颗粒的大小，具有过滤精度高、耐高温和抗腐蚀性强等优点。但易堵塞、难清洗，常用于精过滤器。

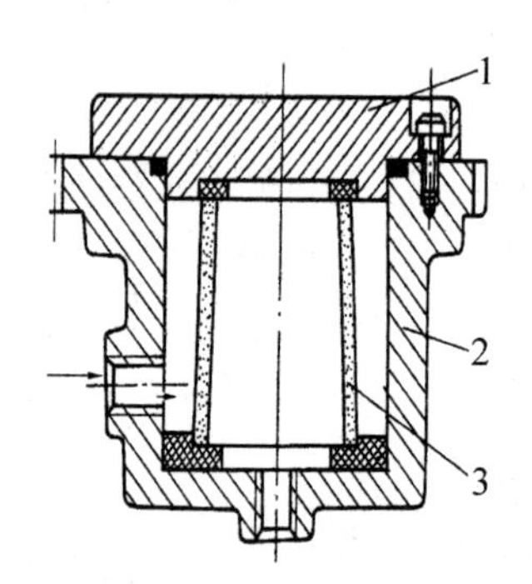

图 6.4　烧结式滤油器

1—上盖；2—壳体；3—滤芯

5) 磁性滤油器

如图 6.5 所示，磁性滤油器的滤芯是由永久磁铁制成，能吸住油液中的铁屑、铁粉或带磁性的磨料，故常用于机床液压系统。

滤油器的图形符号如图 6.6(a)、(b)、(c)所示。

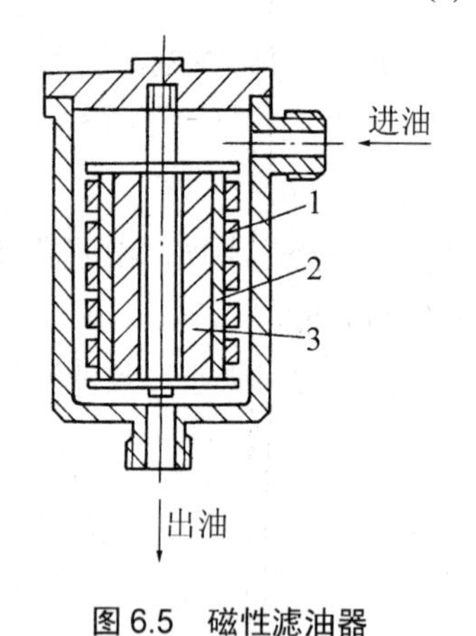

图 6.5　磁性滤油器

1—铁环；2—非磁性罩；3—永久磁铁

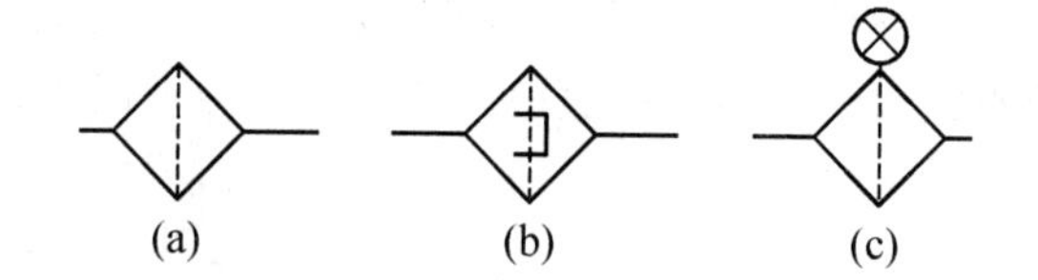

图 6.6　滤油器的符号

6.2.2　油箱

1. 油箱的作用与分类

油箱的主要作用是储存油液、散发热量、沉淀杂质和分离混入油液中的空气和水分。在液压系统中油箱有总体式和分离式两大类型。总体式是利用机器或设备的机身内腔作为油箱(如注塑机、压铸机等)，结构紧凑，各处漏油易于回收，但维修、清理不便，散热条件不好。分离式是单独设置一个油箱，与主机分开，散热好、易维护、清理方便，且能减少油箱发热及液压源振动对主机工作精度及性能的影响，因此得到了广泛的应用。如图 6.7 所示为分离式油箱。

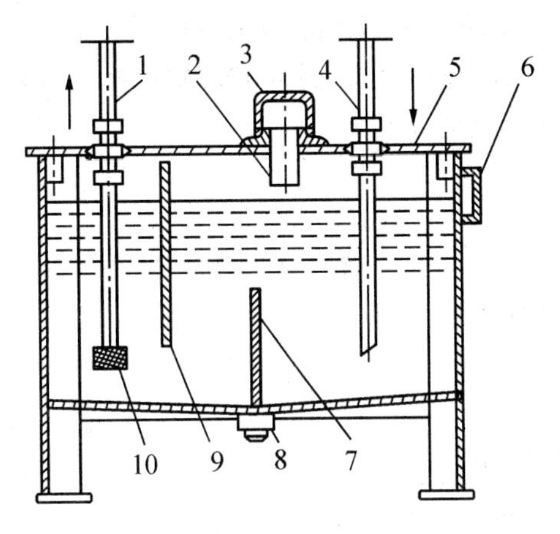

图 6.7　分离式油箱

1—吸油管；2—滤油网；3—盖；4—回油管；5—上盖；6—油位指示器；7、9—隔板；8—放油塞；10—滤油器

2. 油箱的结构设计

(1) 液压系统工作时，为防止吸油管吸入空气，液面不能太低；反之停止工作时，系统中的油液能全部返回油箱而不会溢出，通常油箱液面不得超过油箱高度的80%。

(2) 吸油管和回油管应尽量相距远些，且两管之间用隔板隔开，以便将回油区与吸油区分开，增加油液循环距离，这样有利于散热，使油液有足够的时间分离气泡，沉淀杂质。

(3) 油箱顶盖板上需设置通气孔，使液面与大气相通。但为了防止油液污染，通孔处应设置空气滤清器。泵的吸油管口所装滤油器，其底面与油箱底面距离，不应小于 20mm，其侧面离箱壁应有3倍管径的距离，以利于油液顺利进入滤油器内。

(4) 回油管口应切成斜口，且插入油液中，以增大出油面积，其斜口面向箱壁以利于散热，减缓流速和沉淀杂质，以免飞溅起泡。油箱的底部应适当倾斜，并在其最低位置处设置放油塞，换油时可使油液和污物顺利排出。阀的泄漏油管应在液面以上，以免增加漏油腔的背压。

(5) 油箱的有效容积(指油面高度为油箱高度80%时油箱的容积)一般按液压泵的额定流量估算。在低压系统中，油箱容量为液压泵公称流量的 2～3 倍；在中压系统中为 5～7 倍；在高压系统中为 6～12 倍；在行走机械中为 1.5～2 倍；对工作负载大、并长期连续工作的液压系统，油箱的容积需按液压系统发热、散热平衡的原则来计算。

(6) 油箱的正常温度在 15～16℃之间，在环境温度变化较大时，需安装热交换器以及考虑测量与控制等措施。

6.3　蓄　能　器

6.3.1　蓄能器的功能

蓄能器是液压系统中的一种贮能装置。蓄能器在液压系统中主要有以下几方面的作用：

1. 作辅助动力源

对于作间歇运动的液压系统，利用蓄能器在执行元件不工作时储存压力油，而当执行元件需快速运动时，由蓄能器与液压泵同时向液压缸供油，这样可以减小液压泵的容量和驱动功率，降低系统的温升，如图 6.8 所示。

2. 作应急油源

当突然断电或液压泵发生故障时，蓄能器能释放储存的压力油液供给系统，避免油源突然中断造成事故，如图 6.9 所示。

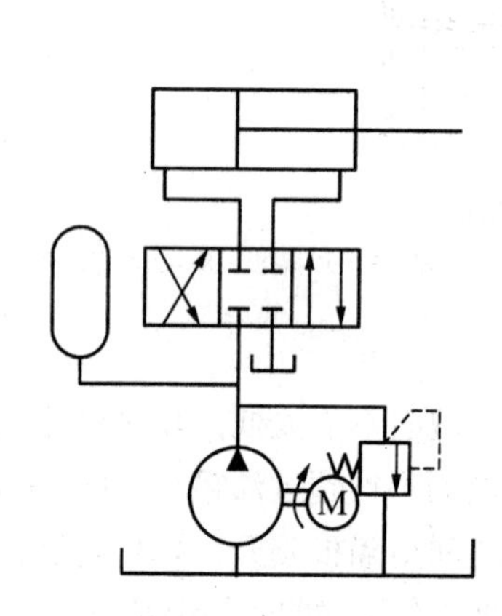

图 6.8　蓄能器作辅助动力源

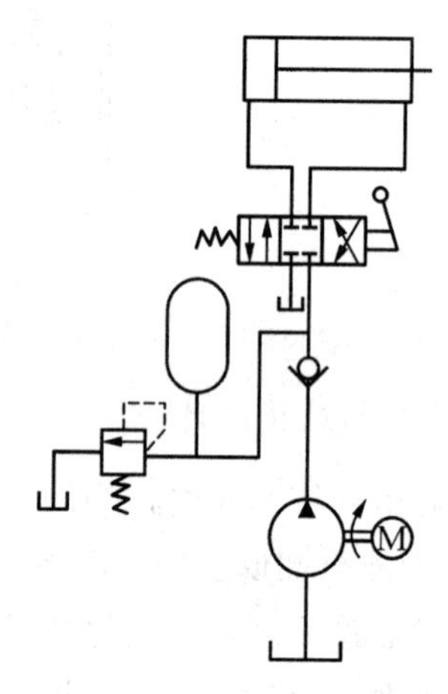

图 6.9　蓄能器作应急油源

3. 使系统保压和补偿泄漏

当执行元件需要较长时间保持一定的压力时，可利用蓄能器储存的液压油补偿油路的泄漏损失，从而保持系统的压力，如图 6.10 所示。

4. 吸收系统压力脉动

对振动敏感的仪器及管接头等，通过蓄能器的使用，可使液压油的脉动降低到最小程度，损坏事故大为减少，噪声也显著降低，如图 6.11 所示。

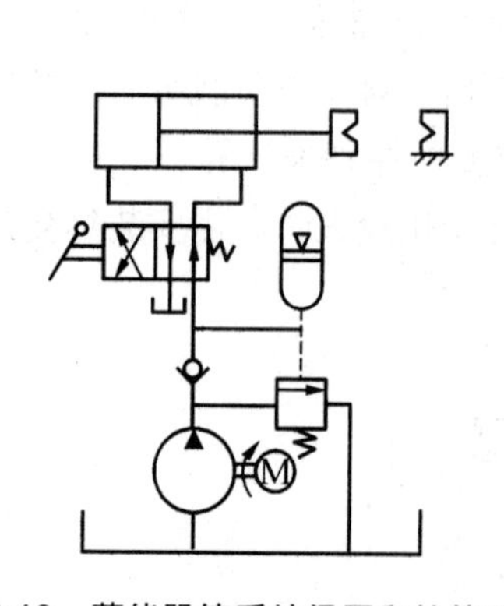

图 6.10　蓄能器使系统保压和补偿泄漏

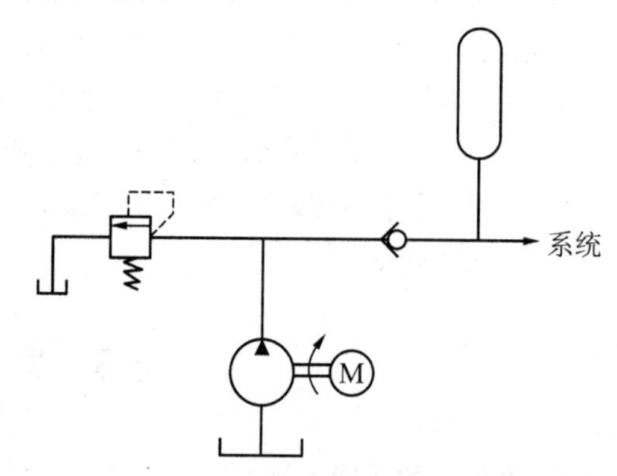

图 6.11　蓄能器吸收系统的压力脉动

5. 缓和冲击

在控制阀或液压缸等冲击源之前应设置蓄能器，可缓和由于阀的突然换向或关闭、执行元件运动的突然停止等原因造成的液压冲击，如图 6.12 所示。

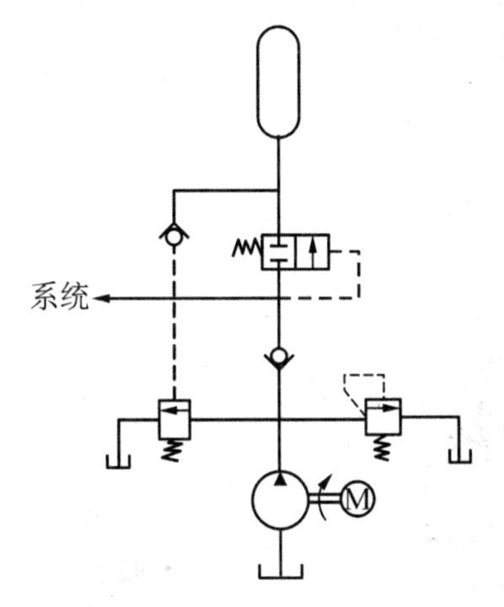

图 6.12　蓄能器缓和冲击

6.3.2　蓄能器的类型和结构特点

蓄能器主要有重锤式、弹簧式和充气式等类型，但常用的是利用气体膨胀和压缩进行工作的充气式蓄能器，主要有气瓶式、活塞式和气囊式等类型。蓄能器的类型和结构特点详见表 6-2。

表 6-2　蓄能器的类型和结构特点

名　称	结构简图	工作原理	结构特点
重锤式	1—重锤；2—柱塞	这种蓄能器输出的压力只决定于重物的重量和柱塞面积之比，所以是常数，而与储存和输出的液体体积无关	蓄能器在全行程中保持压力不变，尺寸庞大，容量小、有摩擦损失。适用于低压或低频液压系统
弹簧式	1—弹簧；2—活塞；3—液压油	该蓄能器利用弹簧的压缩和伸张的变化来储存和释放能量	结构简单，容量小，油液不易氧化，输出压力不稳定，由于弹簧的伸缩量有限，所以这种蓄能器仅用于低压系统中

续表

名　称		结构简图	工作原理	结构特点
充气式	活塞式	1—气体；2—活塞；3—液压油	利用气体的膨胀和压缩进行工作	结构简单，工作平稳可靠，安装维修方便，寿命长。由于活塞惯性和摩擦阻力的影响，反应不够灵敏，容量较小，缸筒与活塞之间有密封性能的要求，制造费用较高。一般用于蓄能或供中、高压系统吸收压力脉动
	气囊式	1—充气阀；2—气囊；3—壳体；4—提升阀		气囊是用耐油橡胶制成的。其重量轻、惯性小、反应快、附属设备少，安装维修方便、容积效率高。气囊和壳体制造要求较高，且容量小。由于蓄能器的压力响应性能好，所以常用于吸收液压冲击和脉动及消除噪声
	气瓶式	1—气体；2—液压油		结构简单，气、液之间无需隔离件，容量大，惯性小，反应灵敏，无摩擦损失。气体易混入油中，增大了油液的可压缩性，影响执行元件运行的平稳性；其耗气量大，需常检查进行充气和补气，附属设备多。这种蓄能器适用于要求不高的大流量、低压系统中

6.3.3　蓄能器的安装及使用注意事项

(1) 蓄能器应使用惰性气体(一般为氮气)。充气压力范围应在系统最低工作压力的90%和系统最高工作压力的25%之间。

(2) 蓄能器为压力容器，应垂直安装且油口向下。在搬运和拆装时应先排出充入的气体，以免发生意外事故。装在管路上的蓄能器要有牢固的支承架。

(3) 液压泵与蓄能器之间应设置单向阀防止停泵时蓄能器的压力油倒流；为便于调整、充气和维修系统与蓄能器间应设置截止阀。

(4) 为便于工作和检修，用于吸收压力脉动和液压冲击的蓄能器，应尽量安装在冲击源或脉动源附近，但要远离热源。

(5) 蓄能器的铭牌应置于醒目的位置且不能喷漆。

6.4　其他辅助装置

6.4.1　流量计

流量计主要用于观测系统的流量。常用的流量计有涡轮式和椭圆式两种。图 6.13 为涡轮式流量计结构图。其工作原理是当液体流过流量计时，涡轮 1 以一定的转速旋转。这时装在壳体外的磁电式传感器 6 输出脉冲信号，信号的频率与涡轮转速成正比，即与通过的流量成正比，这样便可测出液体的流量。

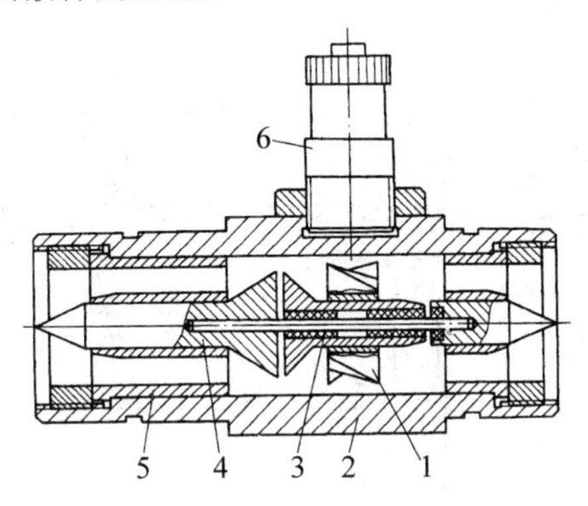

图 6.13　涡轮式流量计

1—涡轮；2—壳体；3—轴承；4—支承；5—导流器；6—磁电式传感器

6.4.2　压力表

压力表主要用于观测系统的工作压力。最常用的是弹簧式压力表，如图 6.14 所示。其工作原理是当压力油进入弹簧弯管时管端产生变形，从而推动杠杆使扇形齿轮与小齿轮啮合，小齿轮又带动指针旋转，在刻度盘上标示出油液的压力值。

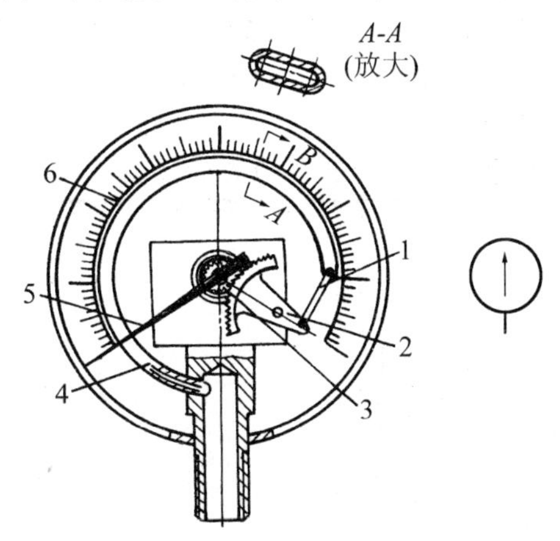

图 6.14　弹簧式压力表

1—杠杆；2—齿扇；3—小齿轮；4—弹簧弯管；5—指针；6—刻度盘

6.4.3　压力表开关

压力表开关主要用于被测油路与压力表之间的接通与断开，它是一个小型的截止阀。按其所能测量的点数不同有一点式、三点式和六点式等几种。如图 6.15 所示为有 6 个测压点的压力表开关。图示位置为非测量位置，此时压力表油路经小孔 a、沟槽 b 与油箱连通，压力为零。当将手柄推向右侧时，沟槽 b 把压力表油路与测量点处的油路连通，同时将压力表油路与油箱断开，这时便可测出该测量点的压力。如将手柄转到其他测量点位置，则可测出其相应压力。

当液压系统进入正常工作状态后，应将手柄拉出，使压力表与系统油路断开，以保护压力表开关，延长其使用寿命。

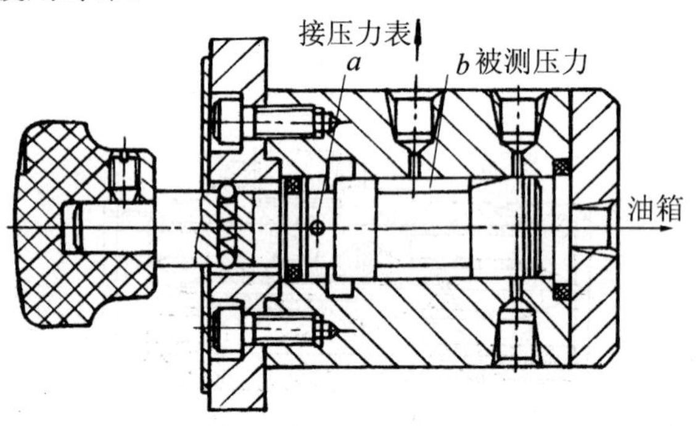

图 6.15　压力表开关

本 章 小 结

(1) 液压辅助元件是液压系统中不可缺少的部分，它们对系统的工作性能、寿命等有直接的影响。

(2) 管接头可以把液压元件或油管连成一个整体；过滤器的功用是清除油液中的各种杂质；油箱是用于储存油液、散发热量、沉淀杂质、分离油液中的空气和水分；油箱的设计是液压系统设计的一项重要内容；蓄能器是液压系统中的一种蓄能装置，安装使用时应按照要求及注意事项进行；流量计用于测量系统的流量，压力表用于测量系统的压力，压力表开关用于接通或断开压力表的油路。

习　　题

6-1　常用的油管有哪些？它们各适用什么范围？常用的管接头有哪些？它们各适用于什么场合？

6-2　简述滤油器的作用。常用的滤油器有哪些？它们各适用于什么场合？常用的密封方式有哪几种？它们各适用于什么场合？

6-3　蓄能器有哪些作用？安装和使用蓄能器应注意哪些问题？油箱的作用是什么？设计时应注意哪些问题？

6-4　简述流量计、压力表、压力表开关的作用。

第 7 章　液压基本回路

教学目标与要求：

- 熟悉与掌握各种回路的工作原理

教学重点：

- 调压回路与减压回路
- 节流阀的进油、回油和旁油路节流调速回路
- 液压缸差动连接的增速回路和双泵供油的增速回路
- 多缸快慢速互不干涉回路

教学难点：

- 平衡回路
- 节流阀的进油、回油和旁油路节流调速回路
- 多缸快慢速互不干涉回路

液压系统无论复杂与否，均可分解为若干个功能不同的基本液压回路。液压基本回路是由若干个液压元件组成，并能完成一定功能的典型油路单元。几个基本回路所构成的整体便为液压系统。熟悉与掌握液压基本回路的组成、工作原理及作用，是调试、维护液压设备和设计液压系统的基础。

常用的液压基本回路可分为方向控制回路、压力控制回路、速度控制回路和多缸动作回路。本章将分别介绍这些回路。

7.1　方向控制回路

在液压系统中，完成启动、停止及换向作用的回路，称为方向控制回路。方向控制回路有换向回路和锁紧回路。

7.1.1　换向回路

运动部件的换向一般可采用各种换向阀来实现。在容积调速的闭式回路中，也可以利用双向变量泵控制油流的方向来实现液压缸(或液压马达)的换向。

依靠重力或弹簧返回的单作用液压缸，可以采用二位三通换向阀进行换向，如图 7.1 所示。双作用液压缸一般都可采用二位四通(或五通)及三位四通(或五通)换向阀来进行换向，按不同用途还可选用各种不同控制方式的换向回路。

电磁换向阀的换向回路应用最为广泛，尤其在自动化程度要求较高的组合机床液压系统中被普遍采用。对于流量较大和换向平稳性要求较高的场合，电磁换向阀的换向回路已不能适应上述要求，这时往往采用手动换向阀或机动换向阀作先导阀，而以液动换向阀为

主阀的换向回路，或者采用电液动换向阀的换向回路。

图 7.2 所示为手动转阀(先导阀)控制液动换向阀的换向回路。回路中用辅助泵 2 提供低压控制油，通过手动先导阀 3(三位四通转阀)来控制液动换向阀 4 的阀芯移动，实现主油路换向。当转阀 3 在右位时，控制油进入液动阀 4 的左端，右端的油液经转阀回油箱，使液动换向阀 4 左位接入工件，活塞下移。当转阀 3 切换至左位时，即控制油使液动换向阀 4 换向，活塞向上退回。当转阀 3 在中位时，液动换向阀 4 两端的控制油通油箱，在弹簧力的作用下，其阀芯回复到中位，主泵 1 卸荷。这种换向回路常用于大型液压机上。

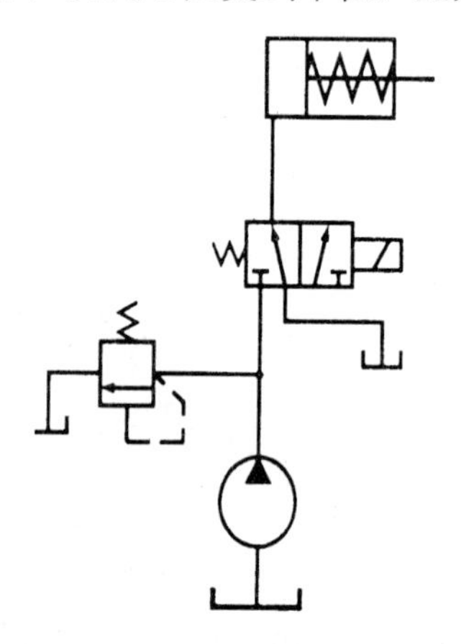

图 7.1　采用二位三通换向阀的换向回路

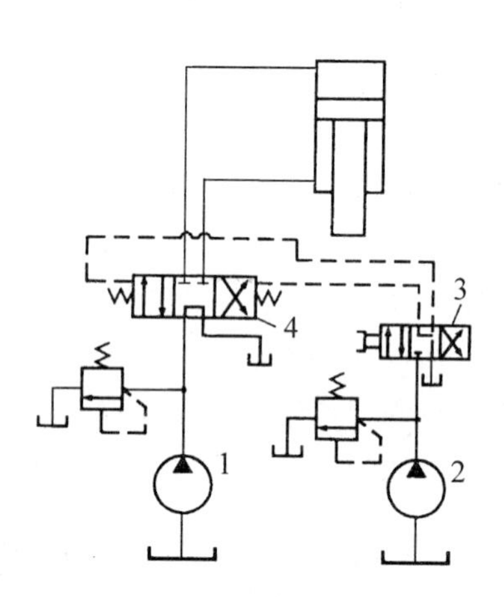

图 7.2　先导阀控制液动换向阀的换向回路

在液动换向阀的换向回路或电液动换向阀的换向回路中，控制油液除了用辅助泵供给外，在一般的系统中也可以把控制油路直接接入主油路；但是，当主阀采用 Y 型或 H 型中位机能时，必须在回路中设置背压阀，保证控制油液有一定的压力，以控制换向阀阀芯的移动。

在机床夹具、油压机和起重机等不需要自动换向的场合，常常采用手动换向阀来进行换向。

7.1.2　锁紧回路

为了使工作部件能在任意位置上停留，以及在停止工作时，防止在受力的情况下发生移动，可以采用锁紧回路。

采用 O 型或 M 型机能的三位换向阀，当阀芯处于中位时，液压缸的进、出口都被封闭，可以将活塞锁紧，这种锁紧回路由于受到滑阀泄漏的影响，锁紧效果较差，如图 7.3 所示。

图 7.4 是采用双液控单向阀(又称为液压锁)的锁紧回路。在液压缸的进、回油路中都串接液控单向阀，活塞可以在行程的任何位置锁紧。其锁紧精度只受液压缸内少量内泄漏的影响，因此锁紧精度较高。采用液压锁的锁紧回路，换向阀的中位机能应使液控单向阀的控制油液卸压(换向阀采用 H 型或 Y 型)，此时，液控单向阀便立即关闭，活塞停止运动。假如采用 O 型机能，在换向阀中位时，由于液控单向阀的控制腔压力油被闭死而不能使其立即关闭，直至由换向阀的内泄漏使控制腔泄压后，液控单向阀才能关闭，影响其锁紧精度。

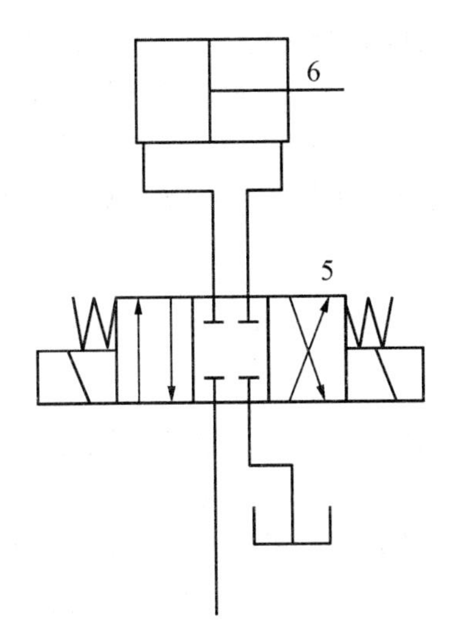

图 7.3　采用三位四通电磁换向阀 O 型机能的换向锁紧回路

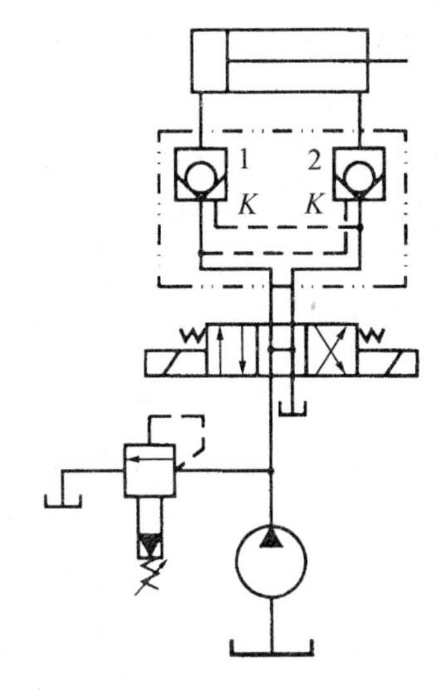

图 7.4　采用液压锁的锁紧回路

7.2　压力控制回路

压力控制回路用压力阀来控制和调节液压系统主油路或某一支路的压力，以满足执行元件速度切换回路所需的力或力矩的要求。利用压力控制回路可实现对系统进行稳压、减压、增压、卸荷、保压与平衡等各种控制。

7.2.1　调压回路

当液压系统工作时，液压泵应向系统提供所需压力的液压油，同时，又能节省能源，减少油液发热，提高执行元件运动的平稳性，所以应设置调压回路。当液压泵一直工作在系统的调定压力时，就要通过溢流阀调节并稳定液压泵的工作压力。在变量泵系统中或旁路节流调速系统中用溢流阀(当安全阀用)限制系统的最高安全压力。当系统在不同的工作时间内需要有不同的工作压力时，可采用二级或多级调压回路。

1. 单级调压回路

如图 7.5(a)所示，通过液压泵 1 和溢流阀 2 的并联连接，即可组成单级调压回路。通过调节溢流阀的压力，可以改变泵的输出压力。当溢流阀的调定压力确定后，液压泵就在溢流阀的调定压力下工作，从而实现了对液压系统进行调压和稳压控制。如果将液压泵 1 改换为变量泵，这时溢流阀将作为安全阀来使用，液压泵的工作压力低于溢流阀的调定压力，这时溢流阀不工作；当系统出现故障，液压泵的工作压力上升时，一旦压力达到溢流阀的调定压力，溢流阀将开启，并将液压泵的工作压力限制在溢流阀的调定压力下，使液压系统不至于因压力过载而受到破坏，从而保护了液压系统。

2. 二级调压回路

图 7.5(b)所示为二级调压回路，该回路可实现两种不同的系统压力控制。由先导型溢

流阀 2 和直动式溢流阀 4 各调一级，当二位二通电磁阀 3 处于图示位置时系统压力由阀 2 调定；当阀 3 得电后处于下位时，系统压力由阀 4 调定。但要注意：阀 4 的调定压力一定要小于阀 2 的调定压力，否则不能实现；当系统压力由阀 4 调定时，先导型溢流阀 2 的先导阀口关闭，但主阀开启，液压泵的溢流量经主阀回油箱，这时阀 4 处于工作状态，并有油液通过。应当指出：若将阀 3 与阀 4 对换位置，仍可进行二级调压，并且在二级压力转换点上获得比图 7.5(b)所示回路更为稳定的压力转换。

3. 多级调压回路

图 7.5(c)所示为三级调压回路，三级压力分别由溢流阀 1、2、3 调定，当电磁铁 1YA、2YA 失电时，系统压力由主溢流阀调定。当 1YA 得电时，系统压力由阀 2 调定；当 2YA 得电时，系统压力由阀 3 调定。在这种调压回路中，阀 2 和阀 3 的调定压力要低于主溢流阀的调定压力，而阀 2 和阀 3 的调定压力相互没有关系。当阀 2 或阀 3 工作时，阀 2 或阀 3 相当于阀 1 上的另一个先导阀。

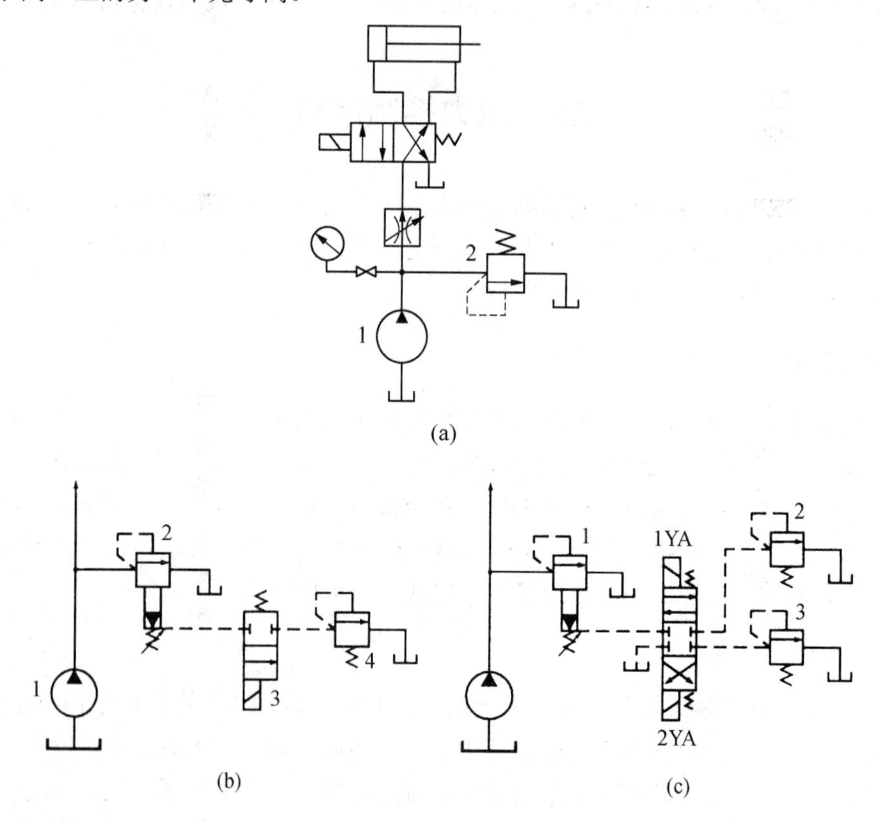

图 7.5　调压回路

7.2.2　减压回路

当泵的输出压力是高压而局部回路或支路要求低压时，可以采用减压回路，如机床液压系统中的定位、夹紧、回路分度以及液压元件的控制油路等，它们往往要求比主油路较低的压力。减压回路较为简单，一般是在所需低压的支路上串接减压阀。采用减压回路虽能方便地获得某支路稳定的低压，但压力油经减压阀口时要产生压力损失，这是它的缺点。

最常见的减压回路为通过定值减压阀与主油路相连，如图 7.6(a)所示。回路中的单向阀为主油路压力降低(低于减压阀调整压力)时防止油液倒流，起短时保压作用，减压回路中也可以采用类似两级或多级调压的方法获得两级或多级减压。图 7.6(b)所示为利用先导型减压阀 1 的远控口接远控溢流阀 2，则可由阀 1、阀 2 各调得一种低压。但要注意，阀 2 的调定压力值一定要低于阀 1 的调定减压值。

为了使减压回路工作可靠，减压阀的最低调整压力不应小于0.5MPa，最高调整压力至少应比系统压力小0.5MPa。当减压回路中的执行元件需要调速时，调速元件应放在减压阀的后面，以避免减压阀泄漏(指由减压阀泄油口流回油箱的油液)对执行元件的速度产生影响。

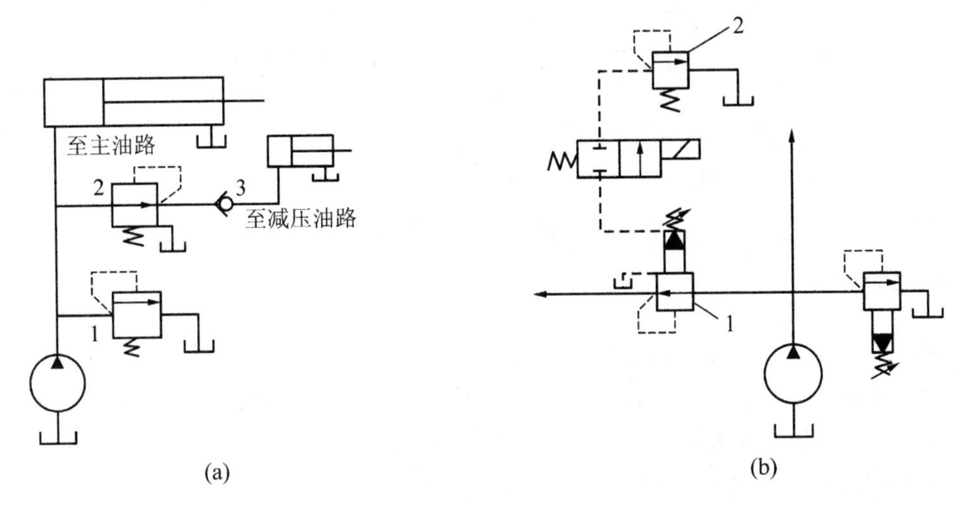

图 7.6　减压回路

7.2.3　增压回路

如果系统或系统的某一支油路需要压力较高但流量又不大的压力油，而采用高压泵又不经济，或者根本就没有必要增设高压力的液压泵时，就常采用增压回路，这样不仅易于选择液压泵，而且系统工作较可靠，噪声小。增压回路中提高压力的主要元件是增压缸或增压器。

1. 单作用增压缸的增压回路

图 7.7(a)所示为利用增压缸的单作用增压回路，当系统在图示位置工作时，系统的供油压力 p_1 进入增压缸的大活塞腔，此时在小活塞腔即可得到所需的较高压力 p_2；当二位四通电磁换向阀右位接入系统时，增压缸返回，辅助油箱中的油液经单向阀补入小活塞。因而该回路只能间歇增压，所以称之为单作用增压回路。

2. 双作用增压缸的增压回路

图 7.7(b)所示为采用双作用增压缸的增压回路，能连续输出高压油，在图示位置，液压泵输出的压力油经换向阀 5 和单向阀 1 进入增压缸左端大、小活塞腔，右端大活塞腔的

回油通油箱，右端小活塞腔增压后的高压油经单向阀 4 输出，此时单向阀 2、3 被关闭。当增压缸活塞移到右端时，换向阀得电换向，增压缸活塞向左移动。同理，左端小活塞腔输出的高压油经单向阀 3 输出，这样增压缸的活塞不断作往复运动，两端便交替输出高压油，从而实现了连续增压。

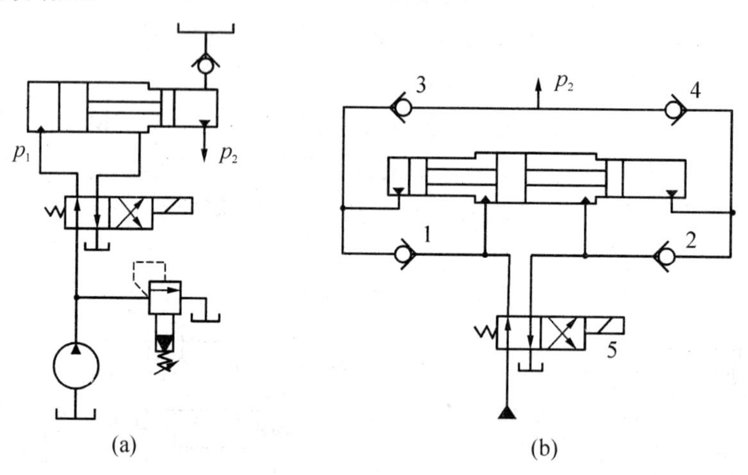

图 7.7　增压回路

7.2.4　保压回路

在液压系统中，常要求液压执行机构在一定的行程位置上停止运动或在有微小的位移下稳定地维持住一定的压力，这就要采用保压回路。最简单的保压回路是密封性能较好的液控单向阀的回路，但是，阀类元件处的泄漏使得这种回路的保压时间不能维持太久。常用的保压回路有以下几种。

1. 利用液压泵的保压回路

这种保压回路也就是在保压过程中，液压泵仍以较高的压力(保压所需压力)工作。此时若采用定量泵，则压力油几乎全经溢流阀流回油箱，系统功率损失大，易发热，故只在小功率的系统且保压时间较短的场合下才使用；若采用变量泵，在保压时泵的压力较高，但输出流量几乎等于零，因而，液压系统的功率损失小，这种保压方法能随泄漏量的变化而自动调整输出流量，因而其效率也较高。

2. 利用蓄能器的保压回路

如图 7.8(a)所示的回路，当主换向阀在左位工作时，液压缸向前运动且压紧工件，进油路压力升高至调定值，压力继电器动作使二通阀通电，泵即卸荷，单向阀自动关闭，液压缸则由蓄能器保压。缸压不足时，压力继电器复位使泵重新工作。保压时间的长短取决于蓄能器的容量，调节压力继电器的工作区间即可调节缸中压力的最大值和最小值。图 7.8(b)所示为多缸系统中的保压回路，这种回路当主油路压力降低时，单向阀 3 关闭，支路由蓄能器保压补偿泄漏，压力继电器 5 的作用是当支路压力达到预定值时发出信号，使主油路开始动作。

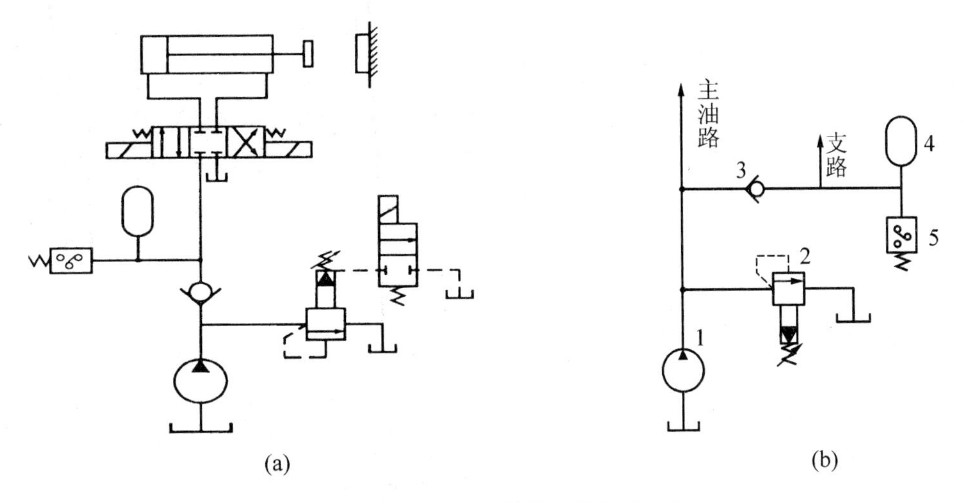

图 7.8 利用蓄能器的保压回路

3. 自动补油保压回路

图 7.9 所示为采用液控单向阀和电接触式压力表的自动补油式保压回路。其工作原理为：当 1YA 得电时，换向阀右位接入回路；当液压缸上腔压力上升至电接触式压力表的上限值时，上触点接电，使电磁铁 1YA 失电，换向阀处于中位，液压泵卸荷，液压缸由液控单向阀保压；当液压缸上腔压力下降到预定下限值时，电接触式压力表又发出信号，使 1YA 得电，液压泵再次向系统供油，使压力上升；当压力达到上限值时，上触点又发出信号，使 1YA 失电。因此，这一回路能自动地使液压缸补充压力油，能使其压力长期保持在一定范围内。

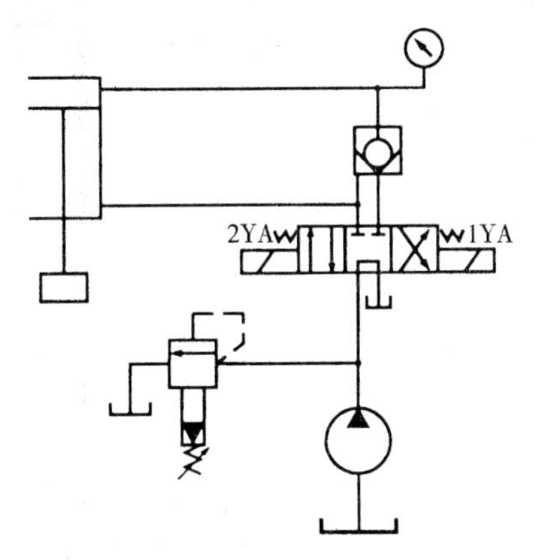

图 7.9 自动补油的保压回路

7.2.5 卸荷回路

在液压系统工作中，有时执行元件短时间停止工作，不需要液压系统传递能量，或者执行元件在某段工作时间内保持一定的力，而运动速度极慢，甚至停止运动。在这种情况下，不需要液压泵输出油液，或只需要很小流量的液压油，于是液压泵输出的压力油全部或绝大部分从溢流阀流回油箱，造成能量的无谓消耗，引起油液发热，使油液加快变质，而且还影响液压系统的性能及泵的寿命。为此，需要采用卸荷回路，即卸荷回路的功用是在液压泵驱动电动机不频繁启闭的情况下，使液压泵在功率输出接近于零的情况下运转，以减少功率损耗，降低系统发热，延长泵和电动机的寿命。因为液压泵的输出功率为其流量和压力的乘积，因而，两者任一近似为零，功率损耗即近似为零。因此液压泵的卸荷有流量卸荷和压力卸荷两种，前者主要是使用变量泵，使变量泵仅为补偿泄漏而以最小流量运转，此方法比较简单，但泵仍处在高压状态下运行，磨损比较严重；压力卸荷的方法是使泵在接近零压力下运转。

常见的压力卸荷方式有以下几种。

1. 换向阀卸荷回路

M 和 H 型中位机能的三位换向阀处于中位时，泵即卸荷。图 7.10 所示为采用 M 型中位机能的电液换向阀的卸荷回路，这种回路切换时压力冲击小，但回路中必须设置单向阀，以使系统能保持 0.3MPa 左右的压力，供操纵控制油路之用。

2. 用先导型溢流阀的远程控制口卸荷。

图 7.11 所示为先导型溢流阀的远程控制口直接与二位二通电磁阀相连，便构成一种用先导型溢流阀的卸荷回路，这种卸荷回路卸荷压力小，切换时冲击也小。

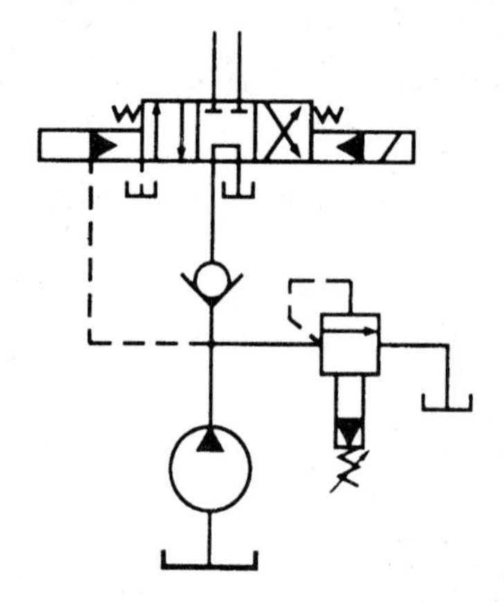

图 7.10　M 型中位机能卸荷回路

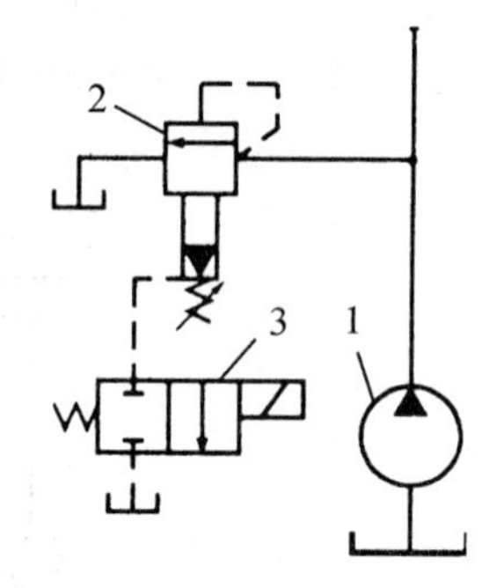

图 7.11　溢流阀远控口卸荷

7.2.6　平衡回路

平衡回路的作用在于防止垂直或倾斜放置的液压缸及与之相连的工作部件因自重而自行下落。图 7.12(a)所示为采用单向顺序阀的平衡回路，当 1YA 得电后活塞下行时，回油路上就存在着一定的背压；只要将这个背压调得能支承住活塞及与之相连的工作部件自重，活塞就可以平稳地下落。当换向阀处于中位时，活塞就停止运动，不再继续下移。这种回路当活塞向下快速运动时功率损失大，锁住时活塞及与之相连的工作部件会因单向顺序阀和换向阀的泄漏而缓慢下落，因此它只适用于工作部件重量不大、活塞锁住时定位要求不高的场合。图 7.12(b)为采用液控顺序阀的平衡回路。当活塞下行时，控制压力油打开液控顺序阀，背压消失，因而回路效率较高；当停止工作时，液控顺序阀关闭以防止活塞和工作部件因自重而下降。这种平衡回路的优点是只有上腔进油时活塞才下行，比较安全可靠；

缺点是活塞下行时平稳性较差。这是因为活塞下行时，液压缸上腔油压降低，将使液控顺序阀关闭。当顺序阀关闭时，因活塞停止下行，使液压缸上腔油压升高，又打开液控顺序阀。因此液控顺序阀始终工作于启闭的过渡状态，因而影响工作的平稳性。这种回路适用于运动部件重量不是很大、停留时间较短的液压系统中。

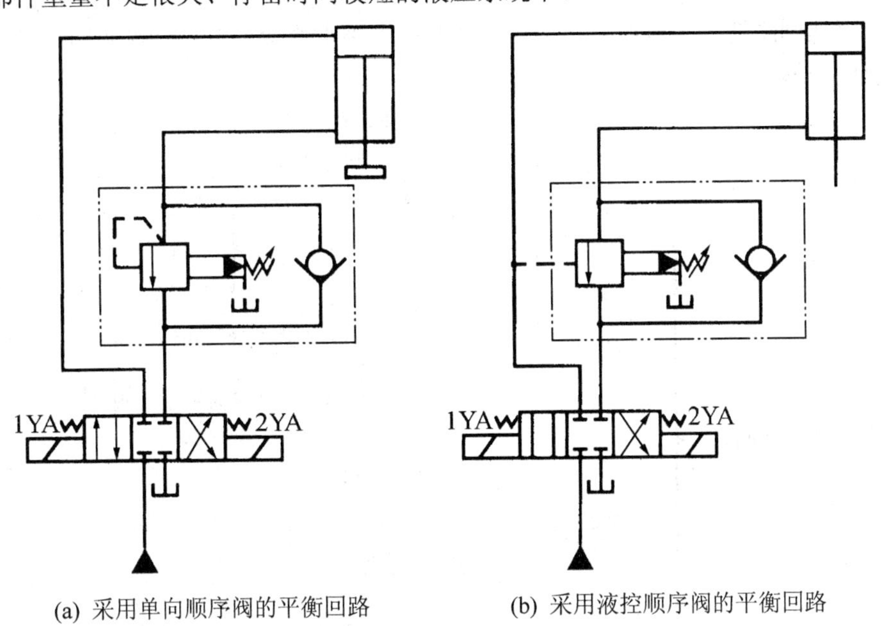

(a) 采用单向顺序阀的平衡回路　　(b) 采用液控顺序阀的平衡回路

图 7.12　采用顺序阀的平衡回路

7.3　速度控制回路

速度控制回路是研究液压系统执行元件的速度调节和变换问题，常用的速度控制回路有调速回路、快速运动回路和速度切换回路，如图 7.13 所示。本节分别对上述 3 种回路进行介绍。

7.3.1　调速回路

从液压马达的工作原理可知，液压马达的转速为 $n_m=\dfrac{q}{V_m}$，液压缸的运动速度为 $v=\dfrac{q}{A}$，式中 q 为输入流量，V_m 为液压马达的排量，v 为液压缸的运动速度，A 为液压缸的有效作用面积。

通过上面的关系可以知道，要想调节液压马达的转速 n_m 或液压缸的运动速度 v，可通过改变输入流量 q 或液压马达的排量 V_m 来实现。要改变输入流量 q，可通过采用流量阀或变量泵来实现；要改变液压马达排量 V_m，可通过采用变量液压马达来实现。因此，调速回路主要有以下 3 种方式：

(1) 节流调速回路。由定量泵供油，用流量阀调节进入或流出执行机构的流量来实现调速。

(2) 容积调速回路。用调节变量泵或变量马达的排量来调速。

(3) 容积节流调速回路。由限压变量泵供油，用流量阀调节进入执行机构的流量，并使变量泵的流量与调节阀的调节流量相适应来实现调速。此外还可采用几个定量泵并联，按不同速度需要，启动一个泵或几个泵供油实现分级调速。

1. 节流调速回路

节流调速回路通过调节流量阀的通流截面积大小来改变进入执行机构的流量，从而实现运动速度的调节。

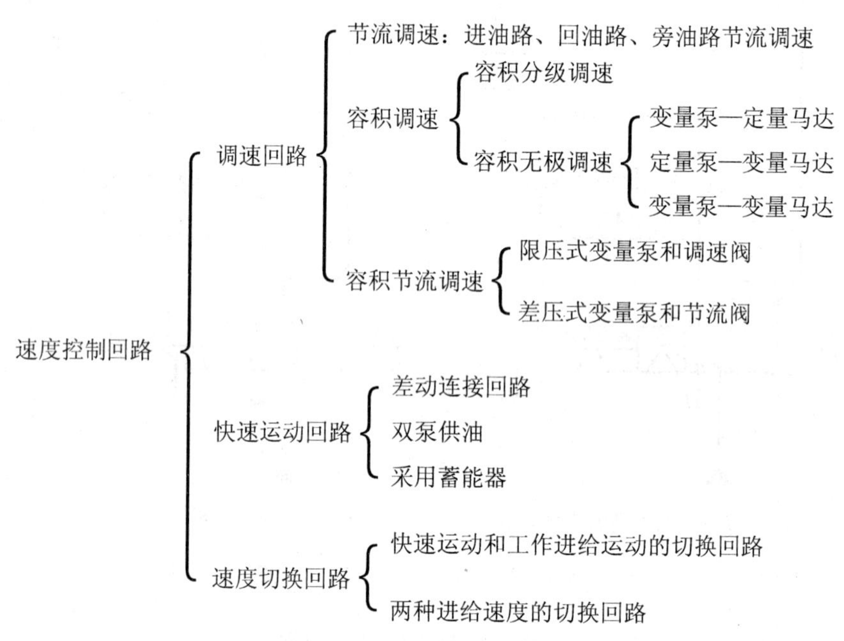

图 7.13　常用速度控制回路

1) 进油路节流调速回路

如图 7.14(a)所示，节流阀串联在液压泵和液压缸之间，用它来控制进入液压缸的流量，达到调节液压缸运动速度的目的，定量泵多余的油液通过溢流阀回油箱。泵的出口压力 p_b 即为溢流阀的调整压力 p_s，并基本保持定值。

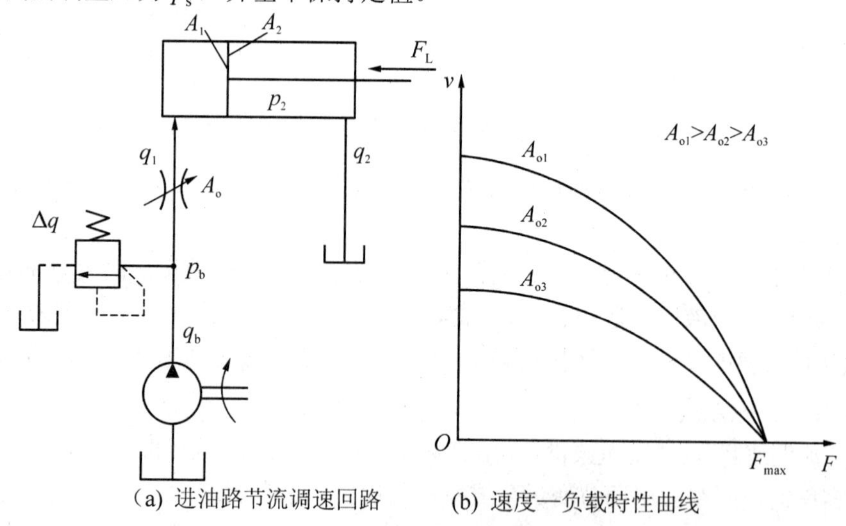

(a) 进油路节流调速回路　　(b) 速度—负载特性曲线

图 7.14　进油路的节流调速回路及速度—负载特性曲线

进油路节流调速回路有如下特点。

(1) 调速范围较大，但运动速度稳定性差。

液压缸稳定工作时，其受力平衡方程式为

$$p_1 A_1 = F_L + p_2 A_2$$

由于 $p_2 \approx 0$，则

$$p_1 = \frac{F_L}{A_1}$$

节流阀前后压差为

$$\Delta p = p_b - p_1 = p_b - \frac{F_L}{A_1}$$

假定截流口形状为薄壁小孔，由节流阀流入液压缸的流量为

$$q_1 = K A_0 \Delta p^m = K A_0 \sqrt{\Delta p} \text{ (薄壁小孔 } m=0.5)$$

液压缸的运动速度为

$$v = \frac{q_1}{A_1} = \frac{K A_0}{A_1}\sqrt{\Delta p} = \frac{K A_0}{A_1}\sqrt{p_b - \frac{F_L}{A_1}} \tag{7-1}$$

以上各式中：p_1、p_2——液压缸进、回油腔压力，此处回油管直接通油箱，$p_2 \approx 0$；

q_1、q_2——液压缸进、回油量；

A_0——节流阀节流口通流面积；

K——节流常数；

F_L——负载力。

式(7-1)为本回路的速度—负载特性方程。由特性方程可画出回路的速度—负载特性曲线，如图 7.14(b)所示。

由方程式和曲线可知：当其他条件不变时，活塞的运动速度 v 与节流阀通流面积 A_0 成正比，故调节节流阀通流面积可调节执行元件的运动速度，并可实现无级调速，这种回路的调速范围较大，$R_{c\max} = \frac{v_{\max}}{v_{\min}} = 100$。当通流面积调定后，速度随负载的增大而减小。其变化规律可从曲线中看出，曲线越陡，说明负载变化对速度的影响越大，即速度刚度小。当通流面积不变时，轻载区比重载区的速度刚度大；在相同负载下工作时，通流面积小的比通流面积大的速度刚度大。

(2) 可以获得较大的推力。

在式(7-1)中，令速度为零，可得到液压缸最大推力 $F_{L\max} = p_b A_1$。液压缸的面积 A_1 不变，在泵的供油压力已经调定的情况下，液压缸的最大推力不随节流阀通流面积的改变而改变，此时液压泵的全部流量经溢流阀流回油箱，故属于恒推力或恒转矩调速。

(3) 系统效率低，传递功率小。

对调速回路的功率损失(不包括液压缸、液压泵和管路中的功率损失)具体分析如下。

液压泵的输出功率为定值，即

$$P_b = p_b q_b = C$$

液压缸的输出功率为

$$P_1 = F_L v = \frac{F_L q_1}{A_1} = p_1 q_1$$

回路的功率损失为

$$\begin{aligned}\Delta P &= P_b - P_1 = p_b q_b - p_1 q_1 \\ &= p_b(q_1 + \Delta q) - q_1(p_b - \Delta p) \\ &= p_b \Delta q + \Delta p q_1\end{aligned} \tag{7-2}$$

式(7-2)中，前部分为溢流损失，后部分为节流损失。由于存在两部分功率损失，所以回路效率较低。由分析可知，进油路节流调速回路适用于负载变化不大、对速度稳定性要求不高的小功率液压系统。

2) 回油路节流调速回路

如图 7.15(a)所示，节流阀串联在液压缸的回油路上，用它来控制液压缸的排油量，也就控制了液压缸的进油量，达到调节液压缸运动速度的目的，定量泵多余的油液通过溢流阀回油箱，泵的出口压力即为溢流阀的调整压力，并基本保持定值。

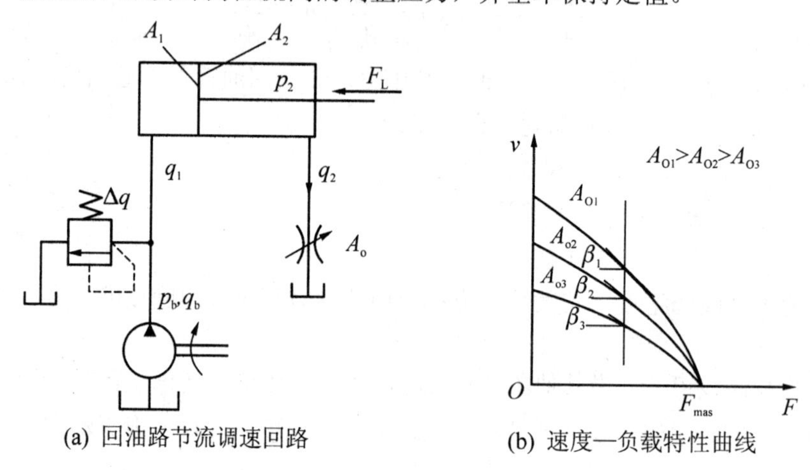

(a) 回油路节流调速回路　　(b) 速度—负载特性曲线

图 7.15　回油路的节流调速回路及速度—负载特性曲线

下面来分析其速度—负载特性。

液压缸稳定工作时，其受力平衡方程式为

$$p_1 A_1 = F_L + p_2 A_2$$

由于 $p_1 = p_b$，则

$$p_2 = \frac{(p_b A_1 - F_L)}{A_2}$$

节流阀前后压差为

$$\Delta p = p_2 = \frac{(p_b A_1 - F_L)}{A_2}$$

即液压缸的运动速度为

$$v = \frac{q_2}{A_2} = \frac{kA_0}{A_2}\sqrt{\frac{p_b A_1 - F_L}{A_2}} \tag{7-3}$$

由式(7-3)与式(7-1)比较可知，若 $A_1 = A_2$，则回油路节流调速回路的速度—负载特性、最大承载能力、功率特性与进油路节流调速回路完全相同。在回油路节流调速回路中，由于执行元件的回油腔有背压，故可以承受一定的负值载荷(与运动方向相同的载荷)。回油路和进油路节流调速相比较，其具有如下特点：

(1) 能承受负值负载。回油路节流调速的节流阀在液压缸的回油腔能形成一定的背压，相对进油路节流调速而言，运动比较平稳，常用于负载变化较大、要求运动平稳的液压系统中。而且在 A 一定时，速度 v 随负载 F_L 增加而减小，能承受一定的负值负载；对于进油路节流调速回路，要使其能承受负值负载，就必须在执行元件的回油路上加上背压阀。这必然会导致增加功率消耗，增大油液发热量。

(2) 运动平稳性好。回油路节流调速回路由于回油路上存在背压，可以有效地防止空气从回油路吸入，因而低速运动时不易爬行；高速运动时不易颤振，即运动平稳性好。进油路节流调速回路在不加背压阀时不具备这种特点。

(3) 油液发热对回路的影响小。进油路节流调速回路中，通过节流阀产生的功率损失转变为热量，一部分由元件散发出去，另一部分使油液温度升高，直接进入液压缸，会使缸的内外泄漏增加，速度稳定性不好；而回油路节流调速回路油液经节流阀温升后，直接回油箱，经冷却后再入系统，对系统泄漏影响较小。

(4) 存在启动冲击。回油路节流调速回路中若停车时间较长，液压缸回油腔的油液会泄漏回油箱，重新启动时背压不能立即建立，会引起瞬间工作机构的前冲现象。对于进油路节流调速，只要在开车时关小节流阀即可避免启动冲击。

综上所述，进油路、回油路节流调速回路结构简单、价格低廉，但效率较低，只宜用于负载变化不大、低速、小功率场合，如某些机床的进给系统。为了提高回路的综合性能，一般常采用进油路节流阀调速，并在回油路上加背压阀，使其兼具二者的优点。

3) 旁油路节流调速回路

如图 7.16(a)所示，将节流阀装在与液压缸并联的支路上，节流阀调节了液压泵溢回油箱的流量，从而控制了进入液压缸的流量，达到调节液压缸运动速度的目的，此时溢流阀用作安全阀，常态时关闭。泵的出口压力随负载的变化而变化。

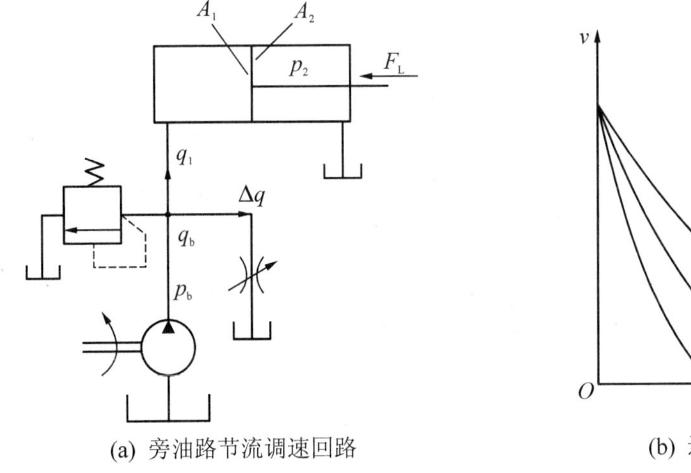

(a) 旁油路节流调速回路　　　　(b) 速度—负载特性曲线

图 7.16　旁油路的节流调速回路及速度—负载特性线

旁油路节流调速回路具有以下特点。

(1) 速度稳定性差，但重载高速时速度刚度较高。

液压缸稳定工作时，其受力平衡方程式为

$$p_1A_1 = F_L + p_2A_2$$

由于 $p_2 \approx 0$，则

$$p_1 = \frac{F_L}{A_1}$$

节流阀前后压差为

$$\Delta p = p_1 = \frac{F_L}{A_1}$$

进入液压缸的流量等于泵的流量减去节流阀的流量，即

$$q_1 = q_b - \Delta q = q_b - kA_0\sqrt{\Delta p} = q_b - kA_0\sqrt{\frac{F_L}{A_1}}$$

液压缸的运动速度为

$$v = \frac{q_1}{A_1} = \frac{q_b}{A_1} - \frac{KA_0}{A_1}\sqrt{\frac{F_L}{A_1}} \tag{7-4}$$

式(7-4)为旁油路节流调速回路的速度—负载特性方程。由特性方程可画出回路的速度—负载特性曲线，如图 7.16(b)曲线所示。当负载变化时，速度变化较上两种回路更为严重，即特性很软，速度稳定性很差；但在重载高速时的速度刚度相对较高，这与上两种回路恰好相反。

(2) 最大承载能力随节流阀通流面积的增大而减小。

由图 7.16(b)可知，旁油路节流调速回路能够承受的最大负载随节流阀通流面积的增加而减小。当 $F_{L\max} = \left(\frac{q_b}{kA_0}\right)^2 A_1$ 时，液压缸的速度为零。这时泵的全部流量经节流阀回油箱，$F_{L\max}$ 即为最大承载能力。继续增大节流阀面积已不起调节速度的作用，只会使系统压力降低，其承载能力也随之下降。

(3) 功率损失较小，系统效率较高。

液压泵的输入功率为

$$P_b = p_1q_b$$

液压缸的输出功率为

$$P_1 = F_Lv = \frac{F_Lq_1}{A_1} = p_1q_1$$

回路的功率损失为

$$\Delta P = P_b - P_1 = p_1q_b - p_1q_1 = p_1(q_b - q_1) = p_1\Delta q$$

即只有节流损失。

回路的效率为

$$\eta = \frac{P_1}{P_b} = \frac{p_1q_1}{p_1q_b} = \frac{q_1}{q_b}$$

旁油路节流调速回路的速度—负载特性较软，低速承载能力差，故应用比前两种回路少。由于只有流量损失而无压力损失，所以回路效率较高，系统的功率可以比前两种稍大。3 种节流调速回路性能比较详见表 7-1。

表 7-1　3 种节流调速回路性能比较表

比较内容	调速方法		
	进油路节流调速	回油路节流调速	旁油路节流调速
主要参数	p_1、Δp、p_2 等均随 F_L 的变化而变化，$p_2 \approx 0$，$p_b = p_s =$ 常数	p_1、Δp、p_2 等均随 F_L 的变化而变化，$p_1 = p_b = p_s =$ 常数	p_1、Δp、p_2 等均随 F_L 的变化而变化，$p_1 = p_b = p_s =$ 常数
速度—负载特性	较软		更软，应用较少
最大承载能力	p_s 调定后，$F_{L\max} = p_s A_1 =$ 常数，不随节流阀通流面积变化		$F_{L\max}$ 随节流阀通流面积增大而减小，低速时承载能力差
调速范围	较大，可达100以上		调速范围较小
系统输入功率	系统输入功率与负载和速度无关。低速时，功率损失较大，效率低		系统输入功率与负载成正比。低速高载时，功率损失较大，效率较低
发热及泄漏的影响	油液通过节流阀发热后进入液压缸，影响液压缸泄漏，从而影响活塞运动速度。泵的泄漏对性能无影响	油液通过节流阀发热后回油箱冷却，对液压缸泄漏影响小。泵的泄漏对性能无影响	油液通过节流阀发热后回油箱冷却，对液压缸泄漏无影响。泵的泄漏影响液压缸的运动速度
停车后启动冲击	停车后启动冲击小	停车后启动有冲击	
运动平稳性及承受负值负载的能力	平稳性较差，不能承受负值负载	平稳性较好，能承受负值负载	平稳性较差，不能承受负值负载
应用	适用于轻载、负载变化小以及速度稳定性要求不高的小功率系统	适用于功率不大，但负载变化大、速度稳定性要求较高的系统	适用于负载变化小，对速度稳定性要求不高、高速、功率相对较大的系统

2. 容积调速回路

容积调速回路是通过改变回路中液压泵或液压马达的排量来实现调速的。在容积调速回路中，液压泵输出的压力油直接进入液压缸或液压马达，系统无溢流损失和节流损失，且供油压力随负载的变化而变化。因此，容积调速回路效率高、功率损失小、发热小，适用于工程、矿山、农业机械及大型机床等大功率液压系统。

根据油液的循环方式，容积调速回路可以连接成开式回路(图 7.17(a))和闭式回路(图 7.17(b))两种。在开式回路中，泵从油箱中吸油后输入执行元件，执行元件的回油直接回油箱，因此油液能得到充分冷却，但油箱尺寸较大，空气和脏物易进入回路，影响正常工作。在闭式回路中，执行元件的回油直接与泵的吸油腔相连，结构紧凑，只需很小的补油箱，空气和脏物不易进入回路，但油的冷却条件差，为了补偿工作中油液的泄漏，需设辅助泵(补油泵)。补油泵的流量为主泵流量的 10%～15%，压力调节为 3×10^5～10×10^5Pa。

容积调速回路按液压泵和液压马达组合的不同可分为变量泵—定量马达回路、定量泵—变量马达回路、变量泵—变量马达回路 3 种。

1) 变量泵—定量马达容积调速回路

调速回路的组成如图 7.17(a)、(b)所示。调节泵的流量即可调节马达的运动速度。在图 7.17(b)所示的闭式回路工作时，主溢流阀 3 关闭当做安全阀用，4 为补油辅助泵，阀 5 是低压溢流阀，其压力调得很低，调节补油泵压力，并将多余的油液溢回油箱。

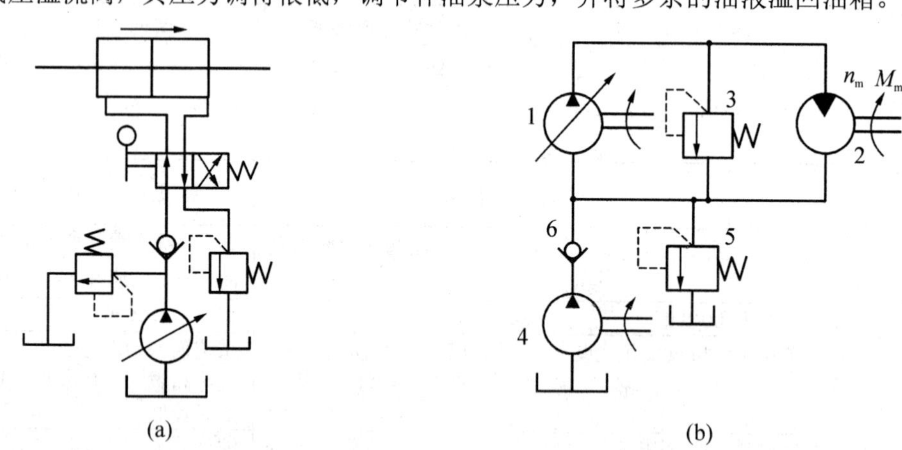

图 7.17　变量泵—定量马达组成的调速回路

1—变量泵；2—液压马达；3—主溢流阀；4—补油补助泵；5—低压溢流阀；6—单向阀

在图 7.17(a)所示的回路中，活塞的运动速度为

$$v=\frac{q_b}{A_1} \tag{7-5}$$

液压马达的转速为

$$n_m=\frac{q_b}{V_m} \tag{7-6}$$

式中：q_b——变量泵的输出流量；

V_m——定量马达的排量。

从式(7-6)可知，A_1、V_m为定值，只要调节q_b，就可调节进入液压缸或液压马达的流量，从而控制运动速度。由于变量泵可在很小的流量下运转，故可获得较低的工作速度，因此调速范围大。若不计系统损失，液压马达的输出转矩$T_m=\frac{p_bV_m}{2\pi}$(液压缸输出推力$F=p_bA_1$)，其中V_m为定值，p_b由安全阀调定。因此，在该调速回路中，液压马达(液压缸)能输出的转矩(推力)不变，故这种调速方法称为恒转矩(推力)调速。液压马达(液压缸)的输出功率等于变量泵的输入功率，因此，回路的输出功率是随液压马达的转速呈线性变化的。变量泵—定量液压马达回路的调速特性曲线如图 7.18 所示。

变量泵—定量马达所组成的容积调速回路为恒转矩输出，可正反向实现无级调速，调速范围较大。适用于调速范围较大、要求恒转矩输出的场合，如大型机床的主运动或进给系统。

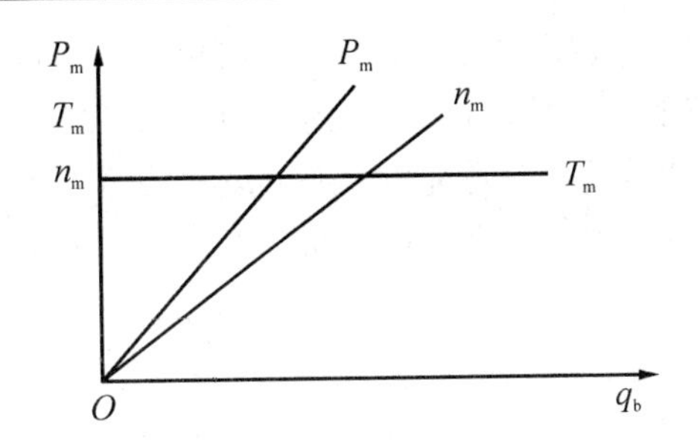

图7.18 变量泵—定量马达回路输出特性曲线

2) 定量泵—变量马达容积调速回路

该调速回路的组成如图7.19(a)所示。根据液压马达的转速$n_m = \dfrac{q_b}{V_m}$，因为q_b为定值，所以改变变量马达2的排量V_m，就可以改变马达的运动速度，实现无级调速。但变量马达的排量不能调得太小，若排量过小，会使输出转矩太小而不能带动负载，并且排量很小时转速很高，这时液压马达换向容易发生事故，故该回路调速范围较小。以上缺点限制了这种调速回路的广泛使用。若不计系统损失，液压马达的输出转矩$T_m = \dfrac{p_b V_m}{2\pi}$，其中$p_b$由安全阀调定为定值。因而在该调速回路中，液压马达能输出的转矩随马达排量的变化而变化。液压马达输出功率$P_m = p_b q_b$，所以回路的输出功率是不变的，故这种调速方法称为恒功率调速。该回路的调速特性曲线如图7.19(b)所示。

定量泵—变量马达容积调速回路，由于调速范围比较小(一般为3～4)，因而较少单独应用。

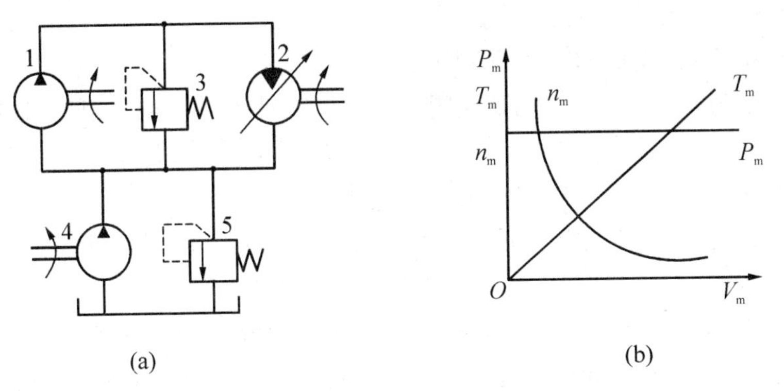

图7.19 定量泵—变量马达回路及输出特性曲线

3) 变量泵—变量马达容积调速回路

调速回路的组成如图7.20所示。图中双向变量泵1既可以改变流量大小，又可以改变供油方向，用以实现液压马达的调速和换向。2为双向变量马达，4是补油泵，单向阀6和8用以实现双向补油，单向阀7和9使安全阀3能在两个方向上起安全保护作用。这种回路实际上是上述两种回路的组合。由于液压泵和马达的排量都可改变，扩大了调速范围，也扩大了对马达转矩和功率输出特性的选择，即工作部件对转矩和功率的要求可通过对二者排量的适当调节来达到。例如，一般机械设备启动时，需较大转矩；高速时，要求有恒功率输出并以不同的转矩和转速组合进行工作。这时可分两步调节转速：第一步，把马达排量固定在最大值上(相当于定量马达)，从小到大调节泵的排量，使马达转速升高，此时属恒转矩调速；第二步，把泵的排量固定在调好的最大值上(相当于定量泵)，从大到小调节马达的排量，使马达转速进一步升高，达到所需要求，此时属于恒功率调速。其特性曲线如图 7.21 所示。

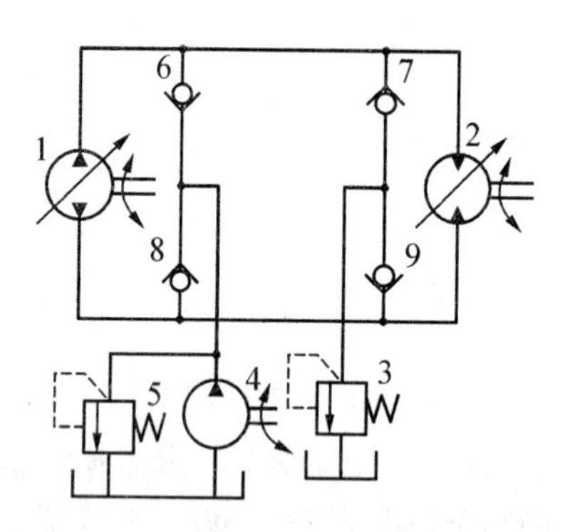

图 7.20　变量泵—变量马达调速回路

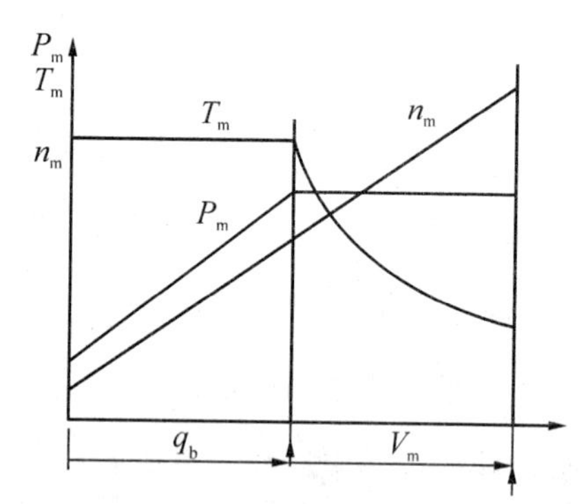

图 7.21　变量泵—变量马达调速回路特性曲线

变量泵—变量马达的容积调速回路是前述两种调速回路的组合，其调速特性也具有两者之特点。

3. 容积节流调速(联合调速)回路

容积节流调速回路的基本工作原理是采用压力补偿式变量泵供油、调速阀(或节流阀)调节进入液压缸的流量，并使泵的输出流量自动地与液压缸所需流量相适应。

常用的容积节流调速回路有：限压式变量泵与调速阀等组成的容积节流调速回路；变压式变量泵与节流阀等组成的容积调速回路。

图 7.22 所示为限压式变量泵与调速阀组成的调速回路工作原理和调速特性曲线图。在图示位置，活塞 4 快速向右运动，泵 1 按快速运动要求调节其输出流量 q_b，同时调节限压式变量泵的压力调节螺钉，使泵的限定压力 p_c 大于快速运动所需压力(图 7.22(b)中的 AB 段)。当换向阀 3 通电时，泵输出的压力油经调速阀 2 进入缸 4，其回油经背压阀 5 回油箱。调节调速阀 2 的流量 q_1 就可调节活塞的运动速度 v，由于 $q_1 < q_b$，压力油迫使泵的出口与调速阀进口之间的油压升高(即泵的供油压力升高)，泵的流量便自动减小到 $q_b \approx q_1$ 为止。

这种调速回路的运动稳定性、速度—负载特性、承载能力和调速范围均与采用调速阀的节流调速回路相同。图 7.22(b)所示为其调速特性曲线，由图可知，此回路只有节流损失而无溢流损失。

当不考虑回路中泵和管路的泄漏损失时，回路的效率为

$$\eta = [p_1 - p_2(\frac{A_2}{A_1})]\frac{q_1}{p_b q_1} = \frac{p_1}{p_b} - \frac{p_2 A_2}{p_b A_1} \tag{7-7}$$

式(7-7)表明：泵的输油压力 p_b 调得低一些，回路效率就可高一些，但为了保证调速阀的正常工作压差，泵的压力应比负载压力 p_1 至少大 5×10^5Pa。当此回路用于“死挡铁停留”、压力继电器发出信号实现快退时，泵的压力还应调高些，以保证压力继电器可靠地出信号，

故此时的实际工作特性曲线如图 7.22(b)中 $AB'C'$所示。此外，当 p_c 不变时，负载越小，p_1 便越小，回路效率越低。

限压式变量泵与调速阀等组成的容积节流调速回路，具有效率较高、调速较稳定、结构较简单等优点。目前已广泛应用于负载变化不大的中、小功率组合机床的液压系统中。

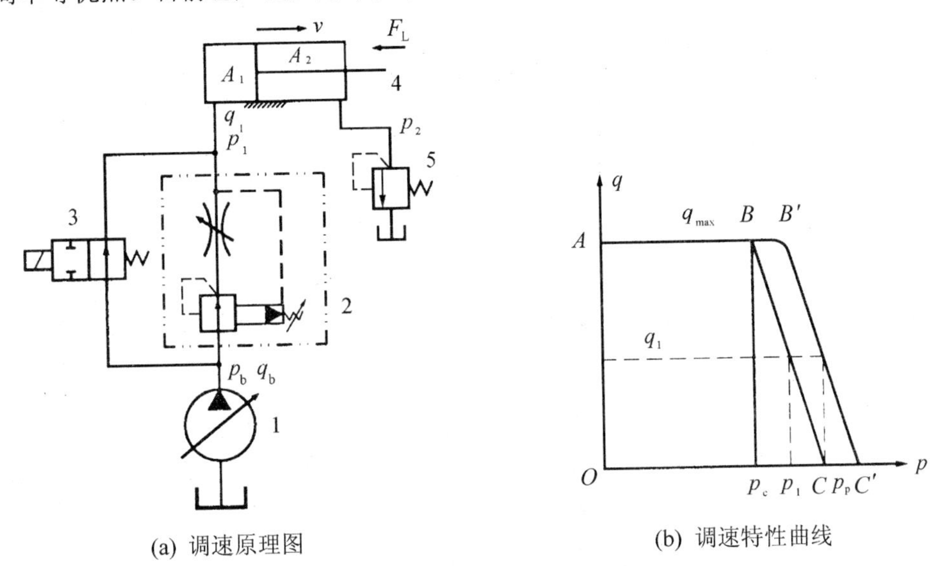

(a) 调速原理图　　(b) 调速特性曲线

图 7.22　限压式变量泵调速阀容积节流调速回路

综上所述，在调速回路的选用中应主要考虑以下几个问题：

(1) 负载小，且工作中负载变化也小的系统可采用节流阀节流调速；在工作中负载变化较大且要求低速稳定性好的系统，宜采用调速阀的节流调速或容积节流调速；负载大、运动速度高、油的温升要求小的系统，宜采用容积调速回路。

(2) 一般来说，功率在 3kW 以下的液压系统宜采用节流调速；功率在 3～5kW 范围内宜采用容积节流调速；功率在 5kW 以上的宜采用容积调速回路。

(3) 处于温度较高的环境下工作，且要求整个液压装置体积小、重量轻时，宜采用闭式回路的容积调速。

(4) 节流调速回路的成本低，功率损失大，效率也低；容积调速回路因变量泵、变量马达的结构较复杂，所以价钱高，但其效率高且功率损失小；而容积节流调速则介于两者之间。所以需综合分析选用哪种回路。

7.3.2　快速运动回路

为了提高生产效率，机床工作部件常常要求实现空行程(或空载)的快速运动，这时要求液压系统流量大而压力低。这与工作运动时流量较小和压力较高的情况正好相反。对快速运动回路的要求主要是在快速运动时，尽量减小液压泵输出的流量，或者在加大液压泵的输出流量后，但在工作运动时又不至于引起过多的能量消耗。以下介绍几种机床上常用的快速运动回路。

1. 差动连接回路

这是在不增加液压泵输出流量的情况下，来提高工作部件运动速度的一种快速回路，其实质是改变了液压缸的有效作用面积。

图 7.23 是用于快、慢速转换的，其中快速运动采用差动连接的回路。当换向阀 3 左端的电磁铁通电时，阀 3 左位进入系统，液压泵 1 输出的压力油和缸右腔的油经阀 3 左位、阀 5 下位(此时外控顺序阀 7 关闭)，进入液压缸 4 的左腔，实现了差动连接，使活塞快速向右运动。当快速运动结束，工作部件上的挡铁压下机动换向阀 5 时，泵的压力升高，阀 7 打开，液压缸 4 右腔的回油只能经调速阀 6 流回油箱，这时是工作进给。当换向阀 3 右端的电磁铁通电时，活塞向左快速退回(非差动连接)。采用差动连接的快速回路方法简单、较经济，但快、慢速度的切换不够平稳。必须注意，差动油路的换向阀和油管通道应按差动时的流量选择，不然流动液阻过大，会使液压泵的部分油从溢流阀流回油箱，速度减慢，甚至不起差动作用。

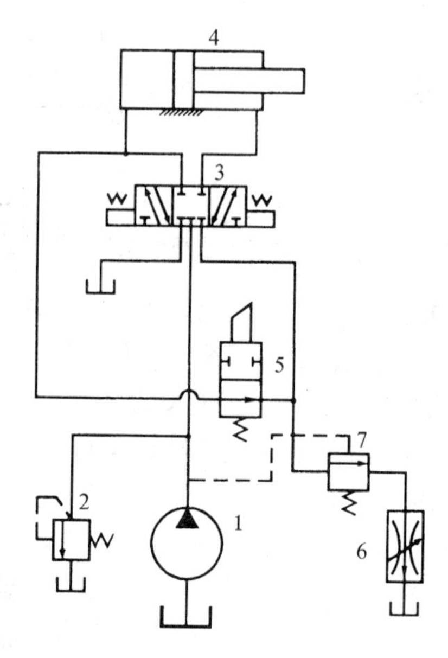

图 7.23　差动连接工作进给回路

2. 双泵供油的快速运动回路

这种回路是利用低压大流量泵和高压小流量泵并联为系统供油的，回路如图 7.24 所示。

图中 1 为高压小流量泵，用以实现工作进给运动。2 为低压大流量泵，用以实现快速运动。在快速运动时，液压泵 2 输出的油经单向阀 4 和液压泵 1 输出的油共同向系统供油。在工作进给时，系统压力升高，打开液控顺序阀(卸荷阀)3 使液压泵 2 卸荷，此时单向阀 4 关闭，由液压泵 1 单独向系统供油。溢流阀 5 控制液压泵 1 的供油压力，是根据系统所需最大工作压力来调节的。而卸荷阀 3 使液压泵 2 在快速运动时供油，在工作进给时则卸荷，因此它的调整压力应比快速运动时系统所需的压力要高，但比溢流阀 5 的调整压力低。

双泵供油回路功率利用合理、效率高，并且速度切换较平稳，在快、慢速度相差较大的机床中应用很广泛，缺点是要用一个双联泵，油路系统也稍复杂。

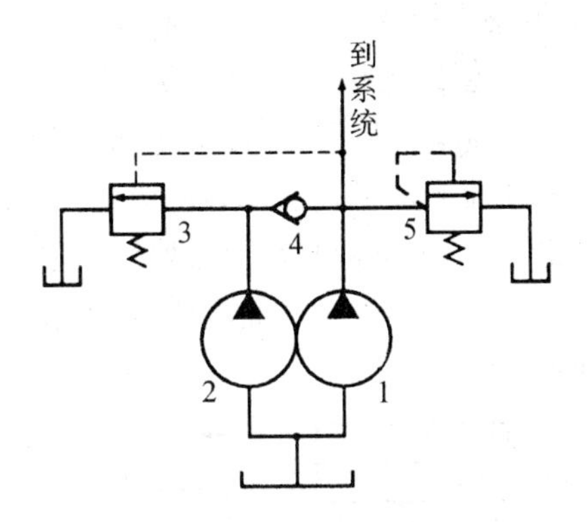

图 7.24　双泵供油回路

此外，还有采用蓄能器的增速运动回路，这种回路的特点，是当系统在短时期需要较大的流量时，蓄能器便与液压泵共同向液压缸供油，从而使液压缸速度加快。但由于蓄能器的储量有限，所以它只能向系统作短时期的供油。

7.3.3　速度切换回路

速度切换回路用来实现运动速度的变换，即在原来设计或调节好的几种运动速度中，从一种速度切换成另一种速度。对这种回路的要求是速度切换平稳，即不允许在速度变换的过程中有前冲(速度突然增加)现象。下面介绍几种回路的切换方法及特点。

1. 快速运动和工作进给运动的切换回路

图 7.25 是用单向行程节流阀切换快速运动(简称快进)和工作进给运动(简称工进)的速度切换回路。在图示位置液压缸 3 右腔的回油可经行程阀 4 和换向阀 2 流回油箱，使活塞快速向右运动。当快速运动到达所需位置时，活塞上挡块压下行程阀 4，将其通路关闭，这时液压缸 3 右腔的回油就必须经过节流阀 6 流回油箱，活塞的运动转换为工作进给运动(简称工进)。当操纵换向阀 2 使活塞换向后，压力油可经换向阀 2 和单向阀 5 进入液压缸 3 右腔，使活塞快速向左退回。

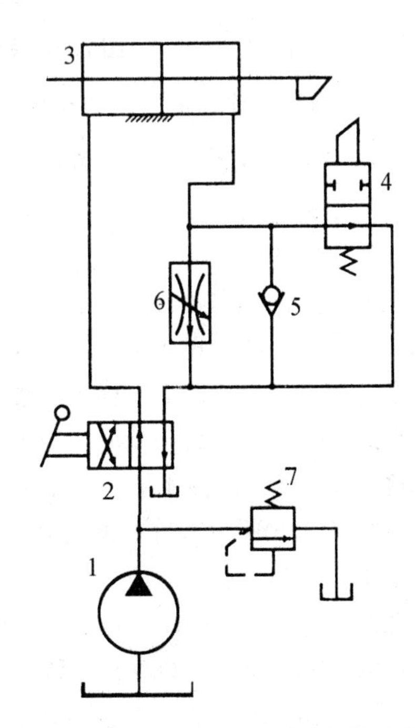

图 7.25　用行程节流阀的速度切换回路

在这种速度切换回路中，因为行程阀的通油路是由液压缸活塞的行程控制阀芯移动而逐渐关闭的，所以切换时的位置精度高，冲出量小，运动速度的变换也比较平稳。这种回路在机床液压系统中应用较多，它的缺点是行程阀的安装位置受一定限制(要由挡铁压下)，所以有时管路连接稍复杂。行程阀也可以用电磁换向阀来代替，这时电磁阀的安装位置不受限制(挡铁只需要压下行程开关)，但其切换精度及速度变换的平稳性较差。

图 7.26 是利用液压缸本身的管路连接实现的速度切换回路。在图示位置时，活塞快速向右移动，液压缸右腔的回油经油路 1 和换向阀流回油箱。当活塞运动到将油路 1 封闭后，液压缸右腔的回油需经调速阀 3 流回油箱，活塞则由快速运动变换为工作进给运动。

这种速度切换回路方法简单，切换较可靠，但速度切换的位置不能调整，工作行程也不能过长，以免活塞过宽，所以仅适用于工作情况固定的场合。这种回路也常用作活塞运动到达端部时的缓冲制动回路。

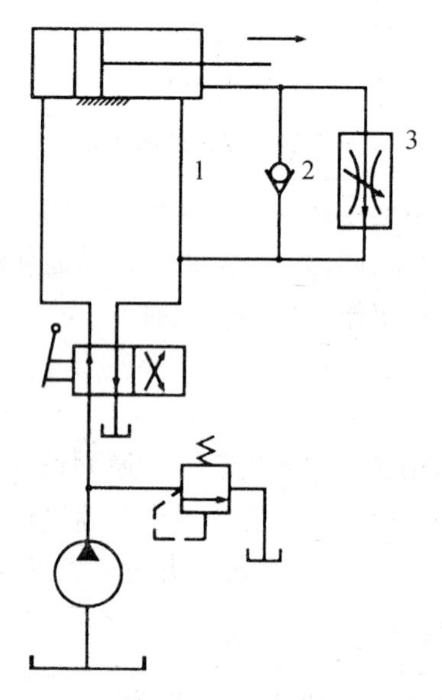

图 7.26　利用液压缸自身结构的速度切换回路

2. 两种工作进给速度的切换回路

对于某些自动机床、注塑机等，需要在自动工作循环中变换两种以上的工作进给速度，这时需要采用两种(或多种)工作进给速度的切换回路。图 7.27 是两个调速阀并联以实现两种工作进给速度切换的回路。在图 7.27(a)中，液压泵输出的压力油经调速阀 3 和电磁阀 5 进入液压缸。当需要第二种工作进给速度时，电磁阀 5 通电，其右位接入回路，液压泵输出的压力油经调速阀 4 和电磁阀 5 进入液压缸。这种回路中两个调速阀的节流口可以单独调节，互不影响，即第一种工作进给速度和第二种工作进给速度互相之间不受限制。但一个调速阀工作时，另一个调速阀中没有油液通过，它的减压阀则处于完全打开的位置，在速度切换开始的瞬间不能起减压作用，容易出现部件突然前冲的现象。

图 7.27(b)所示为另一种调速阀并联的速度切换回路。在这个回路中，两个调速阀始终处于工作状态，在由一种工作进给速度切换为另一种工作进给速度时，不会出现工作部件突然前冲的现象，因而工作可靠。但是液压系统在工作中总有一定量的油液通过不起调速作用的那个调速阀流回油箱，造成能量损失，使系统发热。

图 7.28 所示为两个调速阀串联的速度切换回路。图中液压泵输出的压力油经调速阀 3

和电磁阀5进入液压缸，这时的流量由调速阀3控制。当需要第二种工作进给速度时，阀5通电，其右位接入回路，则液压泵输出的压力油先经调速阀3，再经调速阀4进入液压缸，这时的流量应由调速阀4控制。所以回路中调速阀4的节流口应调得比调速阀3小，否则调速阀4 速度切换回路将不起作用。这种回路在工作时调速阀3一直工作，它限制着进入液压缸或调速阀4的流量，因此在速度切换时不会使液压缸产生前冲现象，切换平稳性较好。在调速阀4工作时，油液需经两个调速阀，故能量损失较大，系统发热也较大，但却比图7.27(b)所示的回路要小。

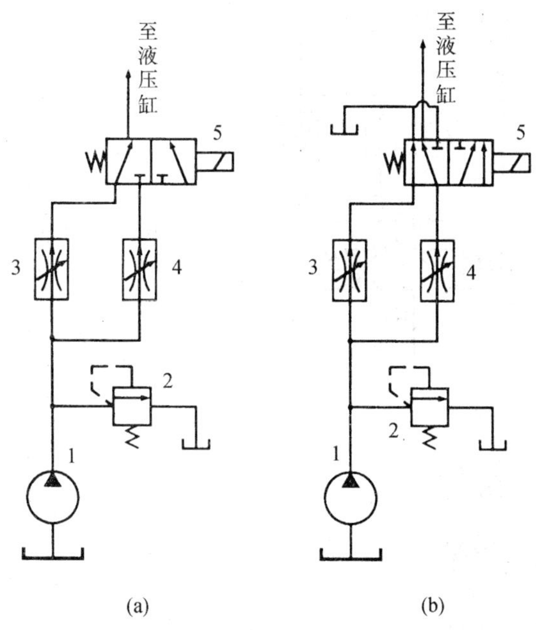

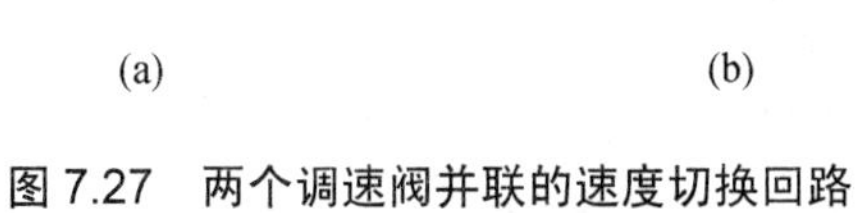

图7.27 两个调速阀并联的速度切换回路

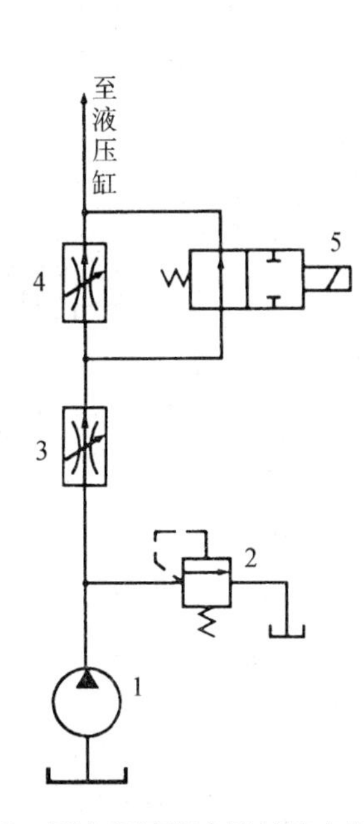

图7.28 两个调速阀串联的速度切换回路

7.4 多缸动作回路

7.4.1 顺序动作回路

在多缸液压系统中，往往需要按照一定的要求顺序动作。例如，自动车床中刀架的纵、横向运动，夹紧机构的定位和夹紧等。

顺序动作回路按其控制方式不同，可分为压力控制、行程控制和时间控制3类，其中前两类用得较多。

1. 用压力控制的顺序动作回路

压力控制就是利用油路本身的压力变化来控制液压缸的先后动作顺序，它主要利用压力继电器和顺序阀来控制顺序动作。

(1) 用压力继电器控制的顺序动作回路。图7.29所示为机床的夹紧、进给系统，要求的动作顺序是：先将工件夹紧，然后动力滑台进行切削加工，动作循环开始时，二位四通电磁阀处于图示位置，液压泵输出的压力油进入夹紧缸的右腔，左腔回油，活塞向左移动，将工件夹紧。夹紧后，液压缸右腔的压力升高，当油压超过压力继电器的调定值时，压力继电器发出信号，指令电磁阀的电磁铁 2DT、4DT 通电，进给液压缸动作(其动作原理详见速度换接回路)。油路中要求先夹紧后进给，工件没有夹紧则不能进给，这一严格的顺序是由压力继电器保证的。压力继电器的调整压力应比减压阀的调整压力低 3×10^5～5×10^5Pa。

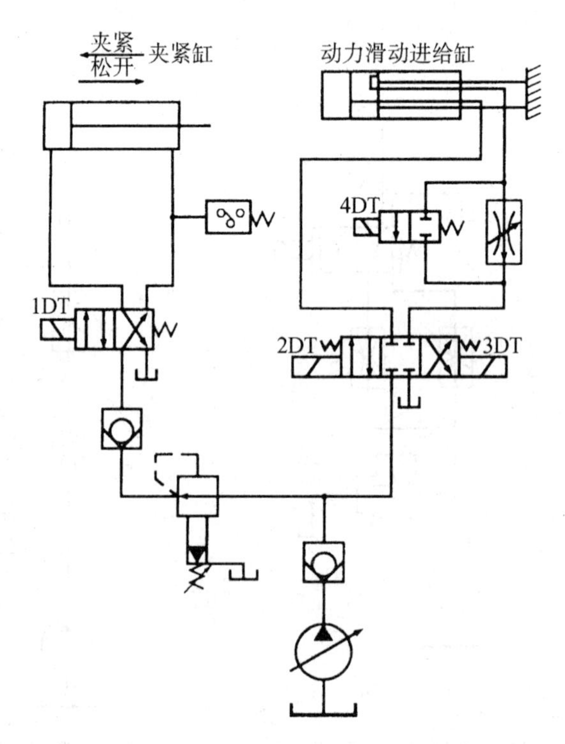

图 7.29　压力继电器控制的顺序动作回路

(2) 用顺序阀控制的顺序动作回路。图 7.30 所示为采用两个单向顺序阀的压力控制顺序动作回路。其中单向顺序阀 4 控制两液压缸前进时的先后顺序，单向顺序阀 3 控制两液压缸后退时的先后顺序。当电磁换向阀通电时，压力油进入液压缸 1 的左腔，右腔油液经阀 3 中的单向阀回油箱，此时由于压力较低，顺序阀 4 关闭，缸 1 的活塞先动。当液压缸 1 的活塞运动至终点时，油压升高，达到单向顺序阀 4 的调定压力时，顺序阀开启，压力油进入液压缸 2 的左腔，右腔油液直接回油箱，缸 2 的活塞向右移动。当液压缸 2 的活塞右移达到终点后，电磁换向阀断电复位，此时压力油进入液压缸 2 的右腔，左腔油液经阀 4 中的单向阀回油箱，使缸 2 的活塞向左返回，到达终点时，压力油升高，打开顺序阀 3 再使液压缸 1 的活塞返回。

这种顺序动作回路的可靠性，在很大程度上取决于顺序阀的性能及其压力调整值。顺序阀的调整压力应比先动作的液压缸的工作压力高 8×10^5～10×10^5Pa，以免在系统压力波动时，发生误动作。

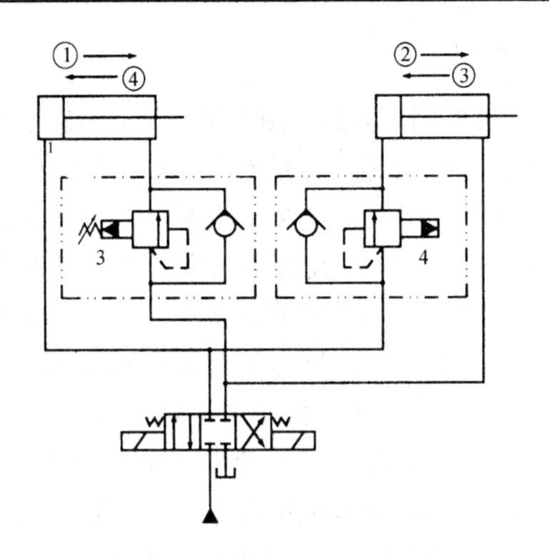

图 7.30　顺序阀控制的顺序回路

2. 用行程控制的顺序动作回路

行程控制顺序动作回路利用工作部件到达一定位置时，发出信号来控制液压缸的先后动作顺序，它可以利用行程开关、行程阀或顺序缸来实现。

图 7.31 所示为利用电气行程开关发出信号来控制电磁阀先后换向的顺序动作回路。其动作顺序是：按启动按钮，电磁铁 1DT 通电，缸 1 活塞右行；当挡铁触动行程开关 2XK，使 2DT 通电，缸 2 活塞右行；缸 2 活塞右行至行程终点时，触动 3XK 时，使 1DT 断电，缸 1 活塞左行；而后触动 1XK，使 2DT 断电，缸 2 活塞左行。至此完成了缸 1、缸 2 的全部顺序动作的自动循环。采用电气行程开关控制的顺序回路，调整行程大小和改变动作顺序均很方便，且可利用电气互锁使动作顺序可靠。

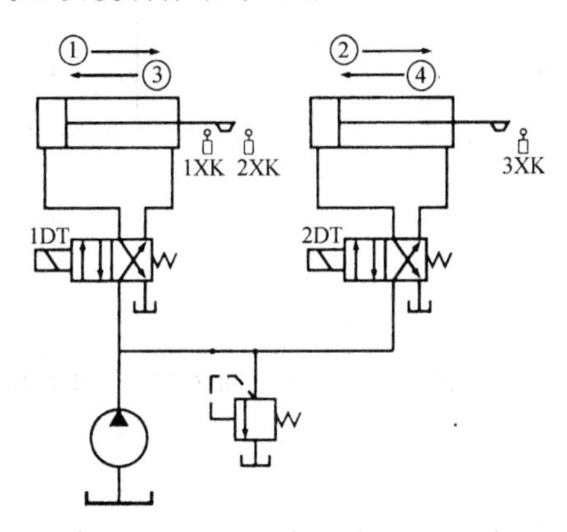

图 7.31　行程开关控制的顺序动作回路

7.4.2　同步回路

使两个或两个以上的液压缸，在运动中保持相同位移或相同速度的回路称为同步回路。在一泵多缸的系统中，尽管液压缸的有效工作面积相等，但是由于运动中所受负载不均衡，摩擦阻力也不相等，以及泄漏量的不同和制造上的误差等，不能使液压缸同步动作。同步回路的作用就是为了克服这些影响，补偿它们在流量上所造成的变化。

1. 串联液压缸的同步回路

图 7.32 所示为串联液压缸的同步回路。图中第一个液压缸回油腔排出的油液，被送入第二个液压缸的进油腔。如果串联油腔活塞的有效面积相等，便可实现同步运动。这种回路两缸能承受不同的负载，但泵的供油压力要大于两缸工作压力之和。

由于泄漏和制造误差影响了串联液压缸的同步精度，当活塞往复多次后，会产生严重的失调现象，为此要采取补偿措施。图 7.33 所示为两个单作用缸串联，并带有补偿装置的同步回路。为了达到同步运动，缸 1 有杆腔 A 的有效面积应与缸 2 无杆腔 B 的有效面积相等。在活塞下行的过程中，如果液压缸 1 的活塞先运动到底，触动行程开关 1XK 发出信号，使电磁铁 1DT 通电，此时压力油便经过二位三通电磁阀 3、液控单向阀 5，向液压缸 2 的 B 腔补油，使缸 2 的活塞继续运动到底。如果液压缸 2 的活塞先运动到底，触动行程开关 2XK，使电磁铁 2DT 通电，此时压力油便经二位三通电磁阀 4 进入液控单向阀的控制油口，液控单向阀 5 反向导通，使缸 1 能通过液控单向阀 5 和二位三通电磁阀 3 回油，使缸 1 的活塞继续运动到底，对失调现象进行补偿。

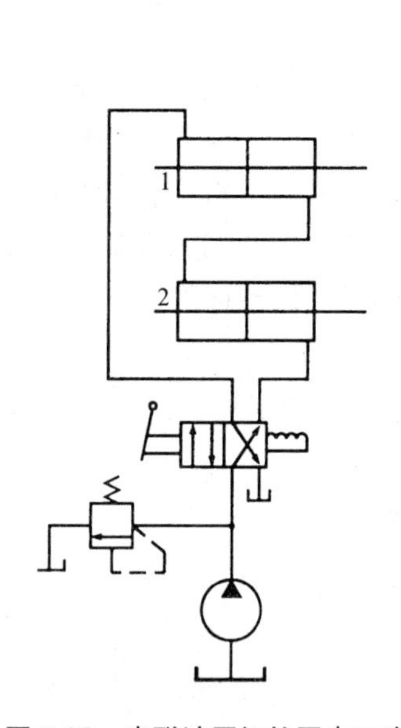

图 7.32　串联液压缸的同步回路

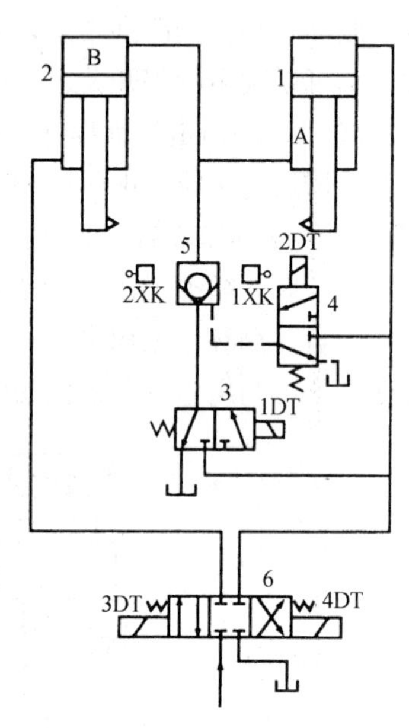

图 7.33　采用补偿措施的串联液压缸同步回路

2. 流量控制式同步回路

(1) 用调速阀控制的同步回路。图 7.34 所示为两个并联的液压缸，分别用调速阀控制的同步回路。两个调速阀分别调节两缸活塞的运动速度，当两缸有效面积相等时，则流量也调整得相同；若两缸面积不等时，则改变调速阀的流量也能达到同步运动。

用调速阀控制的同步回路结构简单，并且可以调速，但是由于受到油温变化以及调速阀性能差异等影响，同步精度较低，一般在 5%～7%之间。

(2) 用电液比例调速阀控制的同步回路。图 7.35 所示为用电液比例调速阀实现同步运动的回路。回路中使用了一个普通调速阀 1 和一个比例调速阀 2，它们装在由多个单向阀组成的桥式回路中，并分别控制着液压缸 3 和 4 的运动。当两个活塞出现位置误差时，检测装置就会发出信号，调节比例调速阀的开度，使缸 4 的活塞跟上缸 3 活塞的运动而实现同步。

这种回路的同步精度较高，位置精度可达 0.5mm，已能满足大多数工作部件所要求的同步精度。比例阀的性能虽然比不上伺服阀，但费用低，系统对环境适应性强，因此用它来实现同步控制被认为是一个新的发展方向。

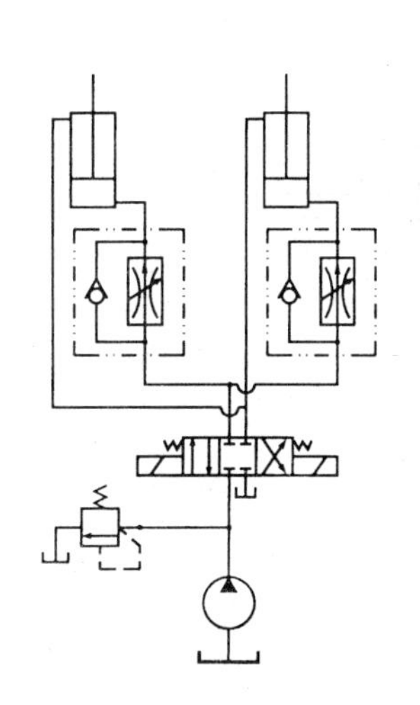

图 7.34　调速阀控制的同步回路

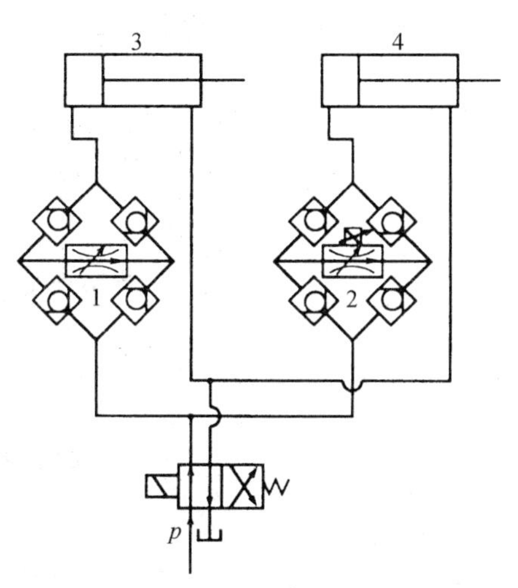

图 7.35　电液比例调速阀控制的同步回路

7.4.3　多缸快慢速互不干涉回路

在一泵多缸的液压系统中，往往其中一个液压缸快速运动时，会造成系统的压力下降，影响其他液压缸工作进给的稳定性。因此，在工作进给要求比较稳定的多缸液压系统中，必须采用快慢速互不干涉回路。

在图 7.36 所示的回路中，各液压缸分别要完成快进、工作进给和快速退回的自动循环。回路采用双泵的供油系统，泵 1 为高压小流量泵，供给各缸工作进给所需的压力油；泵 2 为低压大流量泵，为各缸快进或快退时输送低压油，它们的压力分别由溢流阀 3 和 4 调定。

当开始工作时，电磁阀 1DT、2DT 和 3DT、4DT 同时通电，液压泵 2 输出的压力油经单向阀 6 和 8 进入液压缸的左腔，此时两泵供油使各活塞快速前进。当电磁铁 3DT、4DT 断电后，由快进转换成工作进给，单向阀 6 和 8 关闭，工进所需压力油由液压泵 1 供给。如果其中某一液压缸(例如缸 A)先转换成快速退回，即换向阀 9 失电换向，泵 2 输出的油液经单向阀 6、换向阀 9 和阀 11 的单向元件进入液压缸 A 的右腔，左腔经换向阀回油，使活塞快速退回。

而其他液压缸仍由泵 1 供油，继续进行工作进给。这时，调速阀 5(或 7)使泵 1 仍然保持溢流阀 3 的调整压力，不受快退的影响，防止了相互干扰。在回路中调速阀 5 和 7 的调整流量应适当大于单向调速阀 11 和 13 的调整流量，这样，工作进给的速度由阀 11 和 13 来决定，这种回路可以用在具有多个工作部件各自分别运动的机床液压系统中。换向阀 10 用来控制 B 缸换向，换向阀 12、14 分别控制 A、B 缸的快速进给。

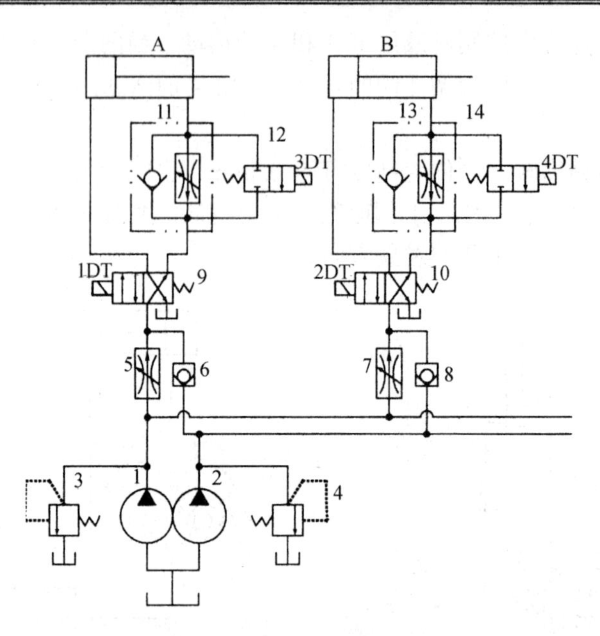

图 7.36　互不干涉回路

本章小结

(1) 液压基本回路是由液压元件组成，能够完成某种规定功能的油路单元。液压系统是由若干个基本回路组成。

(2) 方向控制回路包括换向回路和锁紧回路；压力控制回路包括调压回路、减压回路、增压回路、保压回路、卸荷回路、平衡回路；速度控制回路包括调速回路和快速运动回路；回路的工作原理、功能和各元件的作用是分析液压系统的基础。

习　　题

7-1　试比较节流调速、容积调速、容积节流调速回路的特点，并说明其各应用在什么场合。

7-2　使用蓄能器的快速运动回路是怎样工作的？用这种回路时应注意哪些问题。

7-3　由变量泵和定量马达组成的调速回路，变量泵的排量可在 0～50cm^3/r 范围内改变，泵转速为 1000r/min，马达排量为 50cm^3/r，安全阀调定压力为 10MPa，泵和马达的机械效率都是 0.85，在压力为 10MPa 时，泵和马达泄漏量均是 1L/min，求：

(1) 液压马达的最高和最低转速。

(2) 液压马达的最大输出转矩。

(3) 液压马达最高输出功率。

(4) 计算系统在最高转速下的总效率。

7-4　如图 7.37 所示回路，顺序阀和溢流阀的调定压力分别为 3.0MPa 与 5.0MPa。问在下列情况下，A、B 两处的压力各等于多少？

(1) 液压缸运动时，负载压力为 4.0MPa。

(2) 液压缸运动时，负载压力为 1.0MPa。

(3) 活塞碰到缸盖时。

7-5　试说明图 7.38 所示容积调速回路中单向阀 A 和 B 的功用(提示：从液压缸的进出流量大小不同考虑)。

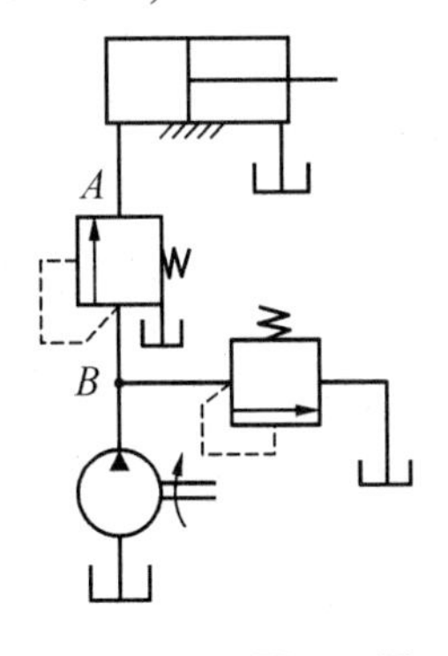

图 7.37　习题 7-4 图

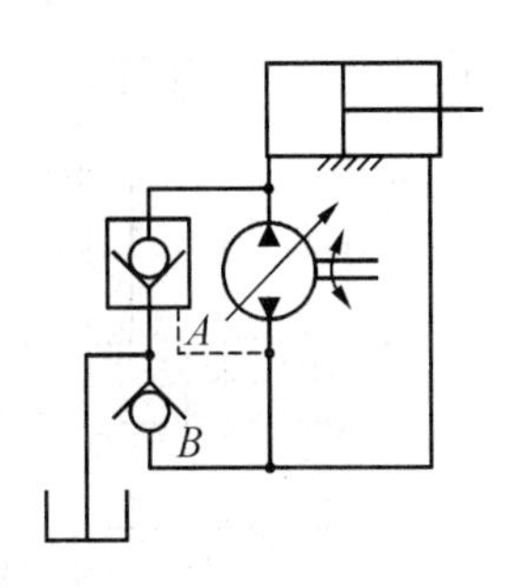

图 7.38　习题 7-5 图

7-6　图 7.39 所示回路能否实现“缸 1 先夹紧工件后，缸 2 再移动”的要求？为什么？夹紧缸的速度能否调节？为什么？

7-7　图 7.40 所示的回路中，已知油泵的参数为：排量为 V =120mL/r，转速为 n=1000r/min，容积效率为 η_V=0.95。马达的排量为 V_m=160mL/r，容积效率为 η_V=0.95，机械效率为 η_m=0.8，马达负载转矩为 T_m=16N·m。节流阀阀口为薄壁口，其开口面积为 A_0= 0.2 $\times10^{-4}$cm^2，流量系数为可 K=0.62，油的密度为 ρ= 900 kg/m^3。溢流阀的调整压力为 p=28 $\times10^5$Pa。试求：

(1) 马达的工作压力。

(2) 马达的供油流量。

(3) 马达的转速。

(4) 溢流阀的溢流量。

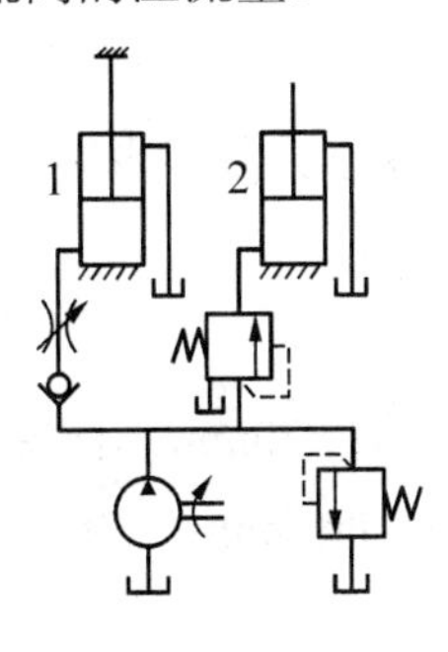

图 7.39　习题 7-6 图

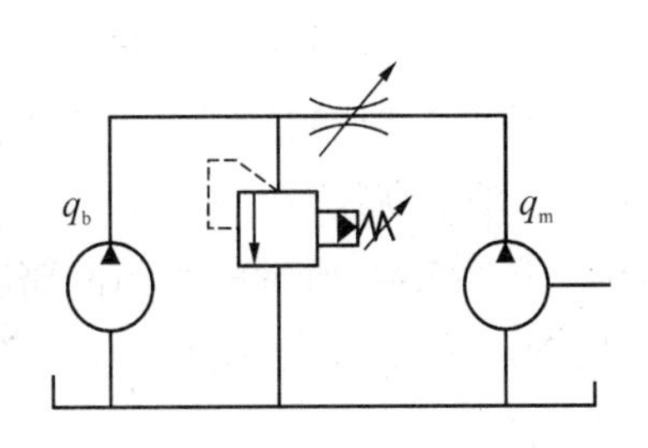

图 7.40　习题 7-7 图

7-8　液压锁紧回路中，为什么要采用 H 型中位机能的三位换向阀？如果换成 M 型中位机能的换向阀，会有什么情况出现？

7-9　图 7.41 所示串联液压同步回路中，为什么要采用液动单向阀？如果换成普通单向阀怎么样？三位四通换向阀 3 为什么要采用 Y 型中位机能？如果将它换成 O 型中位机能会怎么样？

7-10　在变量泵—变量马达的容积调整回路中，应按什么顺序进行调速？为什么？

7-11　如图 7.42 所示的差动连接回路，回答下列问题：

(1) 为什么两腔同时接通压力油时会实现快速前进？

(2) 快进时，小腔和大腔的油压哪一个高？

(3) 差动连接快速前进时，其推动力如何计算？

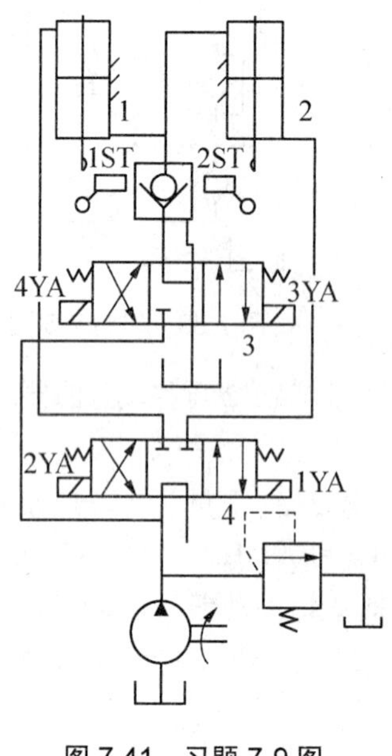

图 7.41　习题 7-9 图

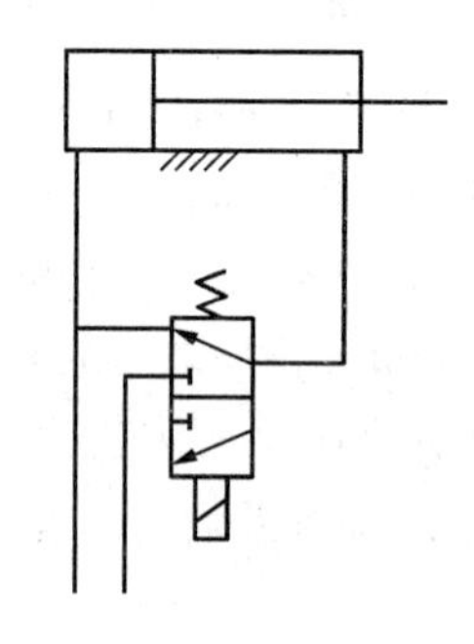

图 7.42　习题 7-11 图

7-12　快、慢速换接回路有哪几种形式？各有何优缺点？

7-13　在如图 7.43 所示的调速阀节流调速回路中，已知 q_b =25L/min，A_1=100×10^{-4}m^2，A_2 =50×10^{-4}m^2，F_L 由零增到 30000N 时活塞向右移动速度基本无变化，v =0.2m/min，若调速阀要求的最小压差为 Δp_{min} =0.5MPa，试求：

(1) 不计调压偏差时溢流阀调整压力 p_b 是多少？泵的工作压力是多少？

(2) 液压缸可能达到的最高工作压力是多少？

(3) 回路的最高效率为多少？

7-14　在图7.44 所示的平衡回路中，已知 D =100mm，d =70mm，活塞及负载总重 G =16×10^{3}N，提升时要求在 0.1s 内均匀达到稳定上升速度 v =6m/min，试确定溢流阀和顺序阀的调定压力。

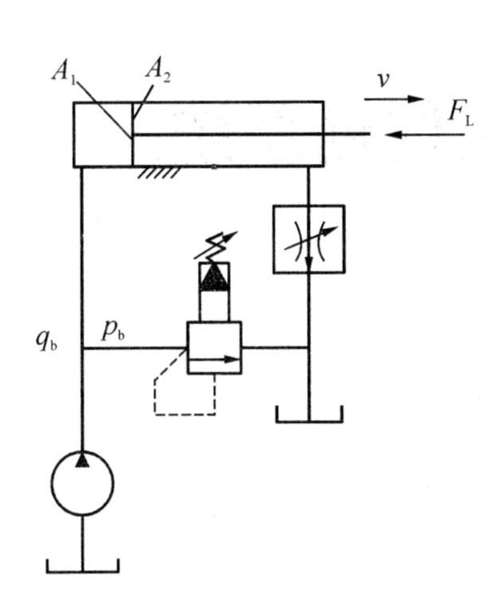

图 7.43 习题 7-13 图

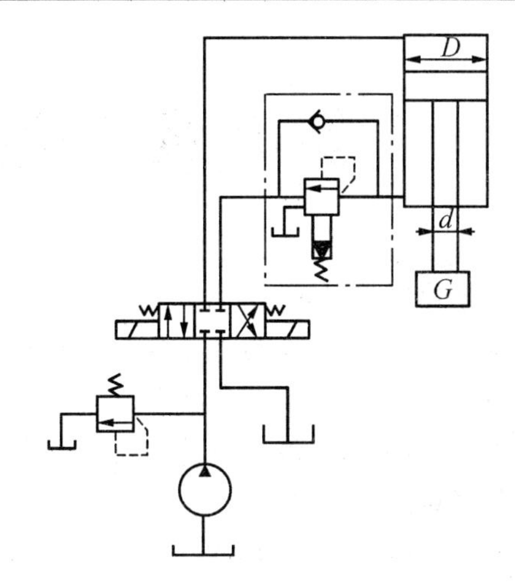

图 7.44 习题 7-14 图

第 8 章　典型液压传动系统

教学目标与要求：

- 掌握组合机床动力滑台液压系统的工作原理和特点
- 掌握万能外圆磨床液压系统的工作原理和特点
- 了解机械手液压传动系统的工作原理

教学重点：

- YT4543 型动力滑台液压系统的工作原理
- M1432A 型万能外圆磨床的工作原理和特性

教学难点：

- M1432A 型万能外圆磨床的工作原理和特性
- 机械手液压传动系统的工作原理

机器或设备中的液压传动部分称为液压传动系统。本章介绍的典型液压传动系统是在现有的液压设备中，选出的几个具有代表性的液压传动系统。在明确机械设备工作要求的前提下，了解并掌握液压传动的实现过程，即掌握几种典型液压系统的工作原理。然后，通过对典型液压传动系统的学习和分析，掌握阅读液压传动系统图的方法，为分析和设计液压传动系统打下必要的基础。分析、阅读液压传动系统图的步骤和方法如下：

(1) 了解设备的用途及对液压传动系统的要求。

(2) 了解各执行元件的工作循环过程及所含元件的类型、规格、性能、功用和各元件之间的关系。

(3) 对与每一执行元件有关的泵、阀所组成的子系统进行分析，掌握系统中所包含的基本回路，并能参照动作顺序表，针对各执行元件的动作要求分析读懂子系统。

(4) 按照液压传动系统中各执行元件的互锁、同步和防干扰等要求，分析各子系统之间的联系，并进一步读懂这些要求在系统中是如何实现的。

(5) 全面读懂系统，并归纳总结整个系统的特点，以加深对系统的理解。

8.1　组合机床动力滑台液压系统

组合机床是适用于加工大批量零件的一种高效、专用、自动化程度较高的金属切削机床。动力滑台则是组合机床用来实现进给运动的通用部件，根据加工工艺要求，可在滑台台面上装置动力箱、多轴箱及各种专用切削头等动力部件，用以完成钻、扩、铰、镗和攻丝等加工工序以及各种复杂的进给工作循环。

动力滑台有机械和液压两类。由于液压动力滑台的机械结构简单，配上电器后易于实现进给运动的自动工作循环，同时又便于对工进速度进行调节，因此得到了广泛应用。

8.1.1　液压系统的工作原理

现以 YT4543 型动力滑台为例来分析其液压系统。该滑台的工作压力为 4～5MPa，最大进给力为 4.5×10^4 N，进给工作速度范围为 6.6～660 mm/min。该系统由限压式变量叶片泵、单杆活塞液压缸及液压元件等组成，在机、电、液的联合控制下实现的工作循环是：快进→一工进→二工进→死挡铁停留→快退→原位停止。表 8-1 给出了行程阀的动作顺序。动力滑台对液压系统的要求是速度换接平稳，进给速度可调且稳定，功率利用合理，系统效率高、发热少。其工作过程如下

表 8-1　电磁铁动作顺序表

动作顺序	1YA	2YA	3YA
快进	+	−	−
一工进	+	−	−
二工进	+	−	+
死挡铁停留	+	−	+
快退	−	+	−
原位停止	−	−	−

1. 快进

如图 8.1 所示，按下启动按钮，电磁铁 1YA 得电，电液换向阀 6 的先导阀阀芯向右移动引起主阀芯向右移，使其左位接入系统，形成差动连接。

主油路如下。

进油路：泵 1→单向阀 2→换向阀 6 左位→行程阀 11 下位→液压缸左腔。

回油路：液压缸的右腔→换向阀 6 左位→单向阀 5→行程阀 11 下位→液压缸左腔。

2. 第一次工作进给(简称一工进)

当滑台快速运动到预定位置时，滑台上的行程挡块压下了行程阀 11 的阀芯，切断了该通道，此时压力油经调速阀 7 进入液压缸的左腔。系统压力升高，打开液控顺序阀 4，由于单向阀 5 的上部压力大于下部压力，则单向阀 5 关闭，使液压缸的差动回路切断，回油经液控顺序阀 4 和背压阀 3 流回油箱，使滑台转换为第一次工作进给。其主油路如下。

进油路：泵 1→单向阀 2→换向阀 6 左位→调速阀 7→换向阀 12 右位→液压缸左腔。

回油路：液压缸右腔→换向阀 6 左位→顺序阀 4→背压阀 3→油箱。

工作进给时，由于系统压力升高，使变量泵 1 的输油量自动减小，以适应工作进给的需要。其中，进给量大小由调速阀 7 来调节。

3. 第二次工作进给(简称二工进)

第一次工进结束后，行程挡块压下行程开关，使 3YA 通电，二位二通换向阀切断通路，进油经调速阀 7 和调速阀 8 进入液压缸，此时由于调速阀 8 的开口量小于调速阀 7 的开口量，则进给速度再次降低，其他油路情况同第一次工作进给。

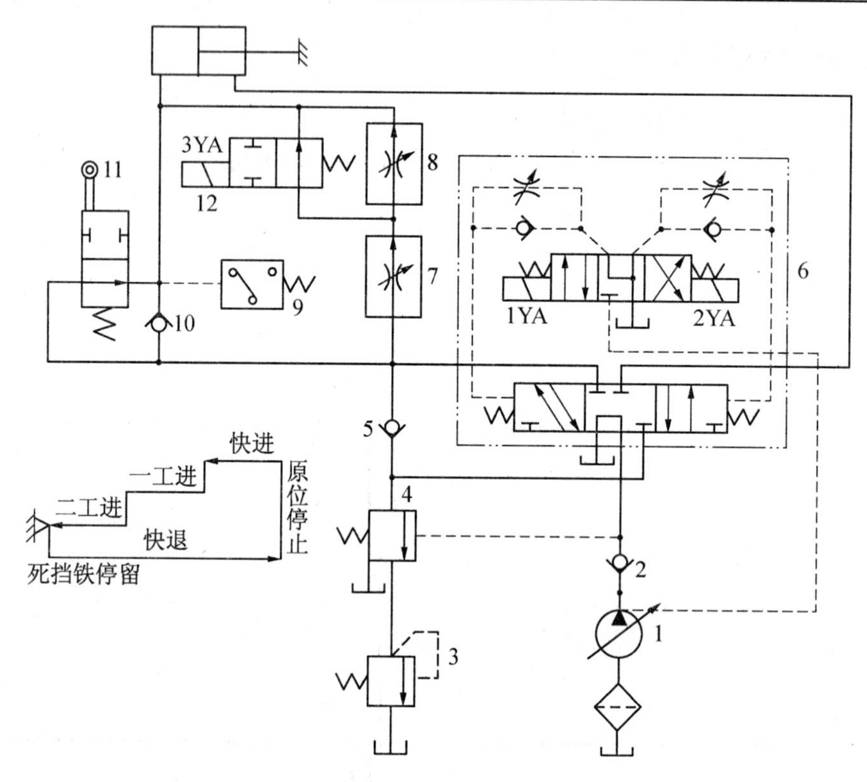

图 8.1　YT4543 型动力滑台液压系统原理图

4. 死挡铁停留

当滑台工作进给运动结束后，碰上死挡铁的滑台不再前进，停留在死挡铁处，此时系统压力继续升高，当压力达到压力继电器 9 的调整值时，压力继电器动作，经过时间继电器的延时，发出信号使滑台返回。滑台的停留时间可由时间继电器调整。

5. 快退

时间继电器经延时发出信号，使 2YA 通电，1YA、3YA 断电，其主油路如下。

进油路：泵 1→单向阀 2→换向阀 6 右位→液压缸右腔。

回油路：液压缸左腔→单向阀 10→换向阀 6 右位→油箱。

6. 原位停止

当滑台退回原位时，行程挡块压下行程开关，发出信号，2YA 断电，使换向阀 6 又处于中位，液压缸失去液压动力源，滑台停止运动。液压泵输出的油液经换向阀 6 直接回到油箱，泵卸荷。该系统的各电磁铁及行程阀动作见表 8-1。

8.1.2　系统特点

该动力滑台液压系统主要有以下特点：

(1) 采用了限压式变量叶片泵和调速阀组成的容积节流调速回路，并在回路中设置了背压阀。这样既能保证系统调速范围大、低速稳定性好的要求，又使回路无溢流损失，系统效率较高。

(2) 采用限压式变量叶片泵和油缸差动连接实现快进，工进时断开油缸差动连接，这样既能得到较高的快进速度，又保证了系统的效率不致过低。动力滑台调速范围大($R \approx 100$)，而泵的流量能自动调整，在快速行程中输出最大流量，工进时输出液压缸所需要的流量，死挡铁停留时只输出补偿系统泄漏所需的流量，使系统无溢流功率损失，提高系统的效率。

(3) 通过采用行程阀和液控顺序阀使系统由快进转换为工进，简化了机床电路，使转换动作平稳可靠，转换的位置精度提高。由于滑台的运动速度比较低，采用安装方便的电磁换向阀，保证了两种工进速度的转换精度要求。

(4) 采用三位五通及中位为 M 型机能的电液换向阀，提高了滑台换向平稳性，并且滑台在原位停止时，使液压泵处于卸荷状态，减少功率消耗。采用五通换向阀，使回路形成差动连接，简化了回路。

8.2 万能外圆磨床液压系统

M1432A 型万能外圆磨床是工业生产中应用十分广泛的一种精加工机床。主要用于磨削零件的各种圆柱表面、圆锥表面和阶梯轴肩等，还可以利用内圆磨头附件磨削内圆和内锥孔表面等。该机床磨削外圆时最大磨削直径为 320mm，磨削最大长度有 1000mm、1500mm、2000mm 三种；磨削内圆时，最大磨削直径为 100mm。表面粗糙度 R_a 可达 $0.63 \sim 0.16$。万能外圆磨床通过砂轮旋转、工件旋转、工作台的直线往复运动，砂轮架的周期切入运动，砂轮架的快速进退和尾座顶尖的伸缩等辅助运动或动作完成上述加工。根据磨削工艺的特点，其中工作台往复运动性能对磨削零件加工精度影响最大。通常工作台的往复运动应满足以下要求：

(1) 工作台运动速度可在 0.05～4m/min 范围内实现无级调速，运动平稳，且低速运动时无爬行。对高精度的外圆磨床在修整砂轮时速度要达到 10～30m/min 的最低稳定速度。

(2) 工作台在工作速度范围内可完成自动换向，而且换向时平稳无冲击，启动、停止迅速。

(3) 换向精度高，在同一速度下，换向点变动量(同速换向精度)应不大于 0.02mm。速度由最小增至最大时，换向点变动量(异速换向精度)不大于 0.2mm。

(4) 磨削时砂轮通常在工件的两端不越出工件，为避免工件两端因磨削时间较短而引起外圆尺寸偏大(磨削内孔时尺寸偏小)，则换向前工作台可在两端停留，其停留时间在 0～5s 内可调。

(5) 在切入磨削时，工作台能实现高频(100～500 次/min)短行程(1～3mm)换向，通常称为抖动，以提高磨削表面质量和磨削效率，并使砂轮磨损均匀。

从以上要求看，在外圆磨床液压系统中，工作台往复运动的要求很严格，而换向问题又是往复运动中的重点。

8.2.1　液压系统的工作原理

下面以 M1432A 型万能外圆磨床为例来介绍液压系统中各运动的工作原理。

1. 工作台的往复运动

在 M1432A 型万能外圆磨床的液压系统中，液压缸为活塞杆固定式的双杆活塞式液压缸。如图 8.2 所示，开停阀 3 处于右位，即“开”的位置，先导阀 1 和换向阀 2 均处于右端位置，工作台向右运动，其主油路如下。

进油路：过滤器→泵→换向阀 2→工作台液压缸右腔。

回油路：工作台液压缸左腔→换向阀 2→先导阀 1→开停阀 3 右位→节流阀 5→油箱。

当工作台向右运动到预定位置时，工作台上左挡块拨动先导阀，使它处于最左端位置。这时控制油路 a_2 点接通压力油，a_1 点接通油箱，使换向阀也处于最左端位置，工作台向左运动，其主油路变为如下。

进油路：过滤器→泵→换向阀 2→工作台液压缸左腔。

回油路：工作台液压缸右腔→换向阀 2→先导阀 1→开停阀 3 右位→节流阀 5→油箱。

当工作台向左运动到预定位置时，工作台上右挡块碰撞先导阀拨杆，使工作台改变方向向右运动。如此反复进行，直到开停阀拨到左位，即“停”的位置，工作台运动停止。

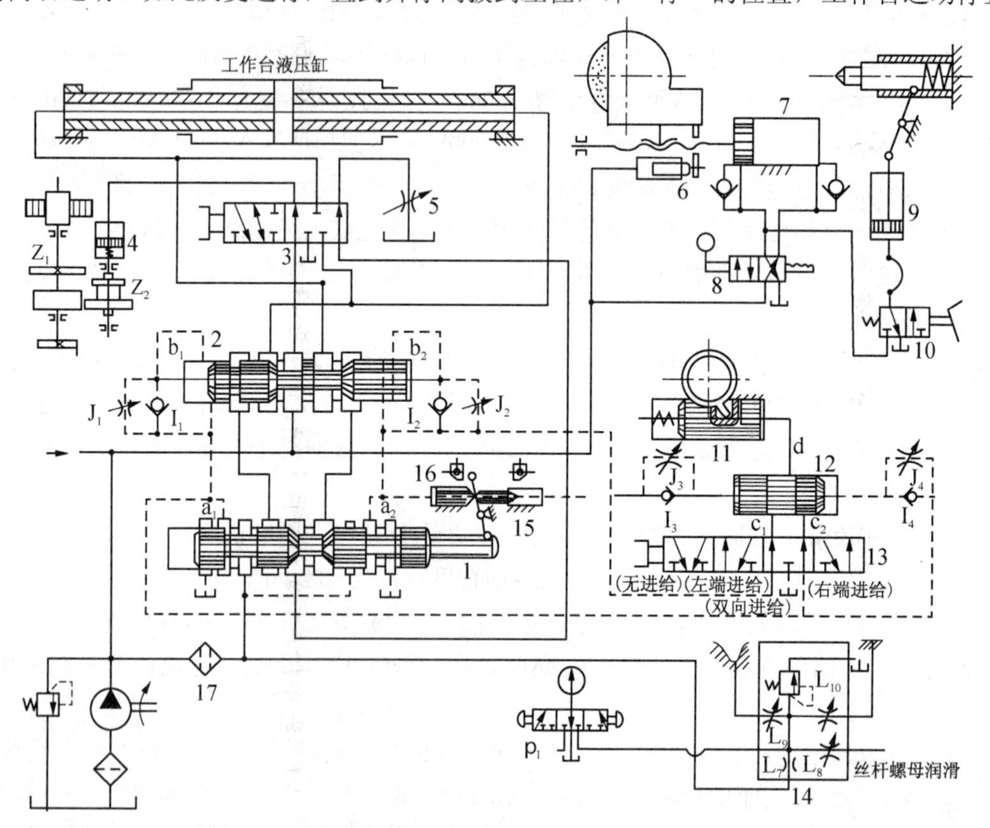

图 8.2　M1432A 型万能外圆磨床液压系统

1—先导阀；2—换向阀；3—开停阀；4—互锁缸；5—节流阀；6—闸缸；7—快动缸；8—快动阀；9—尾架缸；10—尾架阀；11—进给缸；12—进给阀；13—选择阀；14—润滑稳定器；15—抖动缸；16—挡块；17—精过滤器

2. 工作台的换向运动

工作台换向时，先导阀由挡块碰撞拨杆先移动，换向阀的控制回油先后 3 次改变通道，使其阀芯产生了第一次快跳、慢移和第二次快跳的过程。这样就使工作台的换向经历了预制动、终制动、端点停留和迅速反向启动等 4 个阶段。其具体情况如下。

当图 8.2 所示的先导阀 1 被拨杆推着向左移动时，其右制动锥逐渐将节流阀的通道关小，工作台减速，实现预制动。

当工作台挡块推动先导阀到达阀心右部环形槽时使 a_2 接通压力油，而左部环形槽使 a_1 点接通油箱时，换向阀的控制油路如下。

进油路：过滤器→液压泵→精过滤器 17→先导阀 1→a_2→单向阀 I_2→换向阀 2 阀心右端。

换向阀阀芯左端通向油箱的回油路先后出现了 3 种连通方式，开始阶段如图 8.2 所示，回油路如下。

回油路：换向阀 2 阀芯左端→a_1→先导阀 1→油箱。

由于换向阀的回油路畅通无阻，所以其阀芯移动速度较快。

换向阀产生的第一次快跳，使换向阀阀芯中部的台肩移到阀体中间沉割槽处，液压缸两腔油路相通，工作台停止运动。换向阀的快跳缩短了工作台的制动时间，提高了换向精度。

为使换向阀先于先导阀工作，可利用左抖动缸推动先导阀的向左快跳，其控制油路为如下。

进油路：过滤器→液压泵→精过滤器 17→先导阀 1→a_2→抖动缸 15 的左缸。

回油路：抖动缸 15 的右缸→先导阀 1→油箱。

随后，由于换向阀阀芯在压力油作用下继续左移，切断了左端油箱的通道，则回油路变为如下。

回油路：换向阀 2 阀芯左端→节流阀 J_1→a_1→先导阀 1→油箱。

这时换向阀阀芯是按节流阀 J_1(也称停留阀)调定的速度慢速移动的。由于换向阀体沉割宽度大于阀芯中部台肩的宽度，液压缸两腔油路在阀芯慢移过程中继续保持相通，工作台持续停留一段时间(可在 0～5s 内调整)，以满足磨削工艺要求，这是工作台反向运动前的端点停留阶段。

当阀芯移动到其左部环形槽将通道 b_1 与油箱的通道相连时，则回油路又变为如下。

回油路：换向阀 2 阀芯左端→通道 b_1→换向阀 2 左部环形槽→a_1→先导阀 1→油箱。

此时，回油路又畅通无阻，换向阀阀芯出现了第二次快跳，主油路迅速被切换，工作台迅速反向启动，提高了生产率，最终完成了全部换向过程。

反向时，先导阀和换向阀从左向右移动的换向过程与上述相同，只是 a_2 点接通油箱而 a_1 点接通压力油。通过调节节流阀的开口度大小，可使工作台在 0.05～4mm/min 之间实现无级调速。

3.工作台液动与手动的互锁

为确保操作安全，通过互锁缸 4 可实现工作台液动装置与手动装置的互锁保护。即当开停阀处于图 8.2 所示右端“开”位置时，互锁缸内通入的压力油推动活塞使齿轮 z_1 和 z_2

脱开啮合，工作台自动往复运动，手轮停止转动。当开停阀处于左端“停”的位置时，压力油同时与工作台液压缸左右两腔相连，工作台处于停止状态。此时，互锁缸接通油箱，在弹簧作用下，互锁缸的活塞向上移动，齿轮 z_1 和 z_2 啮合，此时工作台可通过摇动手轮来移动。

4. 砂轮架的横向快速进、退和周期进给运动

砂轮架的快速横向进、退是通过操纵快动阀 8 由快动缸 7 来实现的。如图 8.2 所示，快动阀右位工作，砂轮架快速横向运动到最前端位置，而该位置是靠活塞与缸盖的接触来保证的。为了防止活塞与缸盖接触引起较大的冲击及提高砂轮架往复运动的重复定位精度，通常在快动缸两端设置缓冲装置，同时还设有抵住砂轮架的闸缸 6，用以消除丝杠螺母的间隙。

砂轮架的周期进给运动是通过操纵进给阀 12，由砂轮架的进给缸 11 利用其活塞上的拨爪、棘轮、齿轮、丝杆螺母等传动副来实现的。且砂轮架的周期进给运动可在工作台左端或右端停留时进行，也可在工作台两端停留时进行，还可以选择无进给运动，这些都由选择阀 13 的位置来决定的。如图 8.2 所示状态，选择阀选定的是“双向进给”状态，进给阀在控制油路 a_1 和 a_2 点每次相互变换压力时，向左或向右移动一次(因为通道 d 与通道 c_1 和 c_2 各接通一次)，于是砂轮架作一次间歇进给，进给量大小由棘轮机构调整，进给的快慢及平稳性通过调整节流阀 J_3、J_4 来保证。

5. 尾架顶尖自动松开

尾架顶尖靠弹簧力顶紧工件，只有当砂轮架处于退出位置时，尾架顶尖才能松开。为了操纵的方便，常采用脚踏式二位三通尾架阀 10 进行控制。当砂轮架处于快退状态时，脚踏尾架阀 10 右位接入系统工作，这时压力油路为如下

进油路：过滤器→液压泵→快动阀 8 左位→尾架阀 10 右位→尾架缸 9 下腔进油，活塞上移。杠杆机构使顶尖向右退回。

松开脚踏板，尾架阀复位，尾架缸下腔通过尾架阀左位与油箱接通，尾架顶尖在弹簧力的作用下将工件顶紧。

为了确保工作安全，砂轮架的快进与顶尖松开应当是连续的。如图 8.2 所示状态是砂轮架快进的位置。快动阀处在右位工作，尾架缸下腔无压力油通入，如误踏尾架阀，尾架顶尖也不会松开。

6. 机床的润滑及其他

液压泵输出的极小部分油经精过滤器 17 到润滑稳定器 14 的阻尼孔 L_7、节流器 L_8、L_9、L_{10}，再分别通至丝杆螺母副、V 形导轨及平导轨等处供润滑用。润滑油路的压力由润滑稳定器中的压力阀调节，各润滑点上所需的流量分别由各自的节流器调节。

8.2.2 系统特点

(1) 应用活塞杆固定的双杆液压缸，既保证了左、右两个方向运动速度的一致性，又减少了机床的占地面积。

(2) 采用结构简单、价格便宜而压力损失又小的简单出口节流阀调速回路，适用于负载小、往复运动基本恒定的磨床工作台系统中。另外，出口节流阀调速使液压缸的回油腔产生背压，有利于工作台运动的平稳性和工作台的制动。

(3) 此液压系统采用以行程控制制动式为主、时间控制制动式为辅的方式，不但使工作台换向精度和换向性能大大提高，而且也满足了万能外圆磨床的工作要求。

(4) 采用了把先导阀、换向阀和开停阀安装于同一阀体内的液压操纵箱式结构。这种结构既能缩小液压元件的总体积，又能缩短阀间通道长度，也能减少油管及管接头的数目，从而使整个阀的结构紧凑，操纵方便。

(5) 设置了抖动缸，实现了工作台的抖动，保证了换向的可靠性。

8.3　机械手液压传动系统

机械手液压传动系统是一种多缸多动作的典型液压系统，具有如下的作用、动作原理和系统特点。

8.3.1　机械手的作用、动作及组成

1. 作用

机械手是模仿人的手部动作，按给定程序、轨迹等要求实现自动抓取、搬运和操作的机械装置，它属于典型的机电一体化产品。在高温、高压、危险、易燃、易爆、放射性等恶劣环境下，以及笨重、单调、频繁的操作中，代替了人的工作，具有十分重要的意义。

如图 8.3 所示为自动卸料机械手液压系统原理图。该系统由单向定量泵 2 供油，溢流阀 6 调节系统压力，压力值可通过压力表 8 测得。由行程开关发信号给相应的电磁换向阀，从而控制机械手相应的动作。

2. 动作要求

机械手典型工作循环过程为：手臂上升→手臂前伸→手指夹紧(抓料)→手臂回转→手臂下降→手指松开(卸料)→手臂缩回→手臂反转(复位)→原位停止。

实现相应功能的液压缸分别如下。

(1) 实现手臂回转：单叶片摆动缸 18。

(2) 实现手臂升降：单杆活塞缸 15(缸体固定)。

(3) 实现手臂伸缩：单杆活塞缸 11(活塞固定)。

(4) 实现手指松夹：无杆活塞缸 5。

上述的工作循环过程中，各电磁阀电磁铁动作顺序见表 8-2。

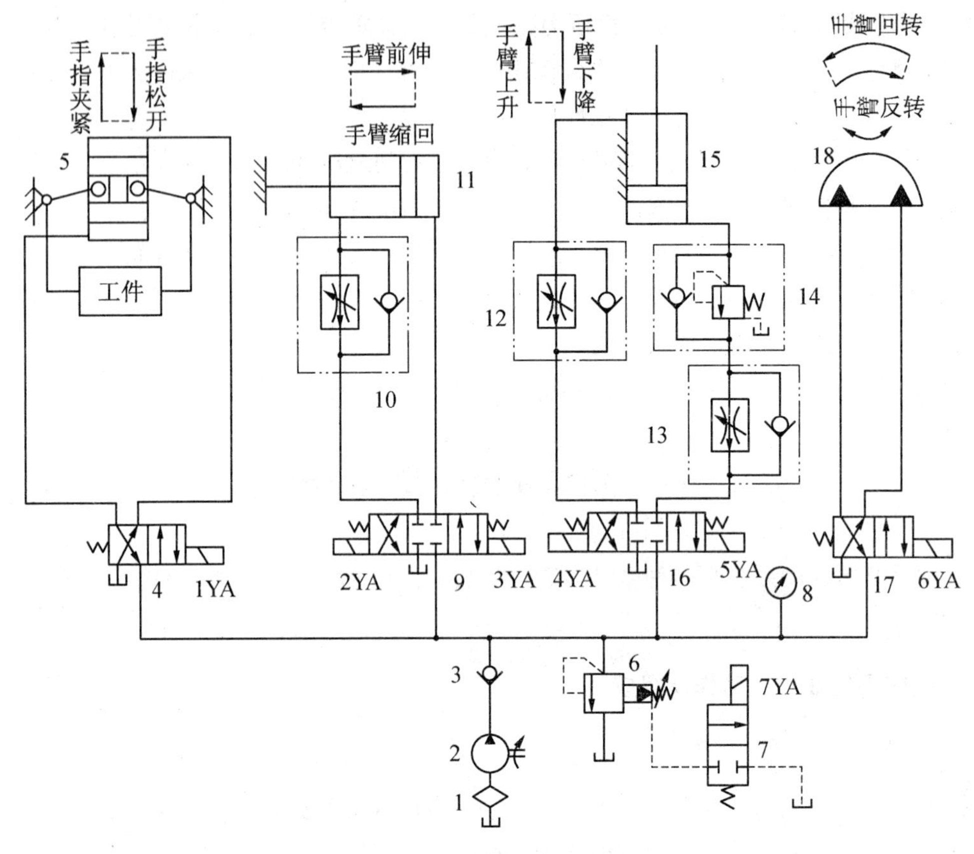

图 8.3　机械手液压系统图

表 8-2　电磁铁动作顺序表

动作顺序	1YA	2YA	3YA	4YA	5YA	6YA	7YA
手臂上升	—	—	—	—	+	—	—
手臂前伸	+	—	+	—	—	—	—
手指夹紧	—	—	—	—	—	—	—
手臂回转	—	—	—	—	—	+	—
手臂下降	—	—	—	+	—	+	—
手臂松开	+	—	—	—	—	+	—
手臂缩回	—	+	—	—	—	+	—
手臂反转	—	—	—	—	—	—	—
原位停止	—	—	—	—	—	—	+

3. 系统其他组成元件及功能

1—滤油器：过滤油液，去除杂质；

2—单向定量泵：为系统供油；

3—单向阀：防止油液倒流，保护液压泵；

4、17—二位四通电磁换向阀：控制执行元件进退两个运动的方向；

6—先导式溢流阀：溢流稳压；

7—二位二通电磁换向阀：控制液压泵卸荷；

8—压力表：观测系统压力；

9、16—三位四通电磁换向阀：控制执行元件进退两个运动方向及任意位置的停留；

10、12、13—单向调速阀：调节执行元件的运动速度；

14—单向背压阀：回油背压。

8.3.2 机械手臂各动作工作原理

1. 手臂上升

三位四通电磁换向阀 16 控制手臂的升降运动，5YA(+)→换向阀 16(右位)。

进油路：滤油器 1→定量泵 2→单向阀 3→换向阀 16(右位)→调速阀 13→单向背压阀 14→单杆活塞缸 15(下腔)，手臂上升。

回油路：单杆活塞缸 15(上腔)→调速阀 12→换向阀 16(右位)→油箱。

由单向调速阀 12 调节手臂的向上运动，因此运动较平稳。

2. 手臂前伸

三位四通电磁换向阀 9 控制手臂的伸缩动作，3YA(+)→换向阀 9(右位)。

进油路：滤油器 1→定量泵 2→单向阀 3→换向阀 9(右位)→单杆活塞缸 1l(右腔)，手臂前伸。

回油路：单杆活塞缸 11(左腔)→调速阀 10→换向阀 9(右位)→油箱。

同时，1YA(+)→换向阀 4(右位)。

进油路：滤油器 1→定量泵 2→单向阀 3→换向阀 4(右位)→无杆活塞缸 5(上腔)。

回油路：无杆活塞缸 5(下腔)→换向阀 4(右位)→油箱。

3. 手指夹紧

1YA(−)→换向阀 4(左位)→活塞 5 上移→手指夹紧。

4. 手臂回转

6YA(+)→换向阀 17(右位)。

进油路：滤油器 1→定量泵 2→单向阀 3→换向阀 17(右位)→单叶片摆动缸 18(右位)，手臂回转。

回油路：单叶片摆动缸 18(左位)→换向阀 17(右位)→油箱。

5. 手臂下降

4YA(+)→换向阀 16(左位)；6YA(+)→换向阀 17(右位)。

进油路：滤油器 1→定量泵 2→单向阀 3→换向阀 16(左位)→调速阀 12→单杆活塞缸 15(上腔)，手臂下降。

回油路：单杆活塞缸 15(下腔)→单向背压阀 14→调速阀 13→换向阀 16(左位)→油箱。

6. 手指松开

1YA(+)→换向阀 4(右位)→活塞 5 下移，手指松开。
6YA(+)→换向阀 17(右位)。

7.手臂缩回

2YA(+)→换向阀 9(左位)→活塞 11 左移。
6YA(+)→换向阀 17(右位)，手臂缩回。

8.手臂反转

6YA(−)→换向阀 17(左位)→单叶片摆动缸 18 叶片顺时针方向转动，手臂反转。

9.原位停止

7YA(+)→定量泵 2 泵卸荷，活塞原位停止。

8.3.3 系统特点

机械手液压传动系统的特点如下。
(1) 电磁阀换向，方便、灵活。
(2) 回油路节流调速，平稳性好。
(3) 平衡回路，防止手臂自行下滑或超速。
(4) 失电夹紧，安全可靠。
(5) 卸荷回路，节省功率，效率利用合理。

本 章 小 结

(1) 分析液压系统时，首先要了解系统中包含的液压元件，然后将系统分成若干个子系统。
(2) 对子系统分析时，先要找出基本回路，然后根据执行元件的动作要求，写出每一动作的进、回油路。
(3) 根据各执行元件间顺序动作、互锁、同步或互不干涉等要求，分析子系统之间的联系，并清楚系统是如何实现这些要求的。
(4) 归纳总结系统的特点。

习 题

8-1 在图 8.1 所示的 YT4543 型动力滑台液压系统中，阀 2、5、10 在油路中起什么作用？
8-2 试写出 YT4543 型动力滑台液压系统快进时的进油路线和回油路线。
8-3 写出图 8.2 所示液压系统的动作顺序表，并叙述液压系统的特点。
8-4 读图 8.3 所示的液压系统，并说明：
(1) 快进时油液流动路线。
(2) 液压系统的特点。

第 9 章　液压传动系统的设计计算

教学目标与要求：

- 掌握液压系统设计要求与工况分析
- 掌握系统主要参数的确定方法
- 掌握确定液压系统方案与拟定液压系统原理图的步骤与方法
- 掌握液压元件的计算和选择方法
- 掌握液压系统性能的验算方法
- 掌握绘制工作图与编制技术文件的步骤方法

教学重点：

- 系统主要参数的确定
- 液压系统方案的确定
- 液压元件的选择

教学难点：

- 系统主要参数的确定
- 液压系统方案的确定

液压传动系统设计是整个机械设备设计的重要组成部分，必须与主机设计同时进行。其设计应从实际出发，重视调查研究，注意吸收国内外先进技术，在满足主机拖动、工作循环要求的前提下，力求结构简单、成本低、效率高、工作安全可靠、使用维护方便及使用寿命长。

液压系统的一般设计步骤为：

(1) 确定液压系统的设计要求，进行工况分析。

(2) 确定系统的主要参数。

(3) 确定液压系统方案，拟定液压系统原理图。

(4) 计算和选择液压元件。

(5) 验算液压系统的性能。

(6) 绘制工作图，编制技术文件。

9.1　液压系统设计要求与工况分析

9.1.1　明确液压系统设计要求

液压系统的设计要求是进行系统设计的主要依据，设计者必须明确以下几个方面的内容。

(1) 主机的用途、结构、总体布局、动作循环和主要的技术要求。例如，工艺目的、机构布局、工作负载条件、运动的平稳性和精度、自动化程度和效率等。

(2) 液压系统的工作环境。例如，温度及其变化范围、湿度大小、尘埃情况、通风情况、腐蚀性及易燃性等。

(3) 其他方面的要求。例如，液压装置的重量、外观尺寸、经济性与成本等方面的要求。

9.1.2 工况分析

工况分析是对执行元件的负载、速度变化规律的分析，是选定系统方案、液压元件的主要依据。

1. 运动分析

运动分析就是对执行元件在一个工作循环中各阶段的运动速度变化规律进行分析，并画出速度循环图。图 9.1 为某机床动力滑台的运动分析图，其中图9.1(a)、(b)分别为滑台工作循环图和速度－位移曲线图。

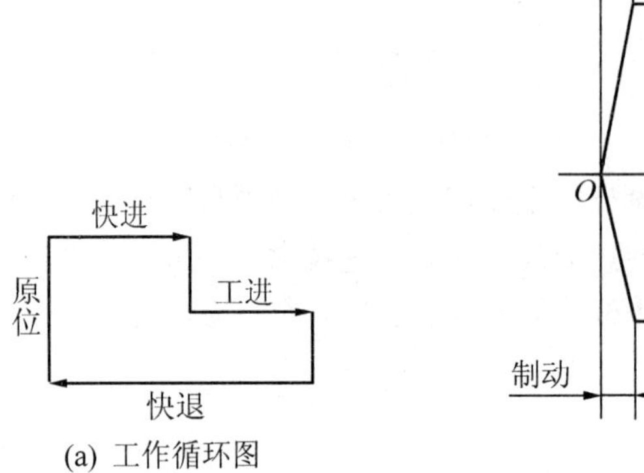

(a) 工作循环图

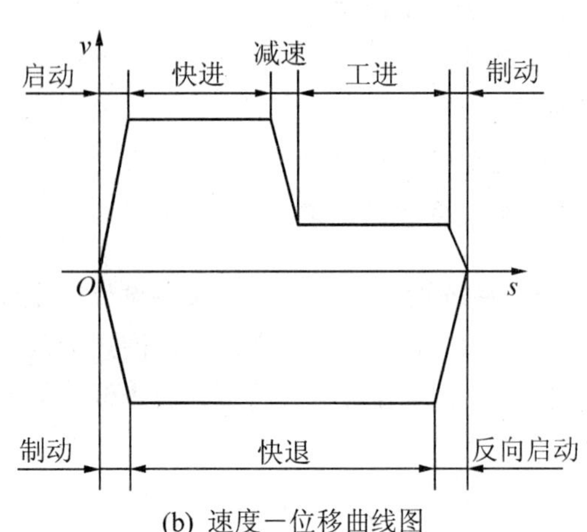

(b) 速度－位移曲线图

图 9.1　动力滑台运动分析图

2. 负载分析

负载分析是通过计算来确定执行元件的负载大小和方向的。执行元件的负载包括工作负载和摩擦负载；工作负载又分为阻力负载、超越负载和惯性负载；摩擦负载分为静摩擦负载和动摩擦负载。确定负载时，必须仔细考虑各执行元件在一个循环中的工况及相应的负载类型。计算时可根据有关定律或查阅相关设计手册来完成。

把执行元件各阶段的负载用负载－位移曲线表示出来，就是负载循环图。图 9.2 为负载循环图。

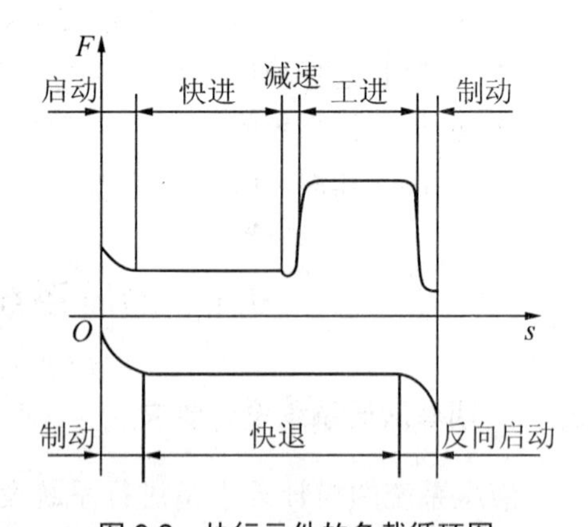

图 9.2　执行元件的负载循环图

9.2　确定系统的主要参数

液压系统的主要参数是压力和流量，这两个参数是计算和选择液压元件的依据。要确定系统的压力和流量，首先选择系统工作压力，然后根据执行元件的负载循环图，计算出执行元件的主要几何参数，最后根据速度循环图确定其流量。

9.2.1　系统工作压力的确定

工作压力是确定执行元件结构参数的主要依据，它的大小决定了系统的经济性和合理性。若工作压力低，执行元件的结构尺寸大，重量也大，经济性不高；若工作压力过高，系统结构紧凑，则材料和元件的制造精度要求高，而且会降低元件的容积效率、使用寿命和系统的可靠性，也达不到好的经济效果。为此应根据实际情况选取适当的工作压力，具体选择参考表 9-1 和表 9-2。

表 9-1　按载荷选择工作压力

载荷 / kN	＜5	5～10	10～20	20～30	30～50	＞50
工作压力 / MPa	＜0.8～1	1.5～2	2.5～3	3～4	4～5	≥5

表 9-2　各类液压设备常用工作压力

设备类型	磨床	组合机床、牛头刨床、插床、齿轮加工机床	车床、铣床、镗床、珩磨机床	拉床、龙门刨床	农业机械、汽车工业、小型工程、机械及辅助机械	工程机械、重型机械、锻压设备、液压支架	船用系统
压力/MPa	≤2.5	＜6.3	2.5～6.3	＜10	10～16	16～32	14～25

9.2.2　执行元件主要结构参数的确定

根据确定的系统工作压力，再选定执行元件的回油压力，就可确定执行元件的结构参数(具体计算详见第 4 章)。执行元件的回油背压参考值见表 9-3。

表 9-3　执行元件的回油背压

系统类型	背压力 / MPa	系统类型	背压力 / MPa
简单系统或轻载节流调速系统	0.2～0.5	用补油泵的闭式回路	0.8～1.5
回油带调速阀的系统	0.4～0.6	回油路较复杂的工程机械	1.2～3
回油设有背压阀的系统	0.5～1.5	回油路较短，且直接回油箱	可忽略不计

9.2.3　执行元件流量的确定

1. 液压缸的流量

$$q_{\max} = Av_{\max} \qquad (9\text{-}1)$$

式中：A——液压缸的有效作用面积，m^2；

$V_{\max}$——液压缸的最大运动速度，m/s。

2. 液压马达的流量

$$q_{max}=V_m n_{max} \tag{9-2}$$

式中：V_m——液压马达排量，m^3/r；

n_{max}——液压马达的最高转速，r/s。

9.2.4 绘制执行元件的工况图

执行元件的工况图包括压力循环图($p—t$ 图)、流量循环图($q—t$ 图)和功率循环图($P—t$ 图)，它是在一个循环周期内，压力、流量和功率对时间的变化曲线图。图 9. 3 为某一机床执行元件的工况图。

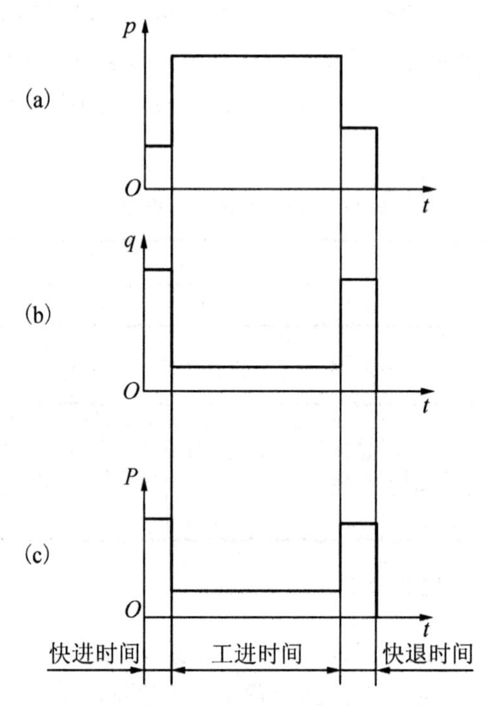

图 9.3 执行元件工况图

(a) $p—t$图；(b) $q—t$图；(c) $P—t$图

工况图是拟定液压系统、选择合理液压回路的依据。从工况图可以找出最高压力点和最大流量点，从而选择合适的循环方式；从功率图中找出最大功率点，可以选择电动机的功率；利用工况图可以验算各工作阶段所确定的参数的合理性，以提高整个系统的效率。

9.3 确定液压系统方案与拟定液压系统原理图

确定液压系统方案，拟定液压系统原理图是整个液压系统设计中最重要的一步，它对系统的性能、经济性具有决定性的影响。具体的内容如下。

1. 选择系统的类型

系统的类型有开式和闭式两种，根据调速方式和散热要求来选择，结构简单的液压系统或节流调速的液压系统，一般采用开式系统；容积调速或要求效率高的系统，多采用闭式系统。

2. 液压回路的选择

液压系统的回路是决定主机动作和性能的基础，要根据液压系统所需完成的任务和对液压系统的设计要求来选择液压基本回路。选择时应从对主机起决定性影响的回路开始，然后再考虑其他辅助回路。若有多种方案时，应反复进行对比，参考同类型液压系统中较好的回路。

3. 绘制液压系统原理图

把选择出来的液压基本回路综合起来，就构成一个完整的液压系统，在进行综合时，必须注意以下几点：

(1) 系统力求简单。

(2) 系统要安全、可靠、防止相互干扰。

(3) 尽可能提高系统的效率、减少发热，防止液压冲击。

(4) 尽量采用标准元件，以降低成本，缩短设计和制造周期。

(5) 调整和维护保养方便。

9.4 液压元件的计算和选择

液压元件的计算就是要计算元件在工作中承受的压力和通过的流量，以便选择元件的规格和型号。

9.4.1 液压泵的选择

1. 确定液压泵的最大工作压力

液压泵所需工作压力的确定，主要是根据执行元件在工作循环中各阶段所需的最大压力 p_1，再加上从油泵的出油口到执行元件进油口其间总的压力损失 $\sum\Delta p$，即

$$p_b = p_1 + \sum\Delta p \tag{9-3}$$

式中 $\sum\Delta p$ 包括管路沿程压力损失和局部压力损失，初算时可根据同类系统进行经验估计，一般管路简单的节流阀调速系统 $\sum\Delta p=(2\sim5)\times10^5$Pa；用调速阀及管路复杂的系统 $\sum\Delta p=(5\sim15)\times10^5$Pa。

2. 确定液压泵的流量 q_b

泵的流量 q_b 是根据执行元件动作循环所需的最大流量 q_{max} 和系统的泄漏来确定的。有

$$q_b \geqslant K\sum q_{max} \tag{9-4}$$

式中：K——系统泄漏系数，一般取$K=1.1\sim1.3$，大流量取小值，小流量取大值；

$\sum q_{max}$——同时动作的液压缸(或马达)的最大总流量，从流量图上可查得。

当系统使用蓄能器时，液压泵流量应按系统在一个循环周期中的平均流量来选取，即

$$q_p = \sum_{i=1}^{z} \frac{KV_i}{T} \tag{9-5}$$

式中：K——系统泄漏系数，一般取$K=1.2$；

V_i——液压执行元件在工作周期中的耗油量，m^3；

T——机器的工作周期，s；

z——液压执行元件的个数。

3. 选择液压泵的规格

根据上面所计算的最大压力p_b和流量q_b，查出液压元件产品样本，选择合适的液压泵的规格型号。

为使液压泵有一定的压力储备，泵的额定压力p_n应比系统最高压力大25%～60%。泵的额定流量应与计算所需的流量相当，不能超过太多，以免造成过大的功率损失。

4. 确定驱动液压泵的功率

(1) 当液压泵的压力和流量比较恒定时，所需功率为

$$P = \frac{p_b q_b}{\eta} \tag{9-6}$$

式中：p_b——液压泵的最大工作压力，Pa；

q_b——液压泵的流量，m^3/s；

η——液压泵的总效率，齿轮泵取0.6～0.8，叶片泵取0.7～0.8，柱塞泵取0.8～0.85。

(2) 在工作循环中，泵的压力和流量变化较大时，可分别计算出工作循环中各个阶段所需的驱动功率，然后求其平均值，即

$$P = \sqrt{\frac{\sum_{i=1}^{n} P_i^2 t_i}{\sum_{i=1}^{n} t_i}} \tag{9-7}$$

式中：t_1、$t_2 \cdots t_i$——一个工作循环中各阶段所需的时间，s；

P_1、$P_2 \cdots P_i$——一个工作循环中各阶段所需的功率，W。

按上述计算出的功率就可以从产品样本中选取标准电动机，然后再进行验算，使电动机超载量控制在允许的范围内。

9.4.2 液压控制阀的选择

液压控制阀应根据阀所在回路的最大工作压力和流经阀的最大流量来选择阀的规格。选择溢流阀时，应按液压泵的最大流量选取；选择节流阀和调速阀时，应考虑其最小稳定流量，以满足低速稳定性能的要求。一般选择控制阀的额定流量应与实际通过的流量相接

近，必要时，允许通过阀的最大流量可超过额定流量的 20%。此外，还要考虑阀的操纵方式、连接方式和换向阀的中位机能等。

9.4.3　液压辅助元件的选择

液压辅助元件包括油管、油箱、过滤器、蓄能器、冷却器和管接头等，对其的选择参见第 6 章。

9.5　液压系统性能验算

液压系统设计完成后，需要对系统的压力损失、发热温升进行验算，以便判断设计质量。

9.5.1　管路系统压力损失的验算

当液压元件规格和管道尺寸确定之后，就可以对管路的总压力损失进行验算。总压力损失包括油液流经管道的沿程压力损失 $\sum\Delta p_\lambda$、局部压力损失 $\sum\Delta p_\xi$ 和流经阀类元件的压力损失 $\sum\Delta p_v$ ，即

$$\sum\Delta p=\sum\Delta p_\lambda+\sum\Delta p_\xi+\sum\Delta p_v \tag{9-8}$$

验算系统压力损失的目的就是为了正确确定系统的调整压力，系统的调整压力为

$$p_b \geqslant p_1+\sum\Delta p \tag{9-9}$$

式中：p_b——液压泵的最大工作压力；

p_1——执行元件的最大工作压力。

如果计算出来的 Δp 比估计的压力损失大得多，则应对设计的系统进行必要的修改。

9.5.2　系统发热温升的验算

液压系统中各种能量的损失都转化为热量，使油温升高，造成系统的泄漏、运动部件的动作失灵和油液变质等一系列的不良影响。为此，必须对系统发热和温升进行验算，以便对系统的温升加以控制。液压系统的允许油温见表 9-4。

表 9-4　各种液压系统的允许油温

系统名称	正常工作温度 / ℃	最高允许温度 / ℃	油的温升 / ℃
机床	30～55	50～70	≤30～50
金属粗加工机床	30～70	60～80	—
机车车辆	40～60	70～80	—
船舶	30～60	70～80	—
工程机械	50～80	70～80	≤35～40

1. 液压系统发热功率 ΔP 的计算

$$\Delta P=P_i(1-\eta) \tag{9-10}$$

式中：P_i——液压泵输入的总功率，W；

η——液压系统的总效率。

2. 液压系统的散热功率 ΔP_c 的计算

$$\Delta P_c = KA\Delta t \tag{9-11}$$

式中：K——散热系数，$W/m^2℃$，当周围通风很差时，$K \approx 8 \sim 9$；周围通风良好时，$K \approx 15 \sim 17.5$；用风扇冷却时，$K \approx 23$；用循环水冷却时，$K \approx 110 \sim 175$；

A——油箱散热面积，m^2；

Δt——液压系统油液的温升，℃。

3. 系统温升的计算

当液压系统的发热功率和油箱的散热功率相等时，系统处于热平衡状态，系统温升为

$$\Delta t = \Delta P / KA \tag{9-12}$$

计算所得的温升 Δt 不应超过油液的最高允许温升值。

9.6　绘制工作图与编制技术文件

经过对液压系统性能的验算和修改，并确认为液压系统设计较为合理时，便可绘制正式的工作图和编制技术文件。

9.6.1　绘制工作图

(1) 液压系统原理图。液压系统原理图上要标明各液压元件的型号、规格和压力调整值。同时还应画出执行元件的运动循环图和电磁铁、压力继电器的工作状态表。

(2) 集成块装配图。采用集成块或叠加阀时，设计者只需选用并绘制集成块组合装配图。

(3) 泵站装配图。小型泵站有标准化产品，大、中型泵站需设计、绘出装配图。

(4) 自行设计的非标准件应绘出装配图和零件图。

(5) 管路装配图。管路装配图是正式施工图，各种液压元件在设备和工作场所的位置，以及固定方式应表示清楚。应注明管道的尺寸和布置位置，以及各种管接头的形式和规格等。

9.6.2　编写技术文件

技术文件的编写应包括设计说明书，液压系统使用和维护说明书，零部件目录表，专用件、通用件、标准件、外购件总表，技术说明书等。

本 章 小 结

(1) 液压传动设计是整个机械设备设计的重要组成部分，因此必须与主机同时设计。

(2) 液压传动设计，应力求结构简单、成本低、效率高、安全可靠和寿命长。

习　　题

9-1　设计一个液压系统一般应有哪些步骤？

9-2　液压系统的性能验算主要包括哪些内容？

第 10 章　液压伺服系统

教学目标与要求：

- 掌握液压伺服系统的工作原理
- 掌握液压伺服系统的类型及组成
- 掌握液压伺服阀的结构原理及应用

教学重点：

- 液压伺服系统的工作原理
- 液压伺服阀的结构原理

教学难点：

- 液压伺服系统的工作原理
- 液压伺服阀的结构原理

液压伺服系统是根据液压传动原理建立起来的一种自动控制系统。液压伺服系统除了具有液压传动的各种优点外，还具有响应速度快、系统刚度大、控制精度高和体积小等优点，因此被广泛用于金属切削机床、起动机械、重型机械、汽车、飞机、船舶和军事装备等方面。

10.1　液压伺服系统概述

10.1.1　液压伺服系统工作原理

液压伺服系统是一种闭环控制系统，其执行元件能自动、快速而准确地按照(跟随控制机构的)输入信号的变化规律而动作。由于执行元件能够自动地跟随控制元件的运动而自动控制，所以称为液压伺服系统，也叫做跟随系统或随动系统。

液压伺服系统如图 10.1 所示。该系统是一个简单的机械式伺服系统，当给阀芯输入 x_i 时，则滑阀移动某一个开口量 x_v，此时压力油进入液压缸右腔，液压缸左腔回油，因活塞固定，故压力油推动刚体向右运动，输出位移量 x_o，由于阀体与缸体做成一体，因此阀体跟随缸体一起向右运动，其结果是使阀的开口量 x_v 逐渐减小。当缸体位移量 x_o 等于阀芯位移量 x_i 时，阀的开口量 $x_v=0$，阀的输出流量就等于零，液压缸便停止运动，处于一个新的平衡位置上。若阀芯不断地向右移动，则液压缸就拖动负载不停地向右移动。反之，则液压缸也反向跟随运动。

在这个系统中，滑阀阀芯不动，液压缸也不动；阀芯移动多少距离，液压缸也移动多少距离；阀芯移动速度快，则液压缸移动速度快；滑阀芯向哪个方向移动，液压缸也就向哪个方向移动。也就是只要给滑阀一个输入信号，则执行元件就会自动地、准确地跟随滑阀并按照这个规律运动，这就是液压伺服系统的工作原理。

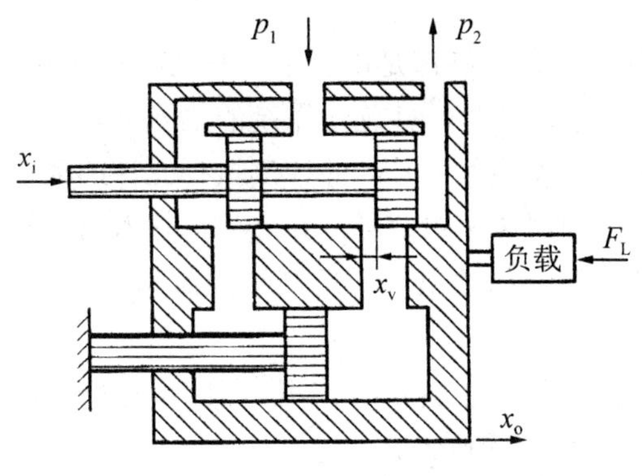

图 10.1　液压伺服系统

10.1.2　液压伺服系统的特点

综上分析，液压伺服系统具有如下特点：

(1) 跟踪。液压伺服系统是一个位置跟踪系统。由图 10.1 可知，缸体的位置完全由滑阀阀芯位置来确定，阀芯向右或向左移动一定的距离，缸体也跟随着向右或向左移动相同的距离。

(2) 放大。液压伺服系统是一个功率(或力)放大系统。系统所需输入信号功率很小的，而系统的输出功率(液压缸输出的速度和力)却可以很大，可以多达几倍甚至几十倍。

(3) 反馈。液压伺服系统是一个负反馈系统。所谓负反馈是指输出量的部分或全部按照预定方式送回输入端，送回的信号称为反馈信号。或者说负反馈是指反馈信号不断地抵消输入信号作用的反馈。负反馈是自动控制系统具有的主要特征。

(4) 误差。液压伺服系统是一个误差系统。要使系统有输入信号，首先必须保证控制阀节流口有一个开口量，即 $x_v = x_i - x_o \neq 0$。因而缸体的运动也就落后于阀芯的运动，也就是系统的输出必然落后于输入，正因为输出与输入间存在误差，并且该误差信号控制液压能源输入到系统，使系统向着减小误差的方向变化，直至误差等于零或足够小，从而使系统的实际输出与希望值相符。系统的输出信号和输入信号之间的误差是液压伺服系统工作的必要条件，也就是说液压伺服系统是靠误差信号进行工作的。

10.1.3　液压伺服系统的类型及组成

1. 液压伺服系统的类型

(1) 按控制元件的不同可分为滑阀式、转阀式、射流管式和喷嘴挡板式伺服系统。

(2) 按控制方式的不同可分为阀控系统(节流式)和泵控系统(容积式)。其中阀控系统是靠伺服阀节流口开度的大小来控制输入执行元件的流量或压力的系统；而泵控系统是靠伺服变量泵改变排量的方法，来控制输入元件的流量和压力的系统。

(3) 按控制信号的类别不同可分为机械—液压伺服系统、电气—液压伺服系统、气动—液压伺服系统。

(4) 按被控物理量的不同可分为位置伺服系统、速度伺服系统、力(或压力)伺服系统。

2. 液压伺服系统的组成

无论液压伺服系统多么复杂，它都是由以下一些功能相同的基本元件组成的。

(1) 输入元件：它给出输入信号，并施于系统的输入端。

(2) 液压控制阀：用以接收输入信号，并控制执行元件的动作。

(3) 执行元件：接收控制阀传来的信号，并产生与输入信号相适应的输出信号。

(4) 反馈装置：将执行元件的输出信号反馈给控制阀，以便消除输入信号与输出信号之间的误差。

(5) 外界能源：外界能源的作用就是将作用力很小的输入信号获得作用力很大的输出信号，这样就可以得到力或功率的放大。

(6) 控制对象：它是系统中所控制的对象，如其他负载装置。

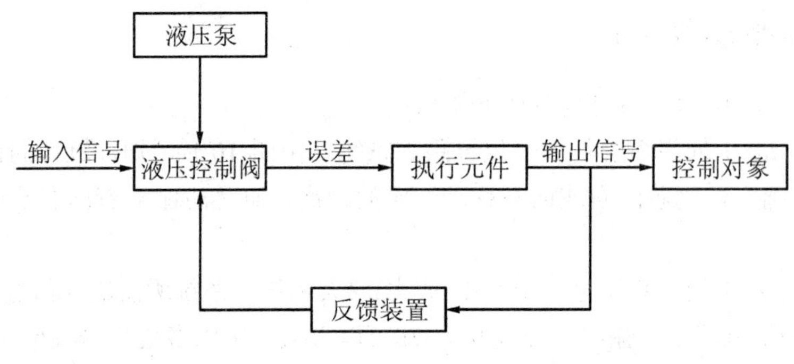

图 10.2　液压伺服系统的组成

10.2　液压伺服阀及其应用

10.2.1　机液伺服阀

液压控制阀是液压系统中的主要控制元件，其性能的优劣直接影响着系统的工作特性。液压控制阀是一个液压放大器，它能将小功率的位移信号转换为大功率的液压信号，因此得到了广泛的应用。液压伺服阀主要有机液伺服阀和电液伺服阀，本节先讨论机液伺服阀，常见的机液伺服阀有滑阀、喷嘴挡板阀和射流管阀等形式，其中以滑阀应用最为普遍。

1. 滑阀

滑阀按其工作的边数(起控制作用的阀口数或节流口的个数)可分为单边滑阀、双边滑阀和四边滑阀。

图 10.3(a)所示为单边滑阀的工作原理图，它只有一个控制边，当压力为 p_s 的油液进入液压缸的左腔后，经活塞上的固定节流孔 a 进入液压缸的右腔(无杆腔)，油液的压力降为 p_1，并经滑阀的唯一控制边(可变节流口)流回油箱。由此可知，液压缸右腔的压力和流量由固定节流口和可变节流口共同控制，从而也就控制了液压缸运动的速度和方向。若液压缸不受外界载荷的作用，则有 $p_1A_1 = p_sA_2$，液压缸不动。当阀芯右移时，开口 x_v 减小，p_1 增大，于是 $p_1A_1 > p_sA_2$，缸体向右移动；反之，缸体反向移动。

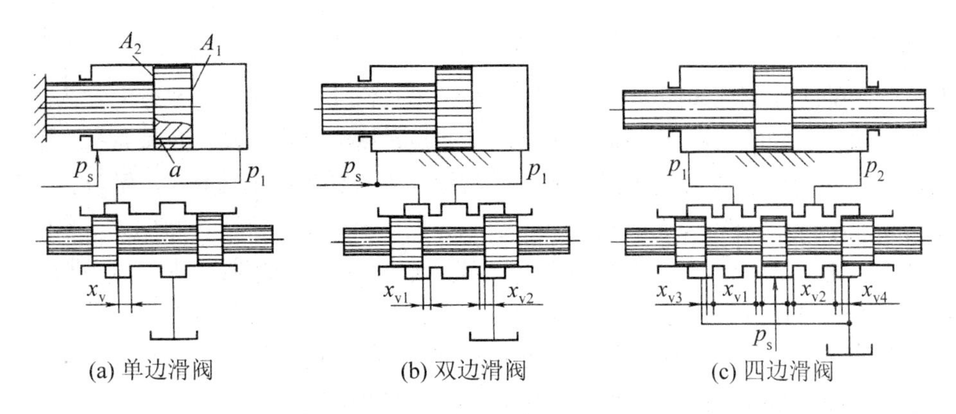

图 10.3　滑阀工作原理图

图 10.3(b)所示为双边滑阀的工作原理图。它有两个控制边，即开口 x_{v1} 和 x_{v2}。一路压力油进入液压缸左腔，另一路压力油经滑阀的开口 x_{v1} 与液压缸右腔相通，同时也可以经滑阀开口 x_{v2} 流回油箱。所以液压缸右腔的压力和流量由两个可变节流口控制着。当滑阀芯右移时，x_{v1} 和 x_{v2} 一个减小一个增大，共同控制着液压缸右腔的压力，从而控制着液压缸活塞的运动方向(活塞与阀体连成一体)。显然，双边滑阀比单边滑阀的调节灵敏度高，控制精度也高。

图 10.3(c)所示为四边滑阀的工作原理示意图，它有 4 个控制边，开口 x_{v1} 和 x_{v2} 分别控制着液压缸两腔的进油，而开口 x_{v3} 和 x_{v4} 分别控制着液压缸两腔的回油。当阀芯右移时，进油开口 x_{v1} 增大，回油开口 x_{v3} 减小，使 p_1 迅速增大；与此同时，x_{v2} 减小，x_{v4} 增大，p_2 迅速降低，致使液压缸迅速右移；反之，活塞左移。四边滑阀与双边滑阀相比，四边滑阀同时控制进入液压缸两腔油液的压力和流量，故调节灵敏度高，工作精度也高。

由上述可知，单边、双边和四边滑阀的控制作用是相同的，均起到切换和节流的作用。其控制边数越多，控制性能就越好，但结构就越复杂，加工工艺性就越差。在通常情况下，单边和双边滑阀用于单杆活塞缸且精度要求一般的系统，而四边滑阀多用于单、双杆活塞且精度要求高的系统。

根据滑阀平衡状态时阀口初始开口量的不同分为正开口阀、零开口阀和负开口阀 3 种形式，如图 10.4 所示。正开口阀在阀芯处于中位时存在较大泄漏，故效率低，一般用于中小功率的场合；零开口阀的工作精度最高，控制性能最好，在高精度伺服系统中经常使用，但为了在加工工艺上便于实现，实际零开口允许有小于 ± 0.025mm 的微小开口量偏差；而负开口阀在阀芯开启时存在一个死区且流量特性为非线性，影响控制精度，故较少使用。

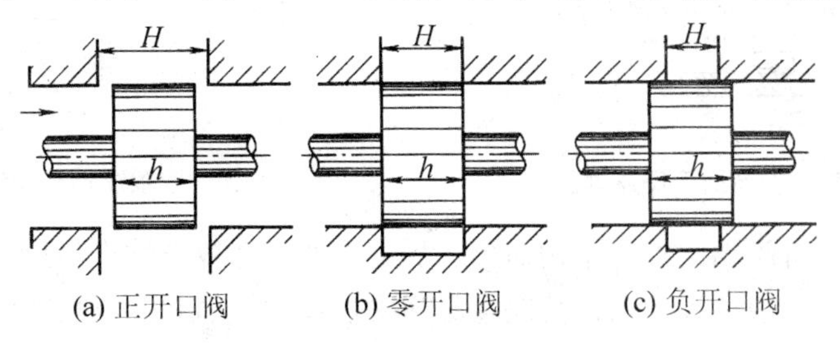

图 10.4　滑阀的开口形式

2. 射流管阀

射流管阀的工作原理如图 10.5 所示。它是由液压缸 1、接收板 2 和射流管 3 等组成，射流管 3 在输入信号的作用下可绕支点 O 进行一定角度的左右摆动，在接收板上开有两个并列的接收孔 a、b，分别与液压缸 1 的两腔相通。当液体流经射流管 3，射流管 3 将压力能转变为动能(因为油液经过锥形喷嘴时，过流面积逐渐减小，流速逐渐增大，也就是压力能逐渐减小，而动能逐渐增大的过程)。当射流管在中位时，两接收孔内的压力相等，液压缸不动。当射流管在输入信号作用下向左偏摆时，进入孔 a 的油液压力就会升高，而进入孔 b 的油液压力会降低，液压缸在两腔压力差的作用下也向左移动。由于接收板和缸体连接在一起，因此接收板也向左移动，形成负反馈。当喷嘴恢复到中间位置时，液压缸两腔压力再次相等，缸体便停止运动。同理，当射流管接收信号向右偏摆时，接收板和缸体也向右移动，直至液压缸两腔压力相等停止运动。

射流管阀的优点是结构简单，加工精度要求低，抗污染能力强，工作可靠、寿命长，但由于射流管运动部件的惯性大、能量损耗大、响应速度低等缺点，故一般只用于低压、小功率场合。

3. 喷嘴挡板阀

喷嘴挡板阀有单喷嘴式和双喷嘴式两种结构，其工作原理基本相同。双喷嘴挡板阀的工作原理如图 10.6 所示。它主要由挡板 1、固定节流小孔 2 和 3、喷嘴 4 和 5 等元件组成。挡板与两个喷嘴组成两个可变截面的节流孔道 6、7。挡板处于中间位置时，两个喷嘴与挡板的间隙相等，液阻相等，因此 $p_1 = p_2$，液压缸不动。压力油经固定节流小孔 2 和 3、可变节流孔道 6 和 7 流回油箱 8。若挡板接收信号后右偏时，则可变节流孔道 6 变大，7 变小，液阻发生变化，于是压力 p_1 下降、p_2 上升，迫使液压缸 9 右移。因喷嘴与刚体固连在一起，故喷嘴也向右移；反之，挡板左移。当喷嘴跟随刚体移动使挡板处于中间位置时，两喷嘴腔内压力 p_1 和 p_2 再次相等，液压缸便停止运动。

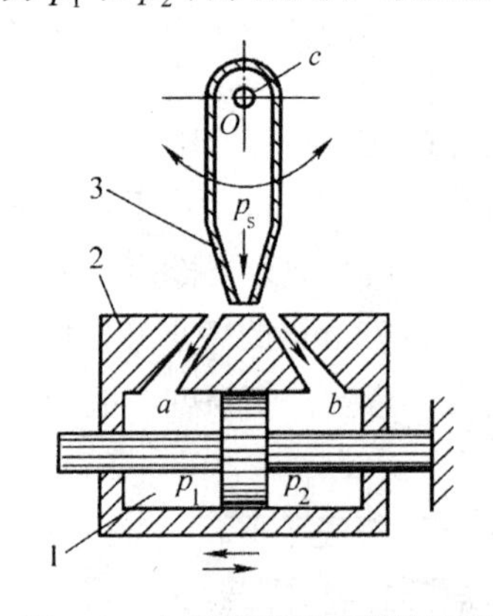

图 10.5　射流管阀的工作原理图

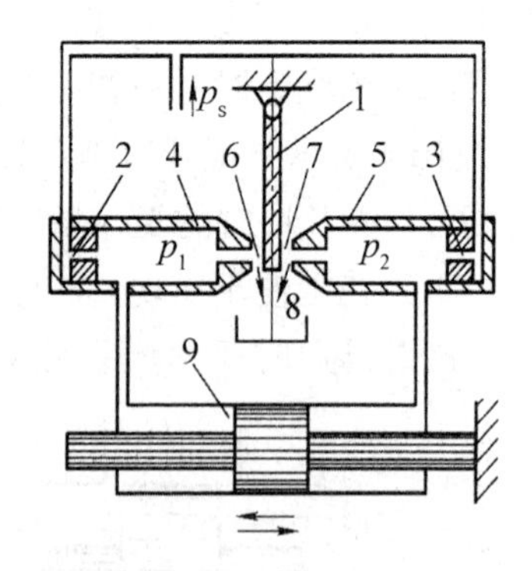

图 10.6　双喷嘴挡板阀的工作原理图

喷嘴挡板阀与滑阀相比具有结构简单、加工方便、挡板惯性小、反应快、灵敏度高，以及对油液污染不太敏感等优点，其缺点是功率损耗大，因此一般只能用于小功率系统中的多级放大液压控制阀中的前置级。

4. 机液伺服阀的应用

卧式车床液压仿形刀架便是机液伺服阀的具体应用，其工作原理如图 10.7(a)所示。液压仿形刀架安装在车床拖板的后部，其液压缸体 6 的轴线与车床主轴轴线成一定角度，工作时仿形刀架随拖板 5 一起作纵向运动。样板 11 安装在床身支架上固定不动，滑阀中的弹簧经杠杆 8 使触头 10 压紧在样板上，位置信号由样板 11 给出，并经杠杆 8 作用在阀芯上。液压缸的活塞杆固定在刀架 3 的底座上，缸体 6 连同刀架可在刀架底座的导轨上沿液压缸的轴线移动。

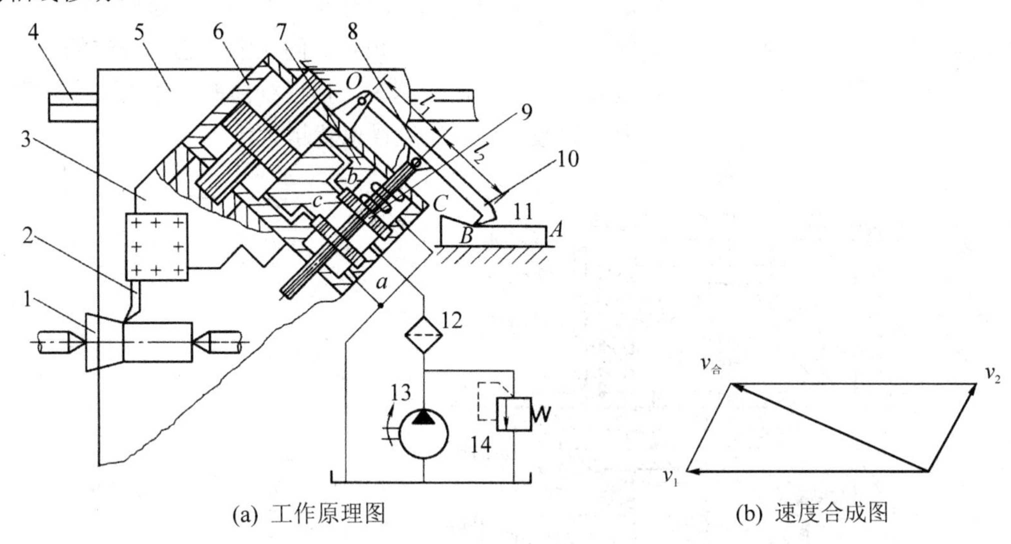

(a) 工作原理图　　(b) 速度合成图

图 10.7　液压仿形刀架的工作原理

1—工件；2—刀具；3—刀架；4—导轨；5—拖板；6—缸体；7—阀体；8—杠杆；
9—滑阀；10—触头；11—样板；12—过滤器；13—液压泵；14—溢流阀

车削工件圆柱面时，拖板沿床身导轨 4 纵向移动。杠杆 8 触头在样板 *AB* 段移动，杠杆 8 不发生摆动，阀芯输入位移信号为零，滑阀阀口关闭，刀架只随托板一起作纵向运动，因此切出工件的圆柱面。

车削圆锥面时，杠杆 8 触头受样板 *BC* 段作用，使杠杆 8 绕支点 *O* 逆时针摆动，并带动阀芯移动，阀口大开，压力油从 *a* 经 *b* 进入液压缸上腔，推动缸体及刀架向右上方移动，速度为 v_2，如图 10.7(b)所示。由于此时刀架随拖板还要向左作进给运动，速度为 v_1，故刀具的合成运动速度为 $v_{合}$，从而使刀具加工出相应的圆锥面。由此可见，液压仿形刀架是通过伺服系统使刀架按样板输入的信号自动完成工件加工的。

10.2.1　电液伺服阀

1. 电液伺服阀的结构原理

电液伺服阀简称伺服阀。它既是电液转换元件，又是功率放大元件，它能够将小功率的输入信号转换为大功率的输出液压能。可以实现液压系统的连续控制，即通过改变电流的大小来控制液压系统的压力、流量和液压缸的运动方向。

电液伺服阀具有控制灵活、输出功率大、直线特性好、动态性能好和响应速度快等特点，因此在液压连续控制系统中得到了广泛的应用。电液伺服阀是闭环控制系统中最重要的一种伺服控制元件。

图 10.8 所示为一种典型电液伺服阀的结构原理。它由力矩马达、喷嘴挡板式液压前置放大级和四边滑阀功率放大级 3 部分组成。当线圈通入电流后，衔铁因受到电磁力矩的作用而偏转角度θ，与衔铁固连的弹簧管，其上挡板也偏转相应的θ角，从而使挡板与两喷嘴的间隙改变。若左面间隙增加，右面间隙减小，则右喷嘴腔内压力升高，左喷嘴腔内压力降低，从而推动阀芯左移。在阀芯移动的同时，则带动球头上的挡板一起向左移动，左喷嘴与挡板的间隙逐步减小，在新的位置上平衡，间隙相等。同时滑阀芯在一定的开口度下达到平衡，滑阀便不再移动。通过线圈的控制电流越大，挡板绕曲变形越大，导致滑阀两端的压力差以及滑阀的位移量越大，伺服阀输出的流量也就越大。

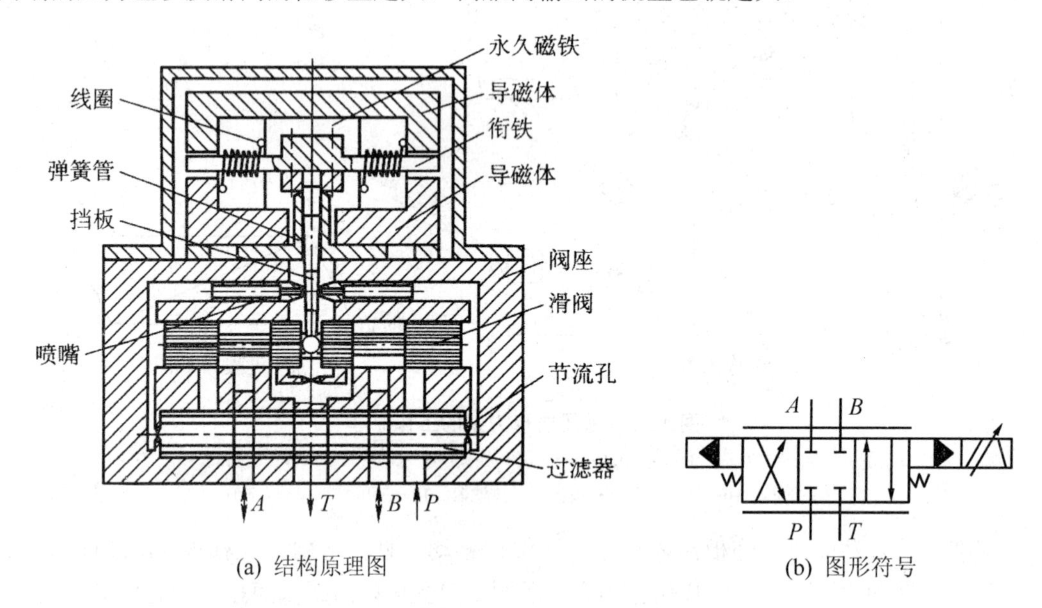

(a) 结构原理图　　(b) 图形符号

图 10.8　电液伺服阀的结构原理图及图形符号

2. 电液伺服的应用

电液伺服阀常用于自动控制系统中的速度控制、压力控制、位置控制和同步控制等方面。下面仅介绍几种典型应用。

(1) 电液伺服阀在速度控制回路中的应用。电液伺服阀可以使执行元件保持一定的速度。如图 10.9 所示，给电液伺服阀 2 输入指令信号 1 时，经能量的转换与放大，使液压马达具有一定的转速。因速度的变化，速度传感器 3 发出的反馈信号与指令信号相比较，然后消除反馈信号与指令信号的误差，使液压马达保持一定的速度。

(2) 电液伺服阀在压力控制回路中的应用。电液伺服阀可以使液压缸中的压力恒定，如图 10.10 所示，为电液伺服阀 2 输入指令信号 1，经能量的转换与放大，使液压缸达到某一预定压力。当压力有变化时，压力传感器 3 发出的反馈信号与指令相比较，然后消除反馈信号与指令信号的误差，使液压缸保持恒定的压力。

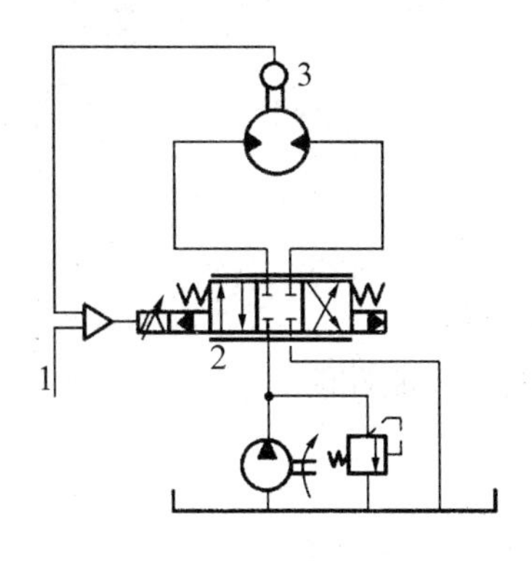

图 10.9　速度控制回路

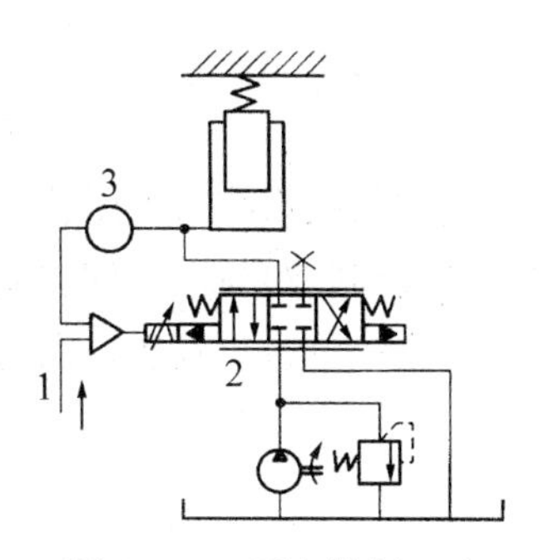

图 10.10　压力控制回路

(3) 电液伺服阀在位置控制回路中的应用。电液伺服阀可以对执行元件的位置实现准确的控制，如图 10.11 所示，当为电液伺服阀 2 输入指令信号 1 时，经过能量的转换与放大，使执行元件达到预定的位置。当位置有变化时，位置传感器 4 发出反馈信号并与输入信号相比较，然后消除输入和反馈信号的误差，使执行元件准确地停止在预定位置上。

(4) 电液伺服阀在同步控制回路中的应用。电液伺服阀可以实现两个液压缸的位移或速度同步，并具有很高的同步精度。如图 10.12 所示，当为电液伺服阀 2 输入指令信号 1 时，经能量转换与放大，使两个液压缸同步运动。当出现同步误差时，速度传感器 4 发出反馈信号并与输入的指令信号相比较，使电液伺服阀 2 作适当位移，以修正流量消除误差，实现同步位移。

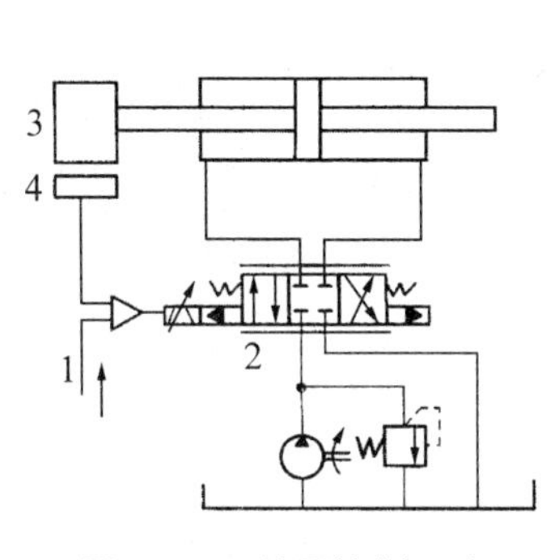

图 10.11　位置控制回路

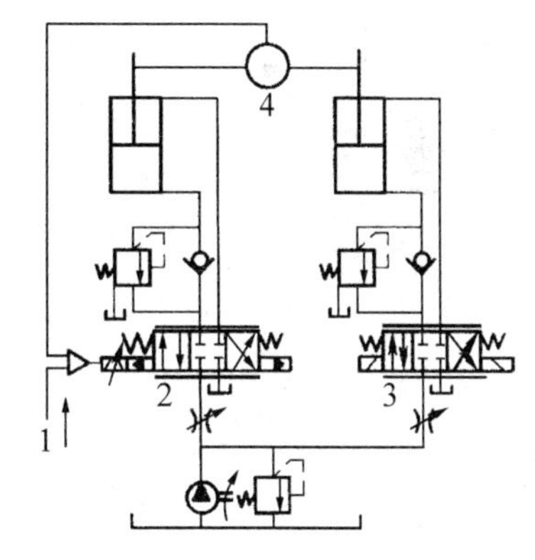

图 10.12　同步控制回路

本 章 小 结

(1) 液压伺服系统是一种闭环控制系统，其执行元件能自动、快速而准确地按照输入信号的变化规律而动作。

(2) 液压伺服系统由输入元件、液压控制阀、执行元件、反馈装置、外界能源和控制对象组成。

(3) 液压伺服阀有机液伺服阀和电液伺服阀，机液伺服阀有滑阀、喷嘴挡板阀和射流管阀。

习　题

10-1　液压伺服系统与液压传动系统有何区别？

10-2　机液伺服阀与电液伺服阀在组成上各有何特点？

10-3　试比较单边、双边、四边滑阀的工作原理及其控制性能。

第 11 章　气压传动概述

教学目标与要求：

- 掌握气压传动系统的工作原理及组成
- 了解气压传动的优缺点及应用和发展

教学重点：

- 气压传动系统的工作原理及组成
- 气压传动的优缺点

气压传动简称气动，是指以压缩空气为工作介质来传递动力和控制信号，控制和驱动各种机械和设备，以实现生产过程机械化、自动化的一门技术。它是流体传动及控制学科的一个重要分支。

11.1　气压传动系统的工作原理及组成

因气压传动的工作介质直接取自大气，又可直接排出，所以可去掉回油管与油箱，再将液压缸改为汽缸，则成为气压传动系统。气压传动系统先将机械能转换成压力能，然后通过各种元件组成的控制回路来实现能量的调控，最终再将压力能转换成机械能，使执行机构实现预定的功能，按照预定的程序完成相应的动力与运动输出。气动装置所用的压缩空气是弹性流体，它的体积、压强和温度 3 个状态参量之间有互为函数的关系，在气压传动过程中，不仅要考虑力学平衡，而且还要考虑热力学的平衡。

气压传动系统的元件及装置可分为以下几类：

(1) 气源装置。获得压缩空气的装置，如空气压缩机。

(2) 气动执行元件。将压力能转换为机械能的能量转换装置，如汽缸和气马达。

(3) 气动控制元件。控制气体的压力、流量及流动方向的元件，如各种压力阀、流量阀和方向阀等。

(4) 气动逻辑元件。具有一定逻辑功能的元件，如是门、与门、或门、或非门等元件。

(5) 气动辅件。系统中除上述 4 类元件外，其余的都称为辅助元件。使压缩空气净化、润滑、消声以及用于元件间连接等元件，如过滤器、油雾器、消声器、管道和管接头等。

11.2　气压传动的优缺点

11.2.1　气压传动的优点

(1) 以空气为工作介质，较容易取得，用后的空气排到大气中，处理方便，与液压传动相比不必设置回收的油箱和管道。

(2) 因空气粘度小(约为液压油的万分之一)，在管内流动阻力小，压力损失小，便于集中供气和远距离输送。即使有泄漏，也不会像液压油一样污染环境。

(3) 与液压相比，气动反应快，动作迅速，维护简单，管路不易堵塞，工作介质清洁、不存在介质变质及补充等问题。

(4) 气动元件结构简单、制造容易，易于实现标准化、系列化和通用化。

(5) 气动系统对工作环境适应性好，特别在易燃、易爆、多尘埃、强磁、辐射、振动等恶劣环境中工作时，安全可靠性优于液压、电子和电气系统。

(6) 排气时气体因膨胀而温度降低，因而气动设备可以自动降温，长期运行也不会发生过热现象。

11.2.2　气压传动的缺点

(1) 由于空气具有可压缩性，因此工作速度稳定性稍差，但采用气液联动装置会得到较满意的效果。

(2) 因工作压力低，又因结构尺寸不宜过大，总输出力不宜大于10～40kN。

(3) 噪声较大，在高速排气时要加消声器。

(4) 气动装置中的气信号传递速度比电子光速度慢(只限于声速以内)，因此气信号传递不适用高速传递的复杂回路。

气动与其他几种传动控制方式的性能比较见表11-1。

表11-1　气动与其他几种传动控制方式的性能比较

		操作力	动作快慢	环境要求	构造	负载变化影响	远距离操纵	无级调速	工作寿命	维护	价格
液体	气动	中等	较快	适应性好	简单	较大	中距离	较好	长	一般	便宜
	液压	最大	较慢	不怕振动	复杂	有一些	短距离	良好	一般	要求高	稍贵
电	电气	中等	快	要求高	稍复杂	几乎没有	远距离	良好	较短	要求较高	稍贵
	电子	最小	最快	要求特高	最复杂	没有	远距离	良好	短	要求更高	很贵
机械		较大	一般	一般	一般	没有	短距离	较困难	一般	简单	一般

11.3　气压传动的应用和发展

气压传动因具有防火、防爆、防电磁干扰，抗振动、冲击和辐射，无污染，结构简单，工作可靠等特点，所以气动技术与液压、机械、电气和电子技术一起，互相补充，已发展成为实现生产过程自动化的一个重要手段，在机械工业、冶金工业、轻纺食品工业、化工、交通运输、航空航天、国防建设等各个部门已得到广泛的应用。主要应用如下：

(1) 在机械工业中，如组合机床的程序控制、轴承的加工、零件的检测、汽车、农机等生产线上已得到广泛应用。

(2) 在冶金工业中，金属的冶炼、烧结、冷轧、热轧及打捆、包装等已有大量应用。

一个现代化钢铁厂生产中仅汽缸就需 3000 个左右。

(3) 在轻工、纺织、食品工业中，缝纫机、自行车、手表、电视机、纺织机械、洗衣机、食品加工等生产线上已得到广泛应用。

(4) 在化工、军工工业中，对于化工原料的输送、有害液体的灌装、炸药的包装、石油钻采等设备上已有大量应用。

(5) 在交通运输中，主要运用在列车的制动闸、车辆门窗的开闭，气垫船、鱼雷的自动控制装置等方面。

(6) 在航空工业中，因气动除能承受辐射、高温外还能承受大的加速度，所以在近代的飞机、火箭、导弹的控制装置中已逐渐得到广泛应用。

本章小结

(1) 气压传动是以压缩空气为工作介质来传递动力和控制信号，控制和驱动各种机械和设备。

(2) 气压传动系统由气源装置、气动执行元件、气动控制元件、气动逻辑元件和气动辅件组成。

习　题

11-1　简述气压传动的优缺点。

11-2　简述一个典型的气动系统由哪几个部分组成。

*第 12 章　气压传动基础知识

教学目标与要求：

- 了解空气的物理性质
- 掌握气体的状态方程
- 掌握气体流动的基本方程

教学重点：

- 气体的状态方程
- 气体流动的基本方程

教学难点：

- 气体状态变化过程
- 连续性方程
- 伯努利方程

气压传动是以压缩空气作为工作介质的，它通过汽缸和气马达使工作部件获得所需要的直线往复运动和旋转运动，并利用各种气动元件和装置组成所需要的控制回路，可实现自动化控制。

12.1　空气的物理性质

1. 空气的组成

自然界的空气是由若干气体混合而成的，其主要成分有氮(N_2)和氧(O_2)，其他气体所占的比例极小，此外空气中常含有一定量的水蒸气。对于含有水蒸气的空气称之为湿空气，大气中的空气基本上都是湿空气；不含水蒸气的空气称之为干空气。标准状态下(t＝0℃、压力 p_0＝0.1013MPa)干空气的组成见表 12-1。

表 12-1　干空气的组成

成分	氮(N_2)	氧(O_2)	氩(Ar)	二氧化碳(CO_2)	其他气体
体积/%	78.03	20.93	0.932	0.03	0.078
质量/%	75.50	23.10	1.28	0.045	0.075

湿空气的压力称为全压力，是湿空气的各组成成分气体压力的总和。各组成成分气体压力称为分压力，是指湿空气的各个组成成分气体，在相同温度下，独占湿空气总容积时所具有的压力。平常所说的大气压力就是指湿空气的全压力。

2. 密度

空气具有一定质量，常用密度 ρ 表示单位体积内空气的质量。空气的密度与温度、压力有关。干空气密度用 ρ_g 来表示，即

$$\rho_g = \rho_0 \frac{273.16}{T} \times \frac{p}{p_0} \tag{12-1}$$

式中：ρ_g——在绝对温度为 T 和绝对压力为 p 状态下的干空气密度，kg / m^3；

ρ_0——标准状态下干空气的密度，ρ_0 =1.293kg / m^3；

T——绝对温度，T =273.16+t，K；

t——温度，℃；

p——绝对压力，MPa；

p_0——标准状态下干空气的压力，p_0 =0.1013MPa。

湿空气的密度用 ρ_s 来表示，即

$$\rho_s = \rho_0 \frac{273.16}{T} \times \frac{p - 0.378\varphi p_b}{p_0} \tag{12-2}$$

式中：ρ_s——在绝对温度为 T 和绝对压力为 p 状态下的湿空气密度，kg / m^3；

p——湿空气的绝对全压力，MPa；

p_b——在绝对温度为 T 时，饱和湿空气中水蒸气的分压力(见表 12-2)，MPa；

φ——空气的相对湿度，见式(12-6)。

表 12-2 饱和湿空气中水蒸气的分压力、饱和绝对湿度、容积含湿量和温度的关系

温度 t/℃	饱和水蒸气分压力 p_b/MPa	饱和绝对湿度 χ_b/(g·m^{-3})	饱和容积含湿量 d'_b/(g·m^{-3})	温度 t/℃	饱和水蒸气分压力 p_b/MPa	饱和绝对湿度 χ_b/(g·m^{-3})	饱和容积含湿量 d'_b/(g·m^{-3})
100	0.1013	—	597.0	20	0.0023	17.3	17.3
80	0.0473	290.8	292.9	15	0.0017	12.8	12.8
70	0.0312	197.0	197.9	10	0.0012	9.4	9.4
60	0.0199	129.8	130.1	6	0.0009	7.26	7.30
50	0.0123	82.9	83.2	0	0.0006	4.85	4.85
40	0.0074	51.0	51.2	−6	0.00037	3.16	3.00
35	0.0056	39.5	39.6	−10	0.00026	2.25	2.20
30	0.0042	30.3	30.4	−16	0.00015	1.48	1.30
25	0.0032	23.0	23.0	−20	0.0001	1.07	0.90

【例 12-1】 压力为 6 个标准大气压(表压力)，温度为 30℃的干空气，求其密度。

解：根据式(12-1)，得

$$\rho = \rho_0 \frac{273.16}{T} \times \frac{p}{p_0} = 1.293 \times \frac{273.16}{273.16+30} \times \frac{(6+1)\times 0.1013}{0.1013}$$

$$=8.115\left(\text{kg/m}^3\right)$$

3. 粘度

气流在流动中产生内摩擦力的性质称为粘性，气体粘性的大小用粘度表示。空气粘度的变化只受温度变化的影响，温度升高后，空气内分子运动加剧，使分子之间碰撞增多，粘度增大。而压力的变化对粘度的影响很小，可忽略不计。空气的运动粘度随温度的变化见表 12-3。

表 12-3　湿空气的运动粘度与温度的关系(压力为 0.1013MPa)

t/℃	0	5	10	20	30	40	60	80	100
$\upsilon(\times 10^{-4}m^2\cdot s^{-1})$	0.133	0.142	0.147	0.157	0.166	0.176	0.196	0.210	0.238

4. 压缩性和膨胀性

气体与液体、固体相比较，气体的体积是易变的。从日常生活中知道，可以很轻松地把三四倍体积的空气压缩在自行车轮胎内。气体分子间的距离大，内聚力小，故分子可自由运动。因此，气体的体积容易随压力和温度的变化而变化。气体体积随压力增大而减小的性质称为压缩性；气体体积随温度升高而增大的性质称为膨胀性。气体的压缩性和膨胀性都远大于液体的压缩性和膨胀性，故研究气压传动时，应予以考虑。气体体积随压力和温度的变化规律服从气体状态方程。

5. 湿空气

空气中含有的水分多会使气动元件生锈，因此空气中含水量的多少对气动系统的稳定性和元件的使用寿命有很大影响。为了保证气动系统正常工作，在空气压缩机出口处要安装后冷却器使空气中的水蒸气凝结析出，在储气罐的出口处要安装过滤和烘干设备。各种气动元件对工作介质的含水量都有明确的规定，通常采取一些措施减小含水量。下面介绍几个有关湿空气的概念。

1) 饱和湿空气和未饱和湿空气

在一定的压力和温度条件下，含有最大限度水蒸气的空气称为饱和湿空气，反之为未饱和湿空气。一般的湿空气都处于未饱和状态。湿空气所含水分的程度用湿度和含湿量来表示。

2) 湿度

湿度的表示方法有绝对湿度和相对湿度。

(1) 绝对湿度。绝对湿度是指单位体积($1\ m^3$)的湿空气中，所含水蒸气的质量，用 χ 表示，单位为 kg/m^3，即

$$\chi = \frac{m_s}{V} \tag{12-3}$$

或

$$\chi = \rho_s = \frac{p_s}{R_s T} \tag{12-4}$$

式中：m_s——湿空气中水蒸气的质量，kg；

V——湿空气的体积，m^3；

ρ_s——湿空气中水蒸气的密度，kg/m^3；

p_s——水蒸气的分压力，Pa；

R_s——水蒸气的气体常数，R_s=462.05J / (kg·K)；

T——绝对温度，K。

(2) 饱和绝对湿度。饱和绝对湿度是指在一定温度下，单位体积($1m^3$)饱和湿空气所含水蒸气的质量，用χ_b表示，kg / m^3，即

$$\chi_b=\rho_b=\frac{p_b}{R_sT} \tag{12-5}$$

式中：ρ_b——饱和湿空气中水蒸气的密度，kg / m^3；

p_b——饱和湿空气中水蒸气的分压力，Pa。

标准大气压下，湿空气的饱和绝对湿度χ_b如表 12-2。

(3) 相对湿度。相对湿度是指在某温度和压力下，湿空气的绝对湿度与饱和绝对湿度之比，用φ表示，即

$$\varphi=\frac{\chi}{\chi_b}\times100\%=\frac{p_s}{p_b}\times100\% \tag{12-6}$$

当p_s=0、φ= 0 时，空气绝对干燥；当p_s=p_b、φ=100%时，湿空气饱和。饱和湿空气吸收水蒸气的能力为零，此时的温度为露点温度，简称露点，达到露点以后，湿空气将要有水分析出。φ一般在 0～100%变化。空气的相对湿度在 60%～70%范围内人体感觉舒适，气动技术中规定为了使各元件正常工作，工作介质的相对湿度不得大于 90%，当然越小越好。

3) 析水量

实际上气动系统中的工作介质是空气压缩机输出的压缩空气。湿空气被压缩后，使原来在较大体积内含有的水分(蒸汽)都要挤在较小的体积里，单位体积内所含有的水蒸气量就会增大。当此压缩空气冷却降温时，温度降到露点后，便有水滴析出。每小时从压缩空气中析出水的质量称为析水量。

12.2　气体的状态方程

气体的 3 个状态参数是压力p、温度T和体积V。气体状态方程描述气体处于某一平衡状态时，这 3 个参数之间的关系。本节介绍几种常见的状态变化过程。

1. 理想气体的状态方程

所谓理想气体是指没有粘性的气体。一定质量的理想气体在处于某一平衡状态时，其状态方程为

$$\frac{pV}{T}=\text{常数} \tag{12-7}$$

式中：p——气体的绝对压力，Pa；

V——气体的体积，m^3；

T——气体的热力学温度，K。

由于实际气体具有粘性，因而严格地讲它并不完全符合理想气体方程式，实验证明理想气体状态方程适用于绝对压力不超过 20MPa、温度不低于 20℃的空气、氧气、氮气、二氧化碳等；不适用于高压状态和低温状态下的气体。

2. 气体状态变化过程

p、V、T 的变化决定了气体的不同状态，在状态变化过程中加上限制条件时，理想气体状态方程将有以下几种形式。

1) 等容过程

一定质量的气体，在体积不变的条件下，所进行的状态变化过程称为等容过程。根据式(12-7)可得

$$\frac{p_1}{T_1}=\frac{p_2}{T_2}=\text{常数} \tag{12-8}$$

式中：p_1、p_2——分别为气体在 1、2 两状态下的绝对压力，Pa；

T_1、T_2——分别为气体在 1、2 两状态下的热力学温度，K。

式(12-8)表明，当体积不变时，压力上升，气体的温度随之上升；压力下降，则气体的温度随之下降。

2) 等压过程

一定质量的气体，在压力不变的条件下，所进行的状态变化过程称为等压过程。根据式(12-7)可得

$$\frac{V_1}{T_1}=\frac{V_2}{T_2}=\text{常数} \tag{12-9}$$

式中：V_1、V_2——分别为气体在 1、2 两状态下的体积，m^3。

式(12-9)表明，当压力不变时，温度上升，气体的体积增大(气体膨胀)；温度下降，则气体体积缩小。

3) 等温变化

一定质量的气体，在其状态变化过程中，其温度始终保持不变的过程称为等温过程。当气体状态变化很慢时，可视为等温过程，如气动系统中的汽缸慢速运动、管道送气过程等。根据式(12-7)可得

$$p_1V_1=p_2V_2 \tag{12-10}$$

式(12-10)表明，在温度不变的条件下，气体压力上升时，气体体积被压缩；压力下降时，则气体体积膨胀。

4) 绝热过程

一定质量的气体，在其状态变化过程中，和外界没有热量交换的过程称为绝热过程。当气体状态变化很快时，如气动系统的快速充、排气过程可视为绝热过程。根据式(12-7)等有

$$\frac{p}{\rho^k}=\text{常数} \tag{12-11}$$

或

$$\frac{p^{\left(\frac{k-1}{k}\right)}}{T} = 常数 \tag{12-12}$$

$$T\,V^{(k-1)} = 常数$$

式中：k——绝热指数，对空气来说，k＝1.4。

【例 12-2】　由空气压缩机往气罐内充入压缩空气，使罐内压力由 0.1MPa(绝对)升到 0.25MPa(绝对)，气罐温度从室温 20℃升到 t，充气结束后，气罐温度又逐渐降至室温，此时罐内压力为 p，求 p 及 t 为多少？(提示：气源温度也为 20℃)

解：此过程是一个复杂的充气过程，可看成是简单的绝热充气过程。

已知　p_1＝0.1MPa，p_2＝0.25MPa，　T_1＝20＋273K＝293K，由式(12-12)得

$$T_2 = T_1\left(\frac{p_2}{p_1}\right)^{\frac{k-1}{k}} = 293\times\left(\frac{0.25}{0.1}\right)^{\frac{1.4-1}{1.4}}$$

$$=380.7(\text{K})$$

充气结束后为等容过程，根据式(12-8)得

$$p = \frac{T_1}{T_2}p_2 = \frac{293}{380.7}\times 0.25$$

$$=0.192(\text{MPa})$$

12.3　气体流动的基本方程

一般低速流动着的气体(速度小于 70m / s)，其压力变化不大，由式(12-2)分析其密度变化很小，经常可当作不可压缩流体来处理。所谓不可压缩的含义，是指气体在流动过程中它的密度可以看成是不变的，它的运动规律和液体一样。一般压缩气体在管道中输送时，其速度小于 30m / s，温度与环境温度差不多，因此可当作不可压缩流体来处理。当气体在管道中以较大的速度运动时，一般认为当气体速度大于 70m / s 时，就需考虑密度的变化；还有在某些场合，虽然气体速度并不高，但因管道很长，存在压力损失，压力变化也很大，因此气体的密度也跟着有变化，这时就应把气体当作可压缩流体来对待。

12.3.1　连续性方程

气体在管道中流动时，根据质量守恒定律，通过流管任意截面的气体质量都相等，即

$$\rho vA = 常数 \tag{12-13}$$

式中：A——任意截面的截面积，m^2；

ρ——气体在该任意截面的密度，kg / m^3；

v——气体通过该任意截面的运动速度，m / s。

如果气体运动速度较低，可视为不可压缩的，即 ρ＝常数。则式(12-13)变为

$$vA = 常数 \tag{12-14}$$

12.3.2 伯努利方程

在流管任意截面上，推导出的伯努利方程为

$$\frac{v^2}{2}+gh+\int\frac{\mathrm{d}p}{\rho}+gh_\mathrm{w}=\text{常数}$$

因为气体是可以压缩的($\rho\neq$常数)，如按绝热状态计算(因气体流动一般都很快，来不及和周围环境进行热交换)，则有

$$\frac{v^2}{2}+gh+\frac{k}{k-1}\frac{p}{\rho}+gh_\mathrm{w}=\text{常数} \tag{12-15}$$

式中：h——任意截面的位置高度，m；

g——重力加速度，$g=9.8\mathrm{m/s^2}$；

$\mathrm{d}p$——该任意截面的微压力，Pa；

h_w——摩擦阻力损失，m；

p——任意截面的压力，Pa；

k——绝热指数。

因气体粘度很小，若不考虑摩擦阻力，再忽略位置高度的影响，则有

$$\frac{v^2}{2}+\frac{k}{k-1}\frac{p}{\rho}=\text{常数} \tag{12-16}$$

本 章 小 结

(1) 空气的主要物理性质包括密度、粘度、压缩性和膨胀性；湿空气有饱和湿空气和未饱和湿空气；湿度用绝对湿度和相对湿度表示。

(2) 气体的三个状态参数是压力、温度和体积；气体状态变化过程有等容过程、等压过程、等温过程和绝热过程。

(3) 气体流动的基本方程有连续性方程和伯努利方程。

习　　题

12-1　湿空气的压力为0.1MPa，温度为10℃，相对湿度为80%，求湿空气的绝对湿度及含湿量各为多少？

12-2　空气的相对压力为0.4MPa，温度为30℃，当相对湿度分别为90%和50%时，试计算其密度。[$p=0.4$MPa(相对)时，$p_\mathrm{b}=0.00556$MPa]

12-3　如图12.1所示，在直径$D=32$mm的汽缸内，从无杆腔充入压力为$p_1=0.4$Mpa的压缩空气，假如外部施加给活塞的外力为F，在绝热变化速度下，使活塞位置从$L_1=250$mm变至$L_2=225$mm，问缸内压力为多少？如果初始温度为27℃，求活塞从L_1变至L_2后缸内的温度为多少？

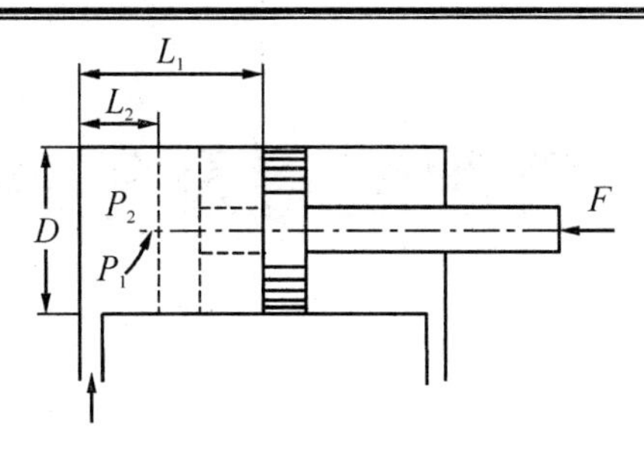

图 12.1　习题 12-3 图

12-4　在题 12-3 中，如果初始温度为 18℃，试求活塞从 L_1 变至 L_2 后缸内的温度为多少？

12-5　已知空压机吸入的空气，绝对压力为 0.1MPa、温度为 20℃，相对湿度为 80%，输出管路压力(绝对)为 0.6Mpa，温度为 40℃，空压机的流量为 $5m^3$ / min，求每小时由空气中分离出来的水量为多少。

12-6　在 15℃时，将空气从 0.1MPa(绝对压力)压缩到 0.7MPa(绝对压力)，求温升为多少？

第 13 章 气源装置及气动辅助元件

教学目标与要求：

- 了解空气压缩机的分类
- 掌握空气压缩机的工作原理
- 了解气动辅助元件

教学重点：

- 空气压缩机的工作原理
- 气动辅助元件

13.1 气 源 装 置

气压传动系统是以空气压缩机作为气源装置的，一般规定，当空气压缩机的排气量小于 $6m^3/min$ 时，直接安装在主机旁；当排气量大于或等于 $6m^3/min$ 时，就应独立设置压缩空气站，作为整个工厂或车间的统一气源。图 13.1 为一般压缩空气站的设备组成和布置示意图。

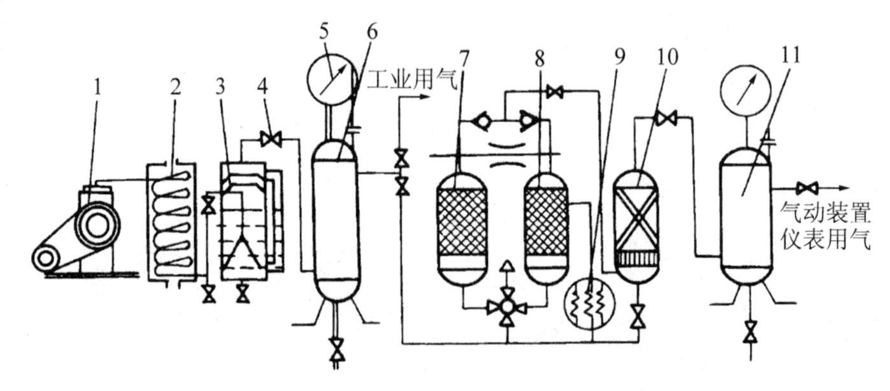

图 13.1 压缩空气站的设备组成和布置示意图

1—空气压缩机；2—后冷却器；3—除油器；4—阀门；5—压力表；
6、11—储气罐；7、8—干燥器；9—加热器；10—空气过滤器

图 13.1 中空气压缩机 1 产生压缩空气，一般由电动机带动。其进气口装有简易空气过滤器(图中未画出)，过滤掉空气中的一些灰尘、杂质。后冷却器 2 用以降温、冷却压缩空气，使汽化的水、油凝结出来。除油器 3 使降温冷凝出来的水滴、油滴、杂质从压缩空气中分离出来，再从排油水口排出。储气罐 6 用来贮存压缩空气和稳定压缩空气的压力，并除去其中的油和水，储气罐 6 输出的压缩空气即可用于一般要求的气压传动系统。干燥器 7、8 用以进一步吸收和排除压缩空气中的水分及油分，使之变成干燥空气。空气过滤器 10

用来进一步过滤压缩空气中的灰尘、杂质。从储气罐 11 输出的压缩空气可用于要求较高的气动系统(如气动仪表及射流元件组成的控制回路)。

空气压缩机是气动系统的动力源，是气压传动的心脏部分，它是把电动机输出的机械能转换成气体压力能的能量转换装置。

13.1.1　空气压缩机的分类

空气压缩机的种类很多，按结构形式主要可分为容积型和速度型两类，其分类如图 13.2 所示。

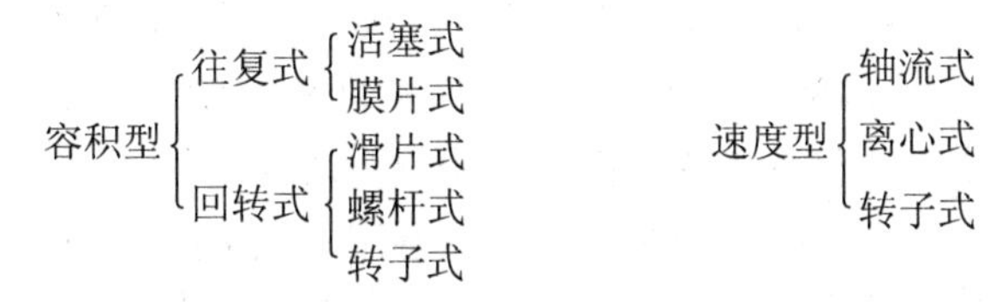

图 13.2　空气压缩机的分类

按输出压力大小可分为低压空压机(0.2～1MPa)、中压空压机(1.0～10MPa)、高压空压机(10～100MPa)和超高压空压机(＞100MPa)；按输出流量(排量)可分为微型(＜1m^3 / min)、小型(1～10m^3 / min)、中型(10～100 m^3 / min)和大型(＞100m^3 / min)。

13.1.2　空气压缩机的工作原理

气压系统中最常用的空气压缩机是往复活塞式，其工作原理如图 13.3 所示。当活塞 5 向右运动时，汽缸 4 内容积增大，形成部分真空而低于大气压力，外界空气在大气压力作用下推开吸气阀 3 而进入汽缸中，这个过程称为吸气过程；当活塞向左运动时，吸气阀在缸内压缩气体的作用下而关闭，随着活塞的左移，缸内空气受到压缩而使压力升高，这个过程称为压缩过程；当汽缸内压力增高到略高于输气管路内压力 p 时，排气阀 2 打开，压缩空气排入输气管路内，这个过程称为排气过程。曲柄旋转一周，活塞往复行程一次，即完成“吸气→压缩→排气”一个工作循环。活塞的往复运动是由电动机带动曲柄 10 转动，通过连杆 9、十字头滑块 7、活塞杆 6 转化成直线往复运动而产生的。图 13.3 中只表示一个活塞一个缸的空气压缩机，大多数空气压缩机是多缸多活塞的组合。

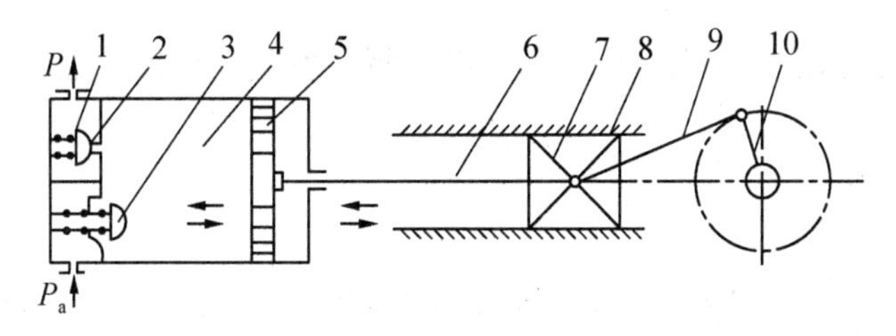

图 13.3　活塞式空气压缩机的工作原理图

1—弹簧；2—排气阀；3—吸气阀；4—汽缸；5—活塞；6—活塞杆；7—十字头滑块；8—滑道；9—连杆；10—曲柄

13.1.3　空气压缩机的选择

多数气动装置是断续工作的，而且其负载波动也较大，因此选择空气压缩机的主要根据是系统所需的工作压力和流量这两个参数。

一般气压传动系统工作压力为0.5~0.6MPa，选用额定排气压力为0.7~0.8MPa的低压空气压缩机。特殊需要也选用中压、高压或超高压的空气压缩机。空压机铭牌上的排气量是自由空气(标准大气压下)排气量，选用时可参考式(13-1)

$$q = \psi K_1 K_2 \sum_{i=1}^{n} q_{zi} \tag{13-1}$$

式中：q——空气压缩机的排气量，m^3/s；

q_z——一台设备需要的平均自由空气耗气量，m^3/s；

n——气动设备台数(包括所有的汽缸和气马达)；

K_1——漏损系数。考虑各气动元件、管件、接头的泄漏，尤其风动工具的磨损泄漏，供气量应增加15%～50%，即有漏损系数K_1=1.15～1.5，风动工具多时取大值；

K_2——备用系数。由于系统各工作时间用气量可能不等，考虑其最大用量，再考虑到有时会增设新的气动装置，即有备用系数K_2=1.3～1.6；

ψ——利用系数。同类气动设备较多时，有的设备在耗气，而有的还没有使用，故要考虑利用系数Ψ，由图13.4选取。

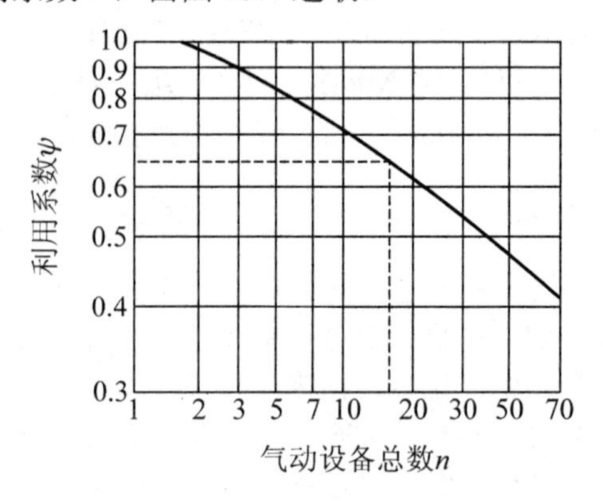

图13.4　气动设备利用系数

13.2　气动辅助元件

气动辅助元件包括后冷却器、除油器、储气罐、空气干燥器、过滤器、油雾器、消声器、转换器等。

13.2.1　后冷却器

压缩气体时，由于体积减小，压力增高，温度也增高。对于一般的空气压缩机来说，排气温度可达140～170℃。如果把这样高温的气体直接输入储气罐及管路，会给气动装置带来很多害处。因为此时的压缩空气中含有的油、水均为汽态，成为易燃易爆的气源，且它们的腐蚀作用很强，会损坏气动装置而影响系统正常工作。因此必须在空压机排气口处安装后冷却器。它的作用是将空气压缩机排出的压缩空气温度由140～170℃冷却到40～50℃，使其中的水汽和油雾凝结成水滴和油滴，以便经除油器排出。后冷却器一般采用水冷换热方式，其结构形式有蛇管式、套管式、列管式和散热片式等。

蛇管式后冷却器的结构如图 13.5 所示，主要由一根蛇状盘管和一只盛装此盘管的圆筒组成。蛇状盘管可用铜管或钢管弯曲制成，其表面积也是该冷却器的散热面积。由空气压缩机排出的热空气由蛇状盘管上部进入，通过管外壁与冷却水进行热交换，冷却后由蛇状盘管下部输出。这种冷却器结构简单，使用和维修方便，因而被广泛用于流量较小的场合。

13.2.2　除油器

除油器安装在后冷却器后的管道上，它的作用是分离压缩空气中所含的油分、水分和灰尘等杂质，使压缩空气得到初步净化。其结构形式有环形回转式、撞击并折回式、离心旋转式、水浴式及以上形式的组合使用等。经常采用的是使气流撞击并产生环形回转流动的除油器，其结构如图 13.6 所示。其工作原理是，当压缩空气由进气管进入除油器壳体以后，气流先受到隔板的阻挡，产生流向和速度的急剧变化(流向如图 13.6 中箭头所示)，而在压缩空气中凝聚的水滴、油滴等杂质，受惯性作用而分离出来，沉淀于壳体底部，由下部的排油、水阀定期排出。

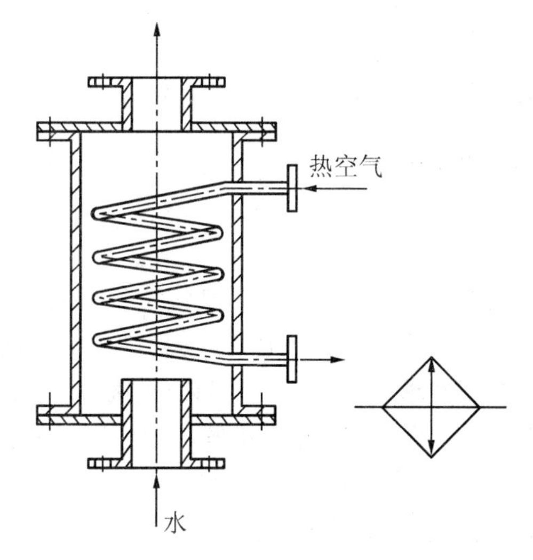

图 13.5　蛇管式后冷却器的结构示意图及图形符号

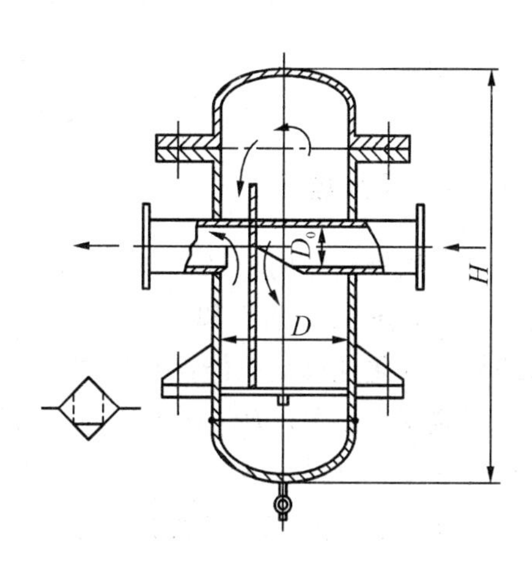

图 13.6　撞击折回并回转式除油器的结构示意图及图形符号

13.2.3　储气罐

储气罐的作用是消除压力波动，保证输出气流的稳定性；贮存一定量的压缩空气，当空压机发生意外事故如停机、突然停电等时，储气罐中贮存的压缩空气可作为应急使用；进一步分离压缩空气中的水分和油分。储气罐一般采用圆筒状焊接结构，有立式和卧式两种，一般以立式居多，其结构如图 13.7 所示，进气管在下，出气管在上，并尽可能加大两管之间的距离，以利于进一步分离空气中的油水杂质。罐上设安全阀，其调整压力为工作压力的 110%；装设压力表指示罐内压力；设置手孔，以便清理检查内部；底部设排放油、水的阀，并定时排放。储气罐应布置在室外、人流量较少处和阴凉处。

在选择储气罐的容积 V_c 时，可参考以下公式，即

当 $q<6.0\text{m}^3/\text{min}$ 时，取 $V_c=1.2\text{m}^3$；

当 $q=6.0\sim30\text{m}^3/\text{min}$ 时，取 $V_c=1.2\sim4.5\text{m}^3$；

当 $q>30\text{m}^3/\text{min}$ 时，取 $V_c=4.5\text{m}^3$。

式中：q——空气压缩机的自由排气量，m^3/min。

储气罐的高度 H 可为内径 D 的 2～3 倍。

目前，在气压传动中后冷却器、除油器和储气罐三位一体的结构形式已被采用，这使压缩空气站的辅助设备大为简化。

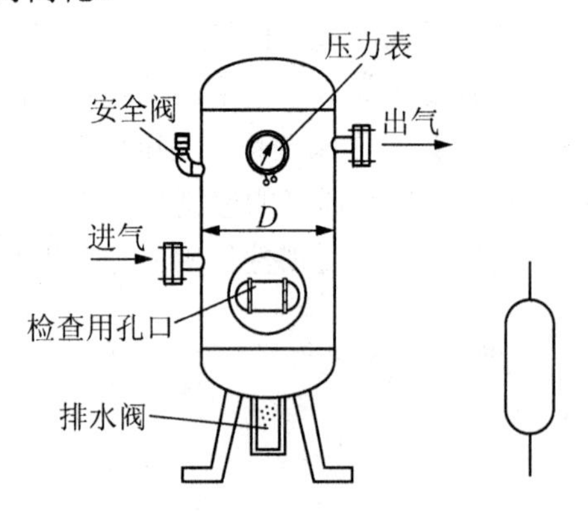

图 13.7　储气罐及图形符号

13.2.4　空气干燥器

空气干燥器的作用是吸收和排除压缩空气中的水分和油分与杂质，使湿空气变成干空气的装置，如图 13.1 的 7 和 8 所示。从空压机输出的压缩空气经过后冷却器、除油器和储气罐的初步净化处理后已能满足一般气动系统的使用要求。但对于一些精密机械、仪表等装置还不能满足要求，为防止初步净化后的气体中所含的水分对精密机械、仪表产生锈蚀，需要进行干燥和再精过滤。

目前使用的干燥方法主要有冷冻法、吸附法、机械法和离心法等。在工业上常用的是冷冻法和吸附法。

1. 冷冻式干燥器

它是使压缩空气冷却到一定的露点温度，然后析出空气中超过饱和气压部分的水分，降低其含湿量，增加空气的干燥度。此方法适用于处理低压大流量、并对干燥度要求不高的压缩空气。压缩空气的冷却除用冷冻设备外，也可采用制冷剂直接蒸发，或用冷却液间接冷却的方法。

2. 吸附式干燥器

它主要是利用具有吸附性能的吸附剂(如硅胶、活性氧化铝、焦炭、分子筛等物质)表面能够吸附水分的特性来清除水分的，从而达到干燥、过滤的目的。吸附法应用较为普遍。当干燥器使用几分钟后，吸附剂吸水达到饱和状态而失去吸水能力，因此需设法除去吸附剂中的水分，使其恢复干燥状态，以便继续使用，这就是吸附剂的再生。

图 13.8 所示为一种常见的不加热再生式干燥器，它有两个填满干燥剂的容器 1 和 2。当空气从容器 1 的下部流到上部时，空气中的水分被干燥剂吸收而得到干燥，一部分干燥后的空气又从容器 2 的上部流到下部，把吸附在干燥剂中的水分带走并放入大气。即实现了不需外加热源而使吸附剂再生，两容器定期地交换工作(约 5～10min)使吸附剂产生吸附和再生，这样可得到连续输出的干燥压缩空气。

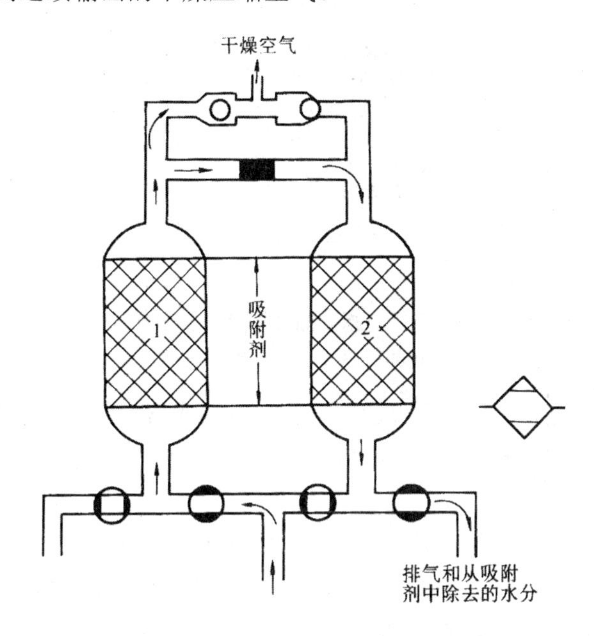

图 13.8　不加热再生式干燥器的工作原理图及图形符号

13.2.5　过滤器

过滤器的作用是滤除压缩空气中的杂质，达到系统所要求的净化程度。常用的有一次过滤器、二次过滤器和高效过滤器。

(1) 一次过滤器(也称为简易空气过滤器)由壳体和滤芯所组成，按滤芯所采用的材料不同可分为纸质、织物(麻布、绒布、毛毡)、陶瓷、泡沫塑料和金属(金属网、金属屑)等过滤器。空气中所含的杂质和灰尘，若进入系统中，将加剧相对滑动件的磨损，加速润滑油的老化，降低密封性能，使排气温度升高，功率损耗增加，从而使压缩空气的质量大为降低。所以在空气进入空压机之前，必须经过简易空气过滤器，以滤去其中所含的一部分灰尘和杂质。空气压缩机中普遍采用纸质过滤器和金属过滤器。

(2) 二次过滤器(也称为空气滤气器)。在空气压缩机的输出端使用的为二次过滤器。图 13.9 所示为二次过滤器的结构图。其工作原理是：压缩空气从输入口进入后，被引入旋风叶子 1，旋风叶子上有许多成一定角度的缺口，迫使空气沿切线方向产生强烈旋转。这样夹杂在空气中的较大水滴、油滴和灰尘等便获得较大的离心力，从空气中分离出来沉到水杯底部。然后，气体通过中间的滤芯 2，部分杂质、灰尘又被滤掉，洁净的空气便从输出口输出。为防止气体旋转的旋涡将存水杯 3 中积存的污水卷起，在滤芯下部设有挡水板 4。为保证空气过滤器正常工作，必须及时将存水杯中的污水通过排水阀 5 排放。在某些人工排水不方便的场合，可选择自动排水式空气过滤器。存水杯由透明材料制成，便于观察其工作情况、污水高度和滤芯污染程度。

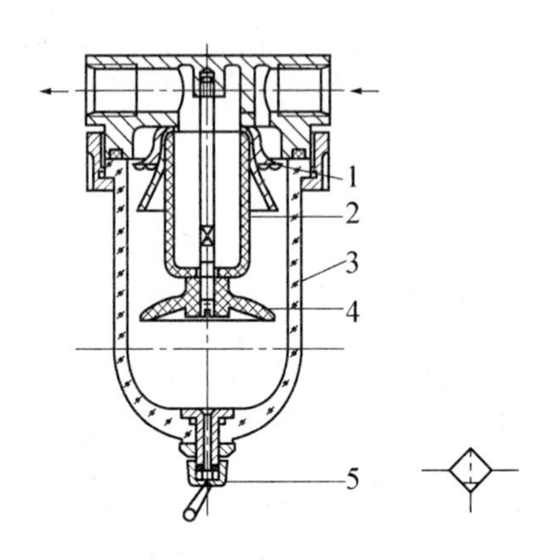

图 13.9　空气过滤器的结构简图及图形符号

1—旋风叶子；2—滤芯；3—存水杯；4—挡水板；5—排水阀

(3) 高效过滤器的过滤效率更高，适用于要求较高的气动装置和射流元件等场合使用。

13.2.6　油雾器

气动控制中的各种阀和汽缸都需要润滑，如汽缸的活塞在缸体中作往复运动，若没有润滑，活塞上的密封圈很快就会磨损，影响系统的正常工作，因此必须给系统进行润滑。油雾器是一种特殊的注油装置，它以压缩空气为动力，将润滑油喷射成雾状并混合于压缩空气中，随着压缩空气进入需要润滑的部位，达到润滑气动元件的目的。目前，气动控制阀、汽缸和气动电动机主要是靠这种带有油雾的压缩空气来实现润滑的，其优点是方便、干净、润滑质量高。

图 13.10 所示为普通型油雾器的结构图。压缩空气从输入口 1 进入后，通过小孔 3 进入特殊单向阀[由阀座 5、钢球 12 和弹簧 13 组成，其工作情况如图 13.10(c)、(d)、(e)所示]阀座的腔内，如图 13.10(d)所示，在钢球 12 上下表面形成压力差，此压力差被弹簧 13 的部分弹簧力所平衡，而使钢球处于中间位置。因而压缩空气就进入储油杯 6 的上腔 *A*，油面受压，压力油经吸油管 10 将单向阀 9 的钢球托起，钢球上部管道有一个边长小于钢球直径的四方孔，使钢球不能将上部管道封死，压力油能不断地流入视油器 8 内，到达喷嘴小孔 2 中，被主通道中的气流从小孔 2 中引射出来，雾化后从输出口 4 输出。视油器上部的节流阀 7 用以调节滴油量，可在 0～200 滴/min 范围内调节。

普通型油雾器能在进气状态下加油，这时只要拧松油塞 11 后，*A* 腔与大气相通而压力下降，同时输入进来的压缩空气将钢球 12 压在阀座 5 上，切断压缩空气进入 *A* 腔的通道，如图 13.10(e)所示。又由于吸油管中单向阀 9 的作用，压缩空气也不会从吸油管倒灌到贮油杯中，所以就可以在不停气状态下向油塞口加油。加油完毕，拧上油塞，特殊单向阀又恢复工作状态，油雾器又重新开始工作。

贮油杯一般用透明的聚碳酸脂制成，能清楚地看到杯中的贮油量和清洁程度，以便及时补充与更换。视油器用透明的有机玻璃制成，能清楚地看到油雾器的滴油情况。

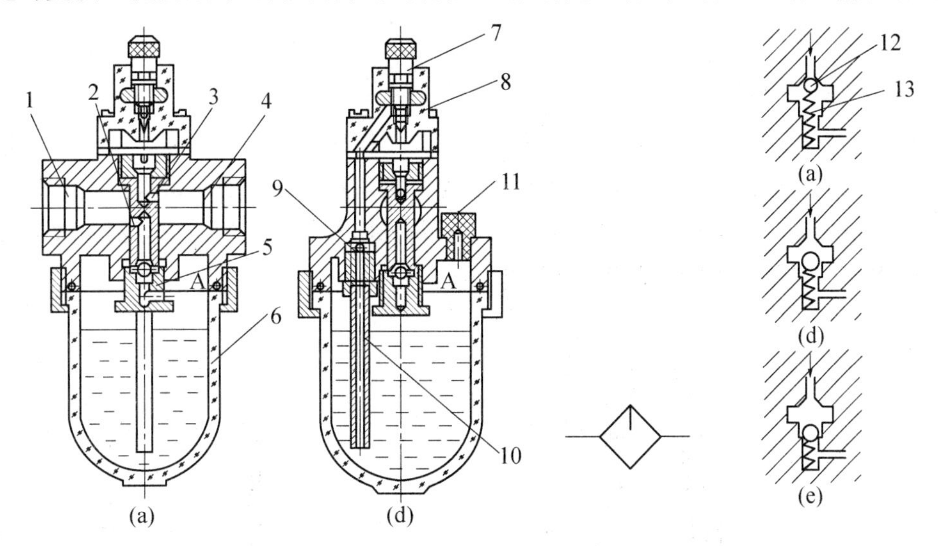

图 13.10 普通型油雾器的结构原理图及图形符号

1—输入口；2、3—小孔；4—输出口；5—阀座；6—贮油杯；7—节流阀；8—视油器；9—单向阀；10—吸油管；11—油塞；12—钢球；13—弹簧

安装油雾器时应注意进、出口不能接错；垂直设置，不可倒置或倾斜；保持正常油面，不应过高或过低。其供油量根据使用条件的不同而不同，一般以 $10m^3$ 自由空气(标准状态下)供给 1mL 的油量为基准。

13.2.7 消声器

气动装置的噪声一般都比较大，尤其当压缩气体直接从汽缸或换向阀排向大气时，由于阀内的气路复杂且又十分狭窄，压缩空气以接近声速(340m／s)的流速从排气口中排向大气，较高的压差使气体体积急剧膨胀，产生涡流，引起气体的振动，发出强烈的噪声，一般可达 100～120dB，危害人的健康，使作业环境恶化，工作效率降低。噪声高于 90dB 时必须设法降低。为消除和减弱这种噪声，应在气动装置的排气口安装消声器。消声器是通过对气流的阻尼、增加排气面积和使用吸声材料等方法，达到降低噪声目的的。常用的有 3 种形式：吸收型、膨胀干涉型和膨胀干涉吸收型。

1. 吸收型消声器

它主要利用吸声材料(玻璃纤维、毛毡、泡沫塑料、烧结金属、烧结陶瓷以及烧结塑料等)来降低噪声。在气体流动的管道内固定吸声材料，或按一定方式在管道中排列，如图 13.11 所示。其工作原理是：当气流通过消声罩 1 时，气流受阻，声能量被部分吸收转化为热能，可使噪声降低约 20dB。吸收型消声器主要用于消除中高频噪声，特别对刺耳的高频声波消声效果更为显著。在气动系统中广为应用。

2. 膨胀干涉型消声器

这种消声器结构很简单，相当于一段比排气孔口径大的管件。当气流通过时，让气流在管道里膨胀、扩散、反射、相互干涉而消声，主要用于消除中、低频噪声，尤其是低频噪声。

3. 膨胀干涉吸收型消声器

它是综合上述两种消声器的特点而构成的，其结构如图 13.12 所示。工作原理是：气流由端盖上的斜孔引入，在 A 室扩散、减速、碰壁撞击后反射到 B 室，气流束互相冲撞、干涉，进一步减速，并通过消声器内壁的吸声材料排向大气。这种消声器消声效果好，低频可消声 20dB，高频可消声 45dB 左右。

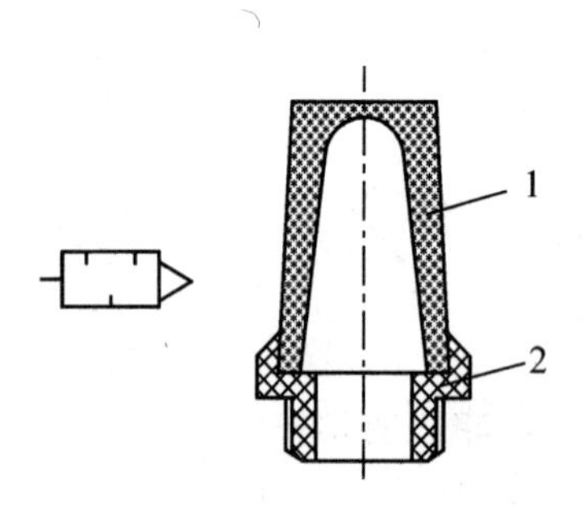

图 13.11　吸收型消声器的结构示意图及图形符号

1—消声罩；2—连接螺钉

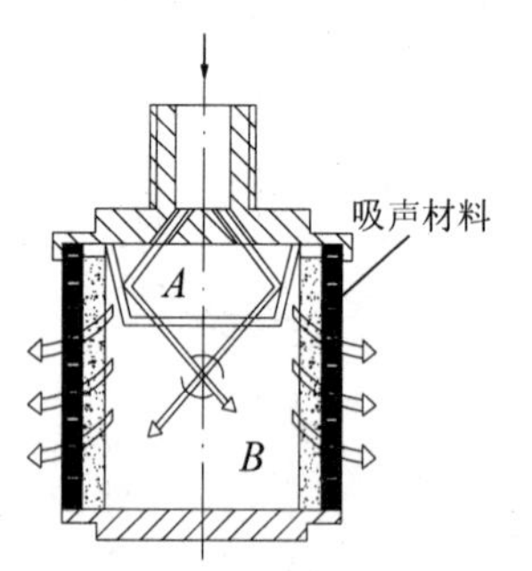

图 13.12　膨胀干涉吸收型消声器

本章小结

(1) 空气压缩机将机械能转化为气压能；选择空气压缩机的依据是气动系统所需要的工作压力和流量。

(2) 气动辅助元件包括冷却器、除油器、储气罐、空气干燥器、过滤器、油雾器和消声器。

习　题

13-1　说明空气压缩机的工作原理。

13-2　说明后冷却器的作用。

13-3　说明储气罐的作用。

13-4　在压缩空气站中，为什么既有除油器，又有油雾器？

13-5　常用气源三联件是指哪些元件？安装顺序如何？如果不按顺序安装，会出现什么问题？

第 14 章　气动执行元件

教学目标与要求：

- 了解汽缸的分类与结构
- 掌握汽缸的推力和耗气量的计算
- 了解特殊汽缸和气动马达的结构

教学重点：

- 单作用汽缸和双作用汽缸的结构
- 汽缸的推力和耗气量的计算

教学难点：

- 汽缸的推力和耗气量的计算
- 气－液阻尼缸的工作原理

气动执行元件是将压缩空气的压力能转化为机械能的能量转换装置，包括汽缸和气动马达，气缸用于实现直线往复运动，气动马达用于实现旋转运动。汽缸结构简单、成本低、工作可靠；在有可能发生火灾和爆炸危险的场合使用安全；汽缸的运动速度可达到 1～3m/s，这在自动化生产线中能够缩短辅助动作(例如传输、压紧等)的时间，提高劳动生产率，具有十分重要的意义。但是汽缸也有其缺点，主要是由于空气的压缩性使速度和位置控制的精度不高，输出功率小。

14.1　汽　　缸

汽缸的分类有多种，按压缩空气对活塞的作用力的方向可分为单作用式和双作用式；按汽缸的结构特征可分为活塞式、薄膜式和柱塞式；按汽缸的安装形式可分为固定式(耳座式、凸缘式和法兰式)、轴销式(尾部轴销、中间轴销和头部轴销)、回转式和嵌入式；按汽缸的功能又可分为普通汽缸(包括单作用式汽缸和双作用式汽缸)和特殊汽缸(包括缓冲汽缸、摆动汽缸、冲击汽缸和气－液阻尼缸等)。

14.1.1　普通汽缸

1．单杆单作用汽缸

压缩空气作用在活塞端面上，推动活塞运动，而活塞的反向运动依靠复位弹簧力、重力或其他外力，这类汽缸称为单作用汽缸。如图 14.1 所示为弹簧复位式的单作用汽缸，压缩空气由端盖上的 P 孔进入无杆腔，推动活塞向右运动，活塞退回由复位弹簧实现。汽缸右腔通过孔 O 始终与大气相通。这种汽缸在夹紧装置中应用较多。

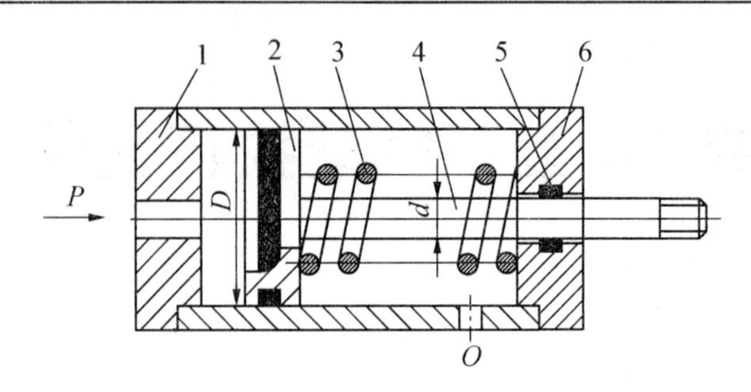

图 14.1　弹簧复位式的单作用汽缸

1、6—端盖；2—活塞；3—弹簧；4—活塞杆；5—密封圈

2. 单杆双作用汽缸

活塞在两个方向上的运动都是依靠压缩空气的作用而实现的，这类汽缸称为双作用汽缸。其结构如图 14.2 所示。

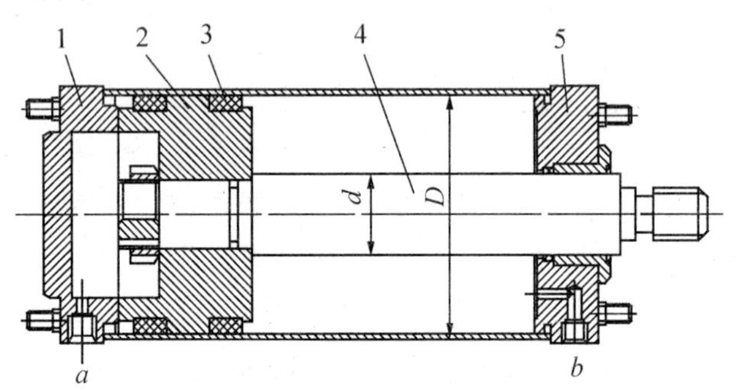

图 14.2　单杆双作用汽缸

1、5—端盖；2—活塞；3—密封圈；4—活塞杆

3. 汽缸的输出推力和耗气量的计算

(1) 汽缸输出推力的计算。

以图 14.2 所示的单杆双作用汽缸为例，活塞右行时活塞杆产生的推力 F_1，左行时活塞杆产生的拉力 F_2，可按式(14-1)和式(14-2)计算

$$F_1 = \frac{\pi}{4} D^2 p \eta \tag{14-1}$$

$$F_2 = \frac{\pi}{4}\left(D^2 - d^2\right) p \eta \tag{14-2}$$

式中：D——汽缸内径，m；

d——活塞杆直径，m；

p——汽缸工作压力，Pa；

η——考虑总阻力及动态特性等因素的负载效率，一般取负载率 $\eta = 0.3 \sim 0.5$。

(2) 汽缸一个往复行程压缩空气耗气量 q 可按式(14-3)计算

$$q = \left[\frac{\pi}{4} D^2 + \frac{\pi}{4}\left(D^2 - d^2\right)\right]\frac{l}{\eta_v t} = \frac{\pi l}{4\eta_v t}\left(2D^2 - d^2\right) \tag{14-3}$$

式中：q——压缩空气的耗气量，m^3/s；

L——汽缸活塞行程，m；

t——汽缸一个往复行程所用的时间，s；

η_{v}——汽缸容积效率。

在实际应用中，一般连接管道容积比汽缸容积小得多，故在式(14-3)中忽略不计。

由于每台气动设备所需的工作压力不同，计算耗气量应有一个统一的压力标准。一般都把不同压力下的压缩空气的流量转换成标准大气压力下的自由空气流量来计算，用式(14-4)计算

$$q_{\mathrm{z}} = q\frac{p + 0.1013}{0.1013} \tag{14-4}$$

式中：q_{z}——自由空气的耗气量，m^3/s；

p——压缩空气的工作压力，MPa。

14.1.2　特殊汽缸

1. 薄膜汽缸

薄膜汽缸分为单作用式和双作用式两种。单作用式薄膜汽缸如图 14.3(a)所示，其工作原理是：当压缩空气进入左腔时，膜片 3 在气压作用下产生变形使活塞杆 2 伸出，夹紧工件；松开工件则靠弹簧的作用使膜片复位。活塞的位移较小，一般小于 40mm。这种汽缸的结构紧凑，重量轻，维修方便，密封性能好，制造成本低，广泛应用于各种自锁机构及夹具。

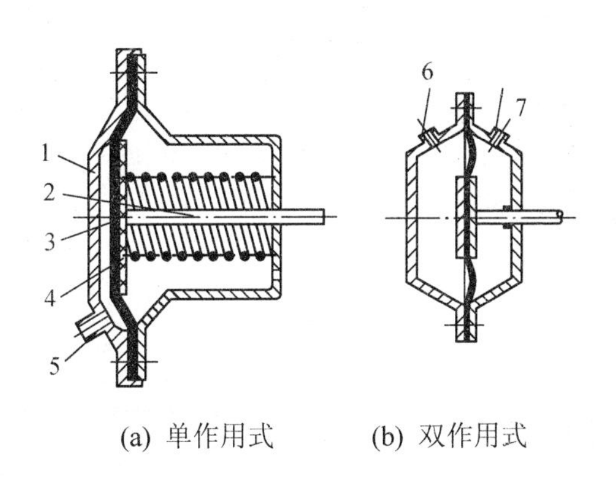

(a) 单作用式　　(b) 双作用式

图 14.3　薄膜汽缸

1—缸体；2—活塞杆；3—膜片；4—膜盘；5—进气口；6、7—进出气口

2. 冲击汽缸

图 14.4 所示为普通型冲击汽缸的结构示意图。它与普通汽缸相比增加了蓄能腔 B 以及带有喷嘴和具有排气小孔的中盖 4。其工作原理是：压缩空气由气孔 2 进入 A 腔，其压力只能通过喷嘴口 3 的面积作用在活塞 6 上，还不能克服 C 腔的排气压力所产生的向上推力以及活塞与缸体间的摩擦力，喷嘴处于关闭状态，从而使 A 腔的充气压力逐渐升高。当充气压力升高到能使活塞向下移动时，活塞的下移使喷嘴口开启，聚集在 A 腔中的压缩空气通过喷嘴口突然作用于活塞的全面积上，喷嘴口处的气流速度可达声速。高速气流进入 B

腔进一步膨胀并产生冲击波，其压力可高达气源压力的几倍到几十倍，给予活塞很大的向下推力。此时 C 腔内的压力很低，活塞在很大的压差作用下迅速加速，加速度可达 1000m/s^2 以上，在很短的时间内(约为 0.25～1.25s)以极高的速度(最大速度可达 10m/s)向下冲击，从而获得很大的动能，利用此能量做功，可完成锻造、冲压等多种作业。当气孔 10 进气，气孔 2 与大气相通时，作用在活塞下端的压力使活塞上升，封住喷嘴口，B腔残余气体经低压排气阀 5 排向大气。冲击汽缸与同等做功能力的冲压设备相比，具有结构简单、体积小、成本低、使用可靠、易维修、冲裁质量好等优点。缺点是噪声较大，能量消耗大，冲击效率较低。故在加工数量大时，不能代替冲床。总的来说，由于它有较多的优点，所以在生产上得到了日益广泛的应用。

3. 缓冲汽缸

一个普通汽缸当活塞运动接近行程末端时，由于具有较高的速度，如不采取措施，活塞就会以很大的作用力撞击端盖，引起很大的震动，也可能由于撞击而使气动夹具夹紧的薄壁工件发生变形。对于行程较长的汽缸，这种现象尤为显著。为了使活塞能够平稳地靠拢端盖而不发生冲击现象，可以在汽缸内部加上缓冲装置，这种汽缸称为缓冲汽缸，如图 14.5 所示。其工作原理是：当活塞运动到接近行程末端，缓冲柱塞 3 进入柱塞孔时，主排气道被堵死，活塞进入缓冲行程。活塞再向前进，则在排气腔内的剩余气体只能从节流阀 2 排出，由于排气不畅，排气腔中的气体被活塞压缩，压力升高，形成一个甚至高于工作气源压力的背压，使活塞的运动速度逐渐减慢。调节节流阀的开度可控制汽缸活塞速度的减缓程度。当活塞反向运动时，气流经过单向阀 9 进入汽缸，因而汽缸能正常启动。

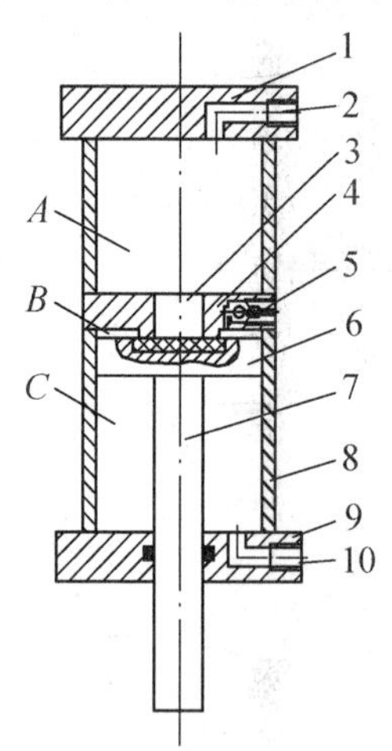

图 14.4　普通型冲击汽缸的结构示意图

1、9—端盖；2、10—进、出气孔；3—喷嘴口；4—中盖；5—低压排气阀；6—活塞；7—活塞杆；8—缸体

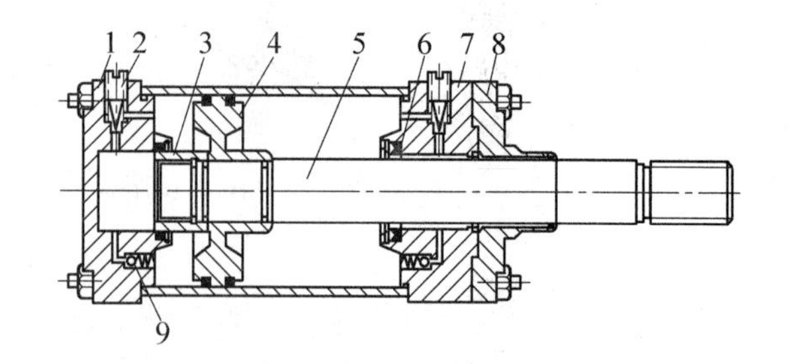

图 14.5　缓冲汽缸

1、7—前、后端盖；2—节流阀；3—缓冲柱塞；4—活塞；5—活塞杆；6—密封圈；8—压盖；9—单向阀

4. 气—液阻尼缸

在机械加工中实现进给运动的汽缸，要求运动速度均匀，即使在负载有变化的情况下，运动仍应是平稳的，并能实现精确的进给。普通汽缸不能满足这些要求。因为气体的可压

缩性，使得汽缸容易产生“爬行”、“自走”，因此输出推力和速度就有波动，影响切削加工的精度，严重的甚至会破坏刀具。为了克服这些缺点，通常采用气－液阻尼缸，它是由汽缸和液压缸组合而成的，以压缩空气为能源，利用油液的不可压缩性控制流量，来获得活塞的平稳运动。与汽缸相比，它传动平稳，停位准确、噪声小；与液压缸相比，它不需要液压源，经济性好，同时具有气动和液压的优点，因此得到了广泛的应用。

图 14.6 为串联式气－液阻尼缸的工作原理图，它将液压缸和汽缸串联成一个整体，两个活塞固定在一根活塞杆上。若压缩空气从 *B* 口进入汽缸右侧，必推动活塞向左运动，因液压缸活塞与汽缸活塞是同一个活塞杆，故液压缸活塞也将向左运动，此时液压缸左腔排油，油液由 *C* 口经节流阀流回右腔，对整个活塞的运动产生阻尼作用，调节节流阀即可改变活塞的输出速度；反之，压缩空气自 *A* 口进入汽缸左侧，活塞向右移动，液压缸右侧排油，此时单向阀开启，无阻尼作用，活塞快速向右运动。这种缸的缸体较长，加工与装配的工艺要求高，且两缸间可能产生窜气窜油现象。

这种气－液阻尼缸也可将双活塞杆腔作为液压缸，这样可以使液压缸左、右腔的排油量相等。此时，油箱的作用只是补充液压缸因外泄漏而减少的油量，因此改用油杯就可以了。

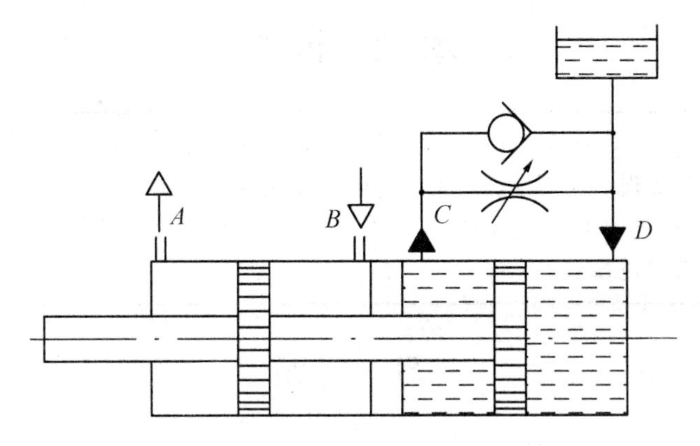

图 14.6　串联式气－液阻尼缸的工作原理图

14.2　气动马达

气动马达是将压缩空气的压力能转换成机械能的能量转换装置，输出转速和转矩，驱动机构作旋转运动，相当于液压马达或电动机。气动马达的优点是：①可以无级调速，只要控制进气流量，就可以调节输出转速；②因为其工作介质是空气，不会引起火灾；③过载时能自动停转。缺点是：输出功率小、耗气量大、效率低、噪声大和易产生振动。在气压传动中使用最广泛的是叶片式和活塞式气动马达。

叶片式气动马达有 3～10 个叶片安装在一个偏心转子的径向沟槽中，如图 14.7 所示。其工作原理与液压马达相同，当压缩空气从进气口 *A* 进入气室后立即喷向叶片 1、4，作用在叶片的外伸部分，通过叶片带动转子 2 作逆时针转动，输出转矩和转速，做完功的气体从排气口 *C* 排出，残余气体则经 *B* 排出(二次排气)；若进、排气口互换，则转子反转，输出相反方向的转矩和转速。转子转动的离心力和叶片底部的气压力、弹簧力(图 14.7 中未画出)使得叶片紧密地与定子 3 的内壁相接触，以保证可靠密封，提高容积效率。

叶片式气动马达主要用于风动工具(如风钻、风扳手、风砂轮)、高速旋转机械及矿山机械等。

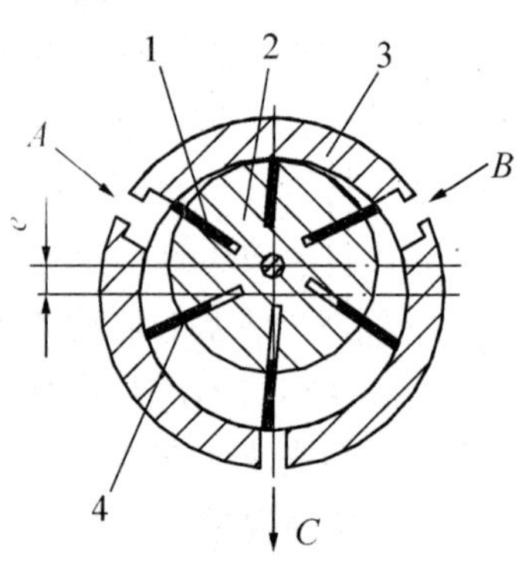

图 14.7　叶片式气动马达

1、4—叶片；2—转子；3—定子

本 章 小 结

(1) 气动执行元件是将空气的压力能转化为机械能的能量转换装置，包括汽缸和气动马达。汽缸用于实现往复直线运动；气动马达用于实现旋转运动。

(2) 普通汽缸包括单作用汽缸和双作用汽缸；特殊汽缸包括薄膜汽缸、冲击汽缸、缓冲汽缸和气－液阻尼缸。

习　　题

14-1　弹簧复位式的单作用汽缸内径 D=80mm，复位弹簧的反作用力为 300N，工作压力为 0.5MPa，求汽缸的输出推力。如果汽缸的负载效率是 50%，求汽缸的推力。

14-2　单杆双作用汽缸内径 D=80mm，活塞杆直径 d=25mm，工作行程 L=400mm，工作压力为 0.5MPa，汽缸的负载效率为 50%，求汽缸的推力和拉力。活塞一个往复运动所消耗的自由空气量为多少？

14-3　汽缸有哪些类型？

第 15 章　气动控制元件

教学目标与要求：

- 掌握方向、压力、流量控制阀的结构和工作原理
- 了解气动逻辑元件和气动逻辑回路

教学重点：

- 方向、压力、流量控制阀的结构和工作原理

教学难点：

- 压力控制阀的结构和工作原理
- 气动逻辑元件的工作原理

气动控制元件是在气动系统中控制气流的压力、流量、方向和发送信号的元件，利用它们可以组成具有特定功能的控制回路，使气动执行元件或控制系统能够实现规定程序并正常工作。气动控制元件的功用、工作原理等和液压控制元件相似，仅在结构上有些差异。本章主要介绍各种气动控制元件的结构和工作原理。

15.1　方向控制阀及换向回路

方向控制阀是气动控制回路中用来控制压缩空气的流动方向和气流的通断，以控制执行元件启动、停止及运动方向的气动控制元件。

15.1.1　单向型方向控制阀

1. 单向阀

在单向阀中，气体只能沿着一个方向流动，反向不能流动，与液压阀中的单向阀相似，其结构如图 15.1 所示。单向阀用于防止气体倒流的场合，在大多数情况下与节流阀组合来控制汽缸的运动速度。

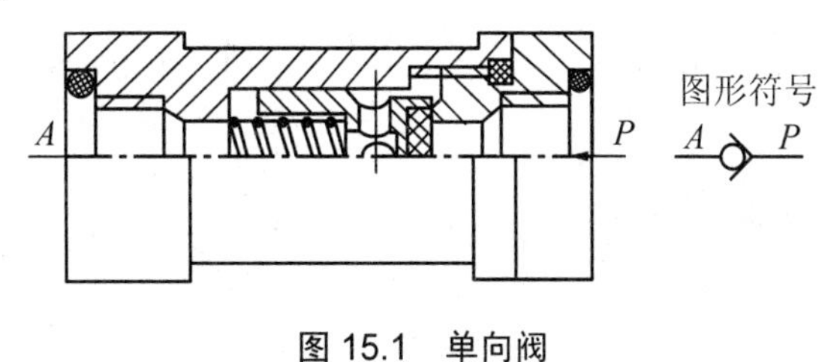

图 15.1　单向阀

2. 或门型梭阀

在气压传动系统中，当两个通路 P_1、P_2 均与通路 A 相通，而不允许 P_1 和 P_2 相通时，

就要采用或门型梭阀。或门型梭阀相当于共用一个阀芯而无弹簧的两个单向阀的组合，其作用相当于逻辑元件中的“或门”，在气动系统中应用较广。图 15.2 为这种阀的工作原理图。只要 P_1 或 P_2 有压缩空气输入时，A 口就会有压缩空气输出。

当 P_1 口进气时，推动阀芯右移，使 P_2 口堵塞，压缩空气从 A 口输出，如图 15.2(a)所示；当 P_2 口进气时，推动阀芯左移，使 P_1 口堵塞，A 口仍有压缩空气输出，如图 15.2(b)所示；当 P_1、P_2 口都有压缩空气输入时，按压力加入的先后顺序和压力的大小而定，若压力不同，则高压口的通路打开，低压口的通路关闭，A 口输出高压口压缩空气。

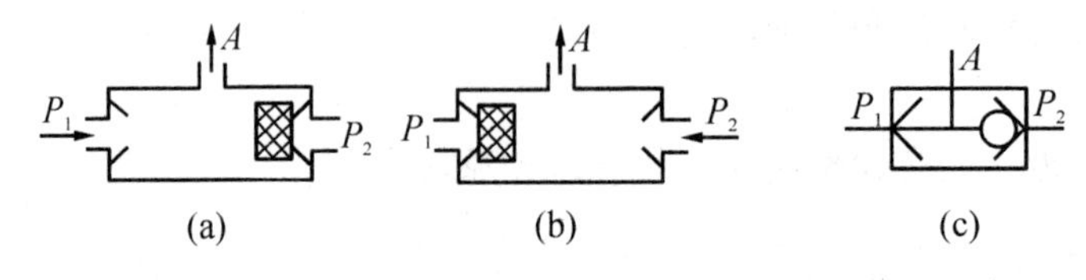

图 15.2　或门型梭阀

3. 与门型梭阀

与门型梭阀也相当于两个单向阀的组合(又称为双压阀)，其作用相当于逻辑元件中的“与门”，即当两控制口 P_1、P_2 均有输入时，A 口才有输出，否则均无输出。其工作原理和结构如图 15.3 所示。当 P_1、P_2 气体压力不等时，则气压低的通过 A 口输出。

4. 快速排气阀

快速排气阀又称为快排阀，其作用是使汽缸快速排气，并加快汽缸运动速度。它一般安装在换向阀和汽缸之间，如图 15.4 所示为膜片式快速排气阀。当 P 口进气时，推动膜片向下变形，打开 P 与 A 的通路，关闭 O 口；当 P 口无进气时，A 口的气体推动膜片向上复位，关闭 P 口，A 口气体经 O 口快速排出。

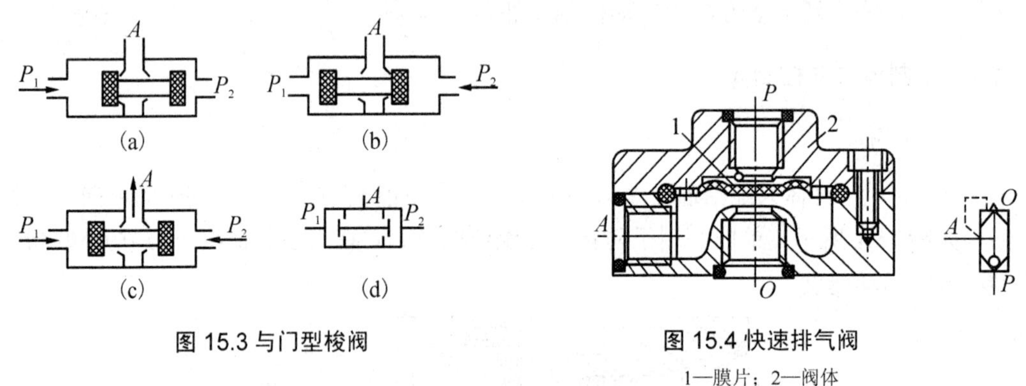

图 15.3 与门型梭阀

图 15.4 快速排气阀

1—膜片；2—阀体

15.1.2　换向型方向控制阀

1. 气压控制阀

气压控制换向阀是利用压缩空气的压力推动阀芯移动的，使换向阀换向，从而实现气路换向或通断。气压控制换向阀适用于易燃、易爆、潮湿、灰尘多的场合。操作时安全可靠。气压控制式换向阀按其控制方式不同可分为加压控制、卸压控制和差压控制 3 种。

加压控制是指所加的控制信号是逐渐上升的，当气压增加到阀芯的动作压力时，阀换向。卸压控制是利用逐渐减小作用在阀芯上的气控信号压力而使阀换向的一种控制方法。压差控制是利用控制气压在面积不等的活塞上产生的压差使阀换向的一种控制方法。

1) 单气控加压式换向阀

利用空气的压力与弹簧力相平衡的原理来进行控制。图 15.5(a)为没有控制信号 K 时的状态，阀芯在弹簧及 P 腔压力作用下，阀芯位于上端，阀处于排气状态，A 与 O 相通，P 不通。当输入控制信号 K 时(图 15.5(b))，主阀芯下移，打开阀口使 A 与 P 相通，O 不通。图 15.5(c)为其图形符号。

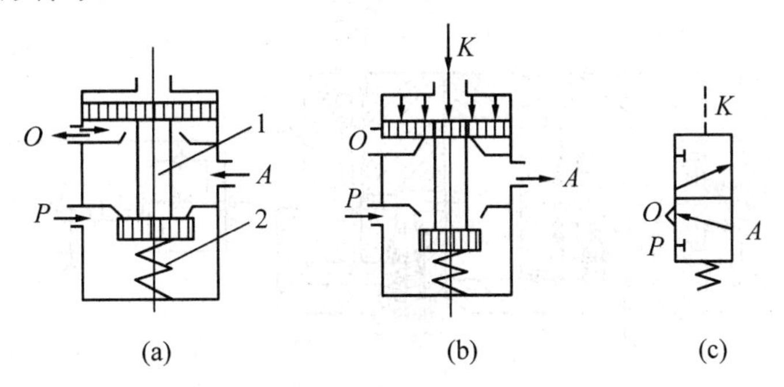

图 15.5　二位三通单气控加压式换向阀

1—阀芯；2—弹簧

2) 双气控加压式换向阀

换向阀滑阀芯两边都可作用压缩空气，但一次只作用于一边，这种换向阀具有记忆功能，即控制信号消失后，换向阀仍能保持在信号消失前的工作状态。如图 15.6(a)所示为双气控滑阀式换向阀的工作原理。当有气控信号 K_1 时，阀芯停在左侧，其通路状态是 P 与 A、B 与 T_2 相通。图 15.6(b)所示为有气控信号 K_2 的状态(信号 K_1 已消失)阀芯换位，其通路状态变为 P 与 B，A 与 T_1 相通。

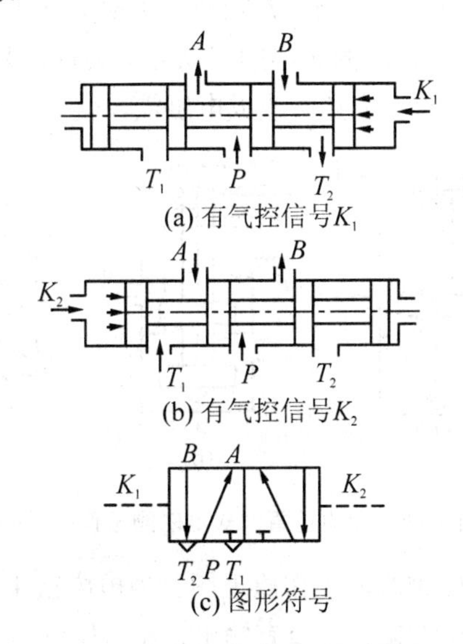

图 15.6　双气控滑阀式换向阀工作原理图

2. 气压延时控制阀

图 15.7 所示为气压延时换向阀，它是一种带有时间信号元件的换向阀，由气容 C 和一个单向节流阀组成，用它来控制主阀换向，其作用相当于时间继电器。如图 15.7 所示，当 K 口通入信号气流时，气流通过节流阀 1 的节流口进入气容 C，经过一定时间后，使主阀芯 4 左移而换向。调节节流口的大小可控制主阀延时换向的时间，一般延时时间为几分之一秒至几分钟。当去掉信号气流后，气容 C 经单向阀快速放气，主阀芯在左端弹簧作用下返回右端。

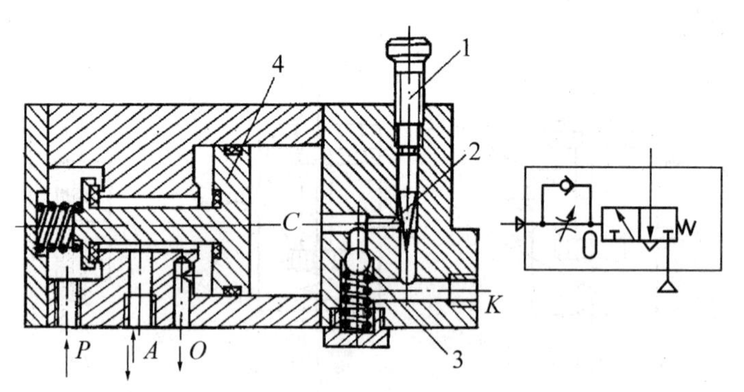

图 15.7　气压延时换向阀及其图形符号

1—节流阀；2—恒节流孔；3—单向阀；4—主阀芯

3. 电磁控制阀

电磁控制换向阀是利用电磁力的作用推动阀芯换向，从而改变气流方向的气动换向阀。按动作方式可分为直动式和先导式两大类。

(1) 直动式电磁换向阀。它是利用电磁力直接推动阀杆(阀芯)换向，根据操纵线圈的数目有单线圈和双线圈，可分为单电控和双电控两种。图 15.8 为单电控直动式电磁阀工作原理。电磁线圈未通电时，P、A 断开，A、T 相通；电磁力通过阀杆推动阀芯向下移动时，使 P、A 接通，T 与 P 断开。这种阀的阀芯的移动靠电磁铁，复位靠弹簧，换向冲击较大，故一般制成小型阀。若将阀中的复位弹簧改成电磁铁，就成为双电磁铁直动式电磁阀。

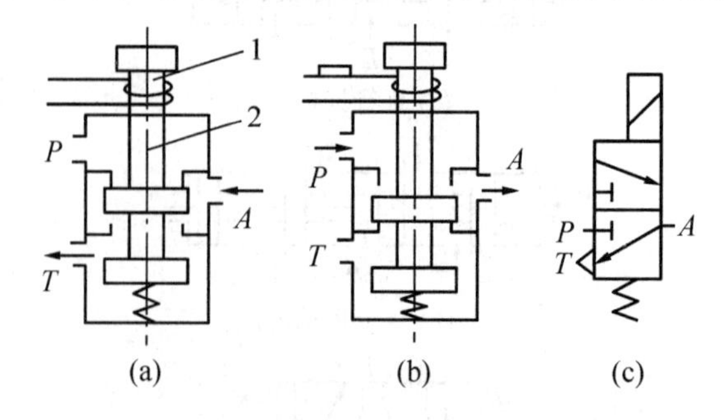

图 15.8　单电控直动式电磁阀工作原理图

图 15.9 为双电控直动式电磁阀的工作原理图。当电磁铁 1 通电、电磁铁 3 断电时，如图 15.9(a)所示，阀芯 2 被推至右侧，A 口有输出，B 口排气；当电磁铁 1 断电时，阀芯位置不动，仍为 A 口输出，B 口排气，即阀具有记忆功能。直到电磁铁 3 通电后，阀的输出

状态才改变，如图 15.9(b)所示。使用时两电磁铁不能同时得电。

直动式电磁换向阀的特点是结构紧凑，换向频率高，但用于交流电磁铁时，若阀杆卡死就易烧坏线圈，并且阀杆的行程受电磁铁吸合行程的控制。

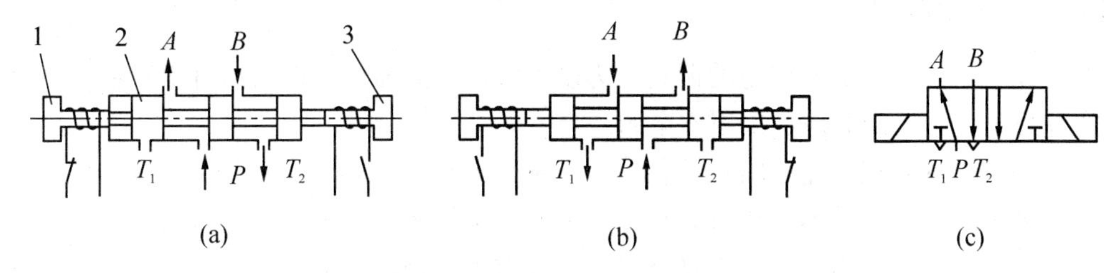

图 15.9　双电控直动式电磁阀工作原理图

(2) 先导式电磁换向阀。先导式电磁阀是由直动式电磁阀和气控换向阀组成的。直动式电磁阀作为先导阀，利用它输出的先导气体压力来操纵气控主阀的换向，是一种复合控制。图 15.10 所示为双电磁铁先导式控制换向阀的工作原理，图中控制的主阀为二位阀，主阀也可为三位阀。先导阀的气源可以从主阀引入，也可从外部引入。

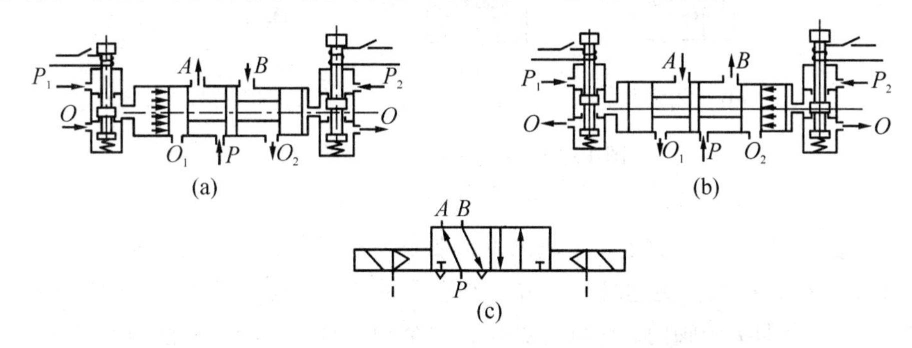

图 15.10　双电磁铁先导式换向阀工作原理图

15.2　压力控制阀

15.2.1　气动压力控制阀的分类

在气压传动系统中，用于控制压缩空气压力的元件，称为压力控制阀。其作用是保证执行元件(汽缸、气动马达等)的启动、运动、进退、停止、变速和换向或实现顺序动作。压力控制阀按其控制功能及作用可分为三大类。

(1) 调节或控制气体压力的变化，并保持压力值稳定在需要的数值上，确保系统压力稳定的阀称为减压阀。

(2) 保持一定的进口压力，并且在系统管路压力超过预调定值时，为保证系统安全，会将部分空气放掉的阀，称为安全阀(又称为溢流阀)。

(3) 在两个以上的分支回路中，能够依据气压的高低控制执行元件按规定的程序进行顺序动作的控制阀称为顺序阀。

压力控制阀的共同特点是，利用作用于阀芯上的压缩空气的压力和弹簧力相平衡的原理来进行工作。

15.2.2　安全阀(溢流阀)

当回路中气压上升到所规定的调定压力以上时，气流需要经排气口排出，以保持输入压力不超过设定值。此时应当采用安全阀。

安全阀的工作原理如图 15.11 所示，当系统中气体作用在阀芯 3 上的力小于弹簧 2 的力时，阀处于关闭状态。当系统压力升高，作用在阀芯 3 上的力大于弹簧力时，阀芯上移并溢流，使气压下降。当系统压力降至低于调定值时，阀口又重新关闭。安全阀的开启压力可通过调整弹簧 2 的预压缩量来调节。

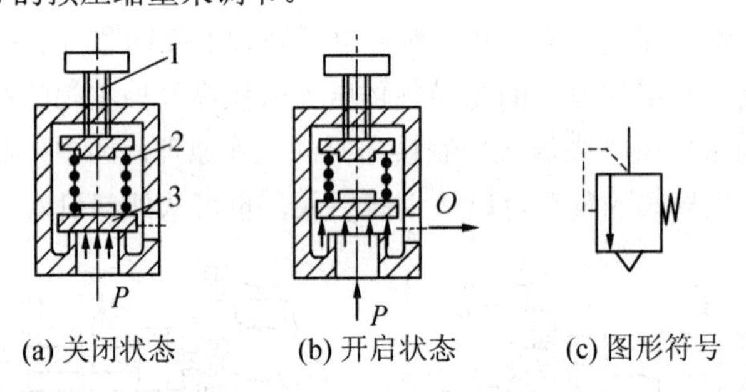

(a) 关闭状态　(b) 开启状态　(c) 图形符号

图 15.11　安全阀的工作原理图

1—旋钮；2—弹簧；3—阀芯

由上述工作原理可知，对于安全阀来说，要求当系统中的工作气压刚一超过阀的调定压力(开启压力)时，阀门便迅速打开，并以额定流量排放，而一旦系统中的压力稍低于调定压力时，便能立即关闭阀门。因此，在保证安全阀具有良好流量特性的前提下，应尽量使阀的关闭压力 p_s 接近于阀的开启压力 p_k，而全开压力接近于开启压力，有 $p_s<p_k<p_q$。

15.2.3　减压阀

气动设备的气源一般都来自于压缩空气站。气源所提供的压缩空气的压力通常都高于每台设备所需的工作压力。减压阀的作用是将较高的输入压力调整到系统需要的低于输入压力的调定压力，并能保持输出压力稳定，不受输出空气流量变化和气源压力波动的影响。

减压阀的调压方式有直动式和先导式两种，直动式是借助改变弹簧力来直接调整压力的，而先导式则用预先调整好的气压来代替直动式调压弹簧来进行调压。一般先导式减压阀的流量特性比直动式的好。

图 15.12 所示为 QTY 型直动式减压阀的结构原理图。当阀处于工作状态时，调节旋钮 1，压缩弹簧 2、3 及膜片 5 使阀芯 8 下移，进气阀口 10 被打开，气流从左端输入，经阀口 10 节流减压后从右端输出。输出气流的一部分由阻尼管 7 进入膜片气室 6，在膜片 5 的下面产生一个向上的推力，这个推力总是企图把阀口开度减小，使其输出压力下降。当作用在膜片上的推力与弹簧力互相平衡后，使减压阀保持一定值的输出压力。

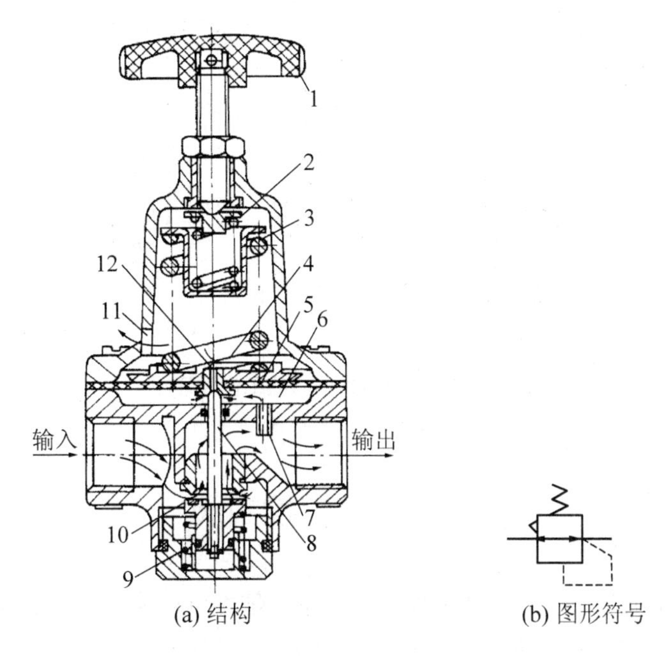

(a) 结构　　(b) 图形符号

图 15.12 直动式减压阀结构

1—旋钮；2、3—弹簧；4—溢流阀座；5—膜片；6—膜片气室；7—阻尼管；8—阀芯；
9—复位弹簧；10—进气阀口；11—排气孔；12—溢流孔

当输入压力发生波动时，如输入压力瞬时升高，输出压力也随之升高，作用在膜片上的气体推力也相应地增大，破坏了原有的力平衡，使膜片 5 向上移动。此时，有少量气体经溢流孔 12、排气孔 11 排出。在膜片上移的同时，因为复位弹簧的作用，会使阀芯 8 也向上移动，进气口开度减小，节流作用增大，使输出压力下降，直至达到新的平衡，并基本稳定至预先调定的压力值。若输入压力瞬时下降，输出压力相应下降，膜片下移，进气阀口开度增大，节流作用减小，输出压力又基本回升至原值。调节旋钮 1，使弹簧 2、3 恢复自由状态，输出压力降至零，阀芯 8 在复位弹簧 9 的作用下关闭进气阀口 10。此时，减压阀便处于截止状态，无气流输出。

QTY 型直动式减压阀的调压范围为 0.05～0.63MPa。

安装减压阀时，要按气流的方向和减压阀上所标示的箭头方向，依照分水滤气器、减压阀、油雾器的安装顺序进行安装。调压时应由低向高调至规定的压力值。减压阀不工作时应及时把旋钮松开，以免膜片变形。

15.2.4 顺序阀

顺序阀是依靠气压系统中压力的变化来控制气动回路中各执行元件按顺序动作的压力阀。其工作原理与液压顺序阀基本相同，顺序阀常与单向阀组合成单向顺序阀。图 15.13 所示为单向顺序阀的工作原理图。当压缩空气由 P 口输入时，单向阀 4 在压差力及弹簧力的作用下处于关闭状态，作用在活塞 3 输入侧的空气压力如超过压缩弹簧 2 的预紧力时，活塞被顶起，顺序阀打开，压缩空气由 A 输出如图 15.13(a)所示；当压缩空气反向流动时，输入侧变成排气口，输出侧变成进气口，其进气压力将顶起单向阀，由 O 口排气，如图 15.13(b)所示。调节手柄 1 就可改变单向顺序阀的开启压力，以便在不同的开启压力下，控制执行元件的顺序动作。

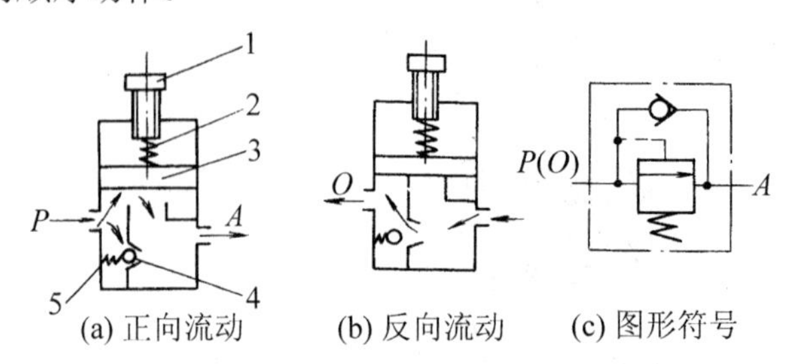

图 15.13　单向顺序阀的工作原理图

1—手柄；2—压缩弹簧；3—活塞；4—单向阀；5—小弹簧

15.3　流量控制阀

流量控制阀是通过改变阀的通流面积来调节压缩空气的流量，进而控制汽缸的运动速度、换向阀的切换时间和气动信号的传递速度的气动控制元件。流量控制阀包括节流阀、单向节流阀、排气节流阀等。

15.3.1　节流阀

图 15.14 所示为圆柱斜切型节流阀的结构图。压缩空气由 *P* 口进入，经过节流后，由 *A* 口流出。旋转阀芯螺杆可改变节流口的开度大小。由于这种节流阀的结构简单、体积小，故应用范围较广。

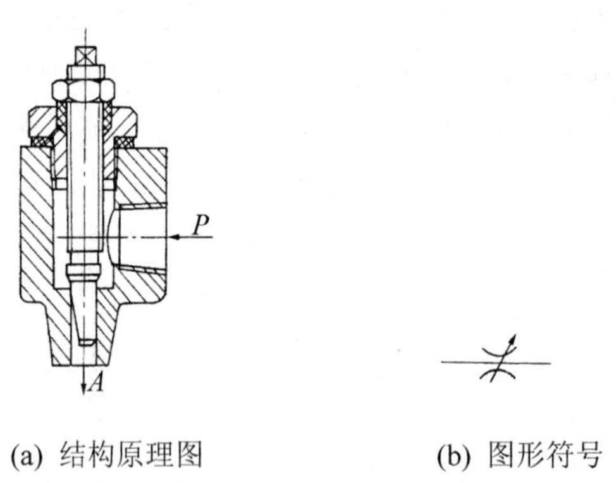

图 15.14　节流阀结构图

15.3.2　单向节流阀

单向节流阀是由单向阀和节流阀并联而成的组合式流量控制阀，常用于控制汽缸的运动速度，又称为速度控制阀。图 15.15 所示为单向节流阀的工作原理图，当气流由 *P* 向 *A* 流动时，单向节流阀关闭，节流阀节流如图 15.15(a)所示；反向流动时，单向阀打开，不节流，如图 15.15(b)所示。

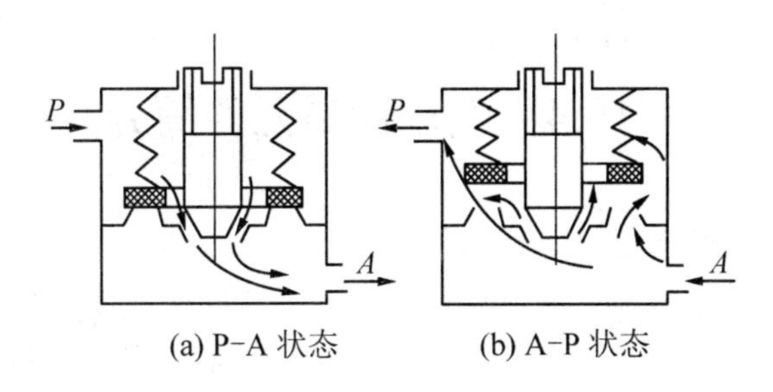

(a) P-A 状态　　(b) A-P 状态

图 15.15　单向节流阀

15.3.3　排气节流阀

排气节流阀是装在执行元件的排气口处，以调节排入大气的流量，并改变执行元件的运动速度的一种控制阀。它常带有消声器件以此降低排气时的噪声，并能防止不清洁的环境气体通过排气口污染气动系统。图 15.16 所示的是排气阀的工作原理图。

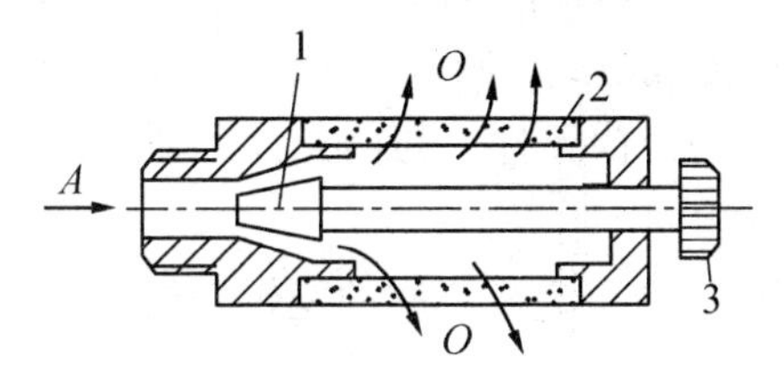

图 15.16　排气节流阀

1—节流口；2—消气套；3—调节杆

15.3.4　柔性节流阀

图 15.17 所示为柔性节流阀的工作原理图。它是依靠阀杆夹紧柔韧的橡胶管而产生节流作用的，也可以利用气体压力来代替阀杆压缩胶管。柔性节流阀结构简单，压力降小，动作可靠性高。对污染不敏感，通常工作压力范围为 0.305～0.63MPa。

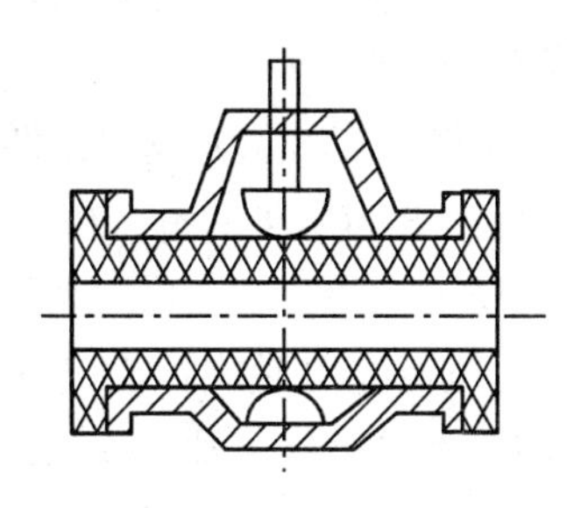
图 15.17　柔性节流阀

在气压传动系统中，因气体具有压缩性，所以用流量控制的方式来调节汽缸的运动速度是比较困难的，尤其是在超低速控制中，要按照预定行程来控制速度，单用气动很难实现。另外，在外部负载变化很大时，仅用气动流量阀也不会得到满意的效果。所以用气动流量控制阀调速，以防产生爬行时应注意这样几点：

(1) 严格控制管道中的气体泄漏。

(2) 确保汽缸内表面的加工精度和质量。

(3) 保持汽缸内的正常润滑状态。

(4) 作用在汽缸活塞杆上的载荷必须稳定。若外负载变化较大，应借助液压或机械装置(如气液联动)来补偿由于载荷变动造成的速度变化。

(5) 尽可能采用出口节流调速方式。

(6) 流量控制阀尽量装在汽缸或气马达附近。

* 15.4 气动逻辑元件简介

气动逻辑元件是以压缩空气为工作介质，在控制气压信号作用下，通过元件内部的可动部件(阀芯、膜片)来改变气流方向，实现一定逻辑功能的气体控制元件。逻辑元件也称为开关元件。气动逻辑元件具有气流通径较大、抗污染能力强、结构简单、成本低、工作寿命长、响应速度慢等特点。

15.4.1 气动逻辑元件

1. 气动逻辑元件种类很多，一般可按下列方式分类:

(1) 按工作压力分,可分为高压元件(工作压力为 0.2～0.8MPa)、低压(工作压力为 0.02～0.2MPa)元件、微压(工作压力在 0.02 MPa 以下)元件 3 种。

(2) 按结构形式分，可分为截至式、膜片式和滑阀式等几种类型。

(3) 按逻辑功能分，可分为或门元件、与门元件、非门元件、或非元件、与非元件和双稳元件等。

气动逻辑元件之间的不同组合可完成不同的逻辑功能。

2. 高压截止式逻辑元件

高压截止式逻辑元件是依靠控制气压信号推动阀芯或通过膜片变形推动阀芯动作，来改变气流的方向，以实现一定逻辑功能的逻辑元件。这类阀的特点是行程小、流量大、工作压力高，对气源净化要求低，便于实现集成安装和实现集中控制，拆卸方便。

1) 或门

图 15.18(a)为或门元件的工作原理图。图中 A、B 为信号的输入口，S 为信号的输出口。当仅 A 有信号输入时，阀芯 a 下移封住信号口 B，气流经 S 输出；当仅 B 有信号输入时，阀芯 a 上移封住信号口 A，S 也有输出。只要 A、B 中任何一个有信号输入或同时都有输入信号，就会使得 S 有输出，其逻辑表达式为：$S=A+B$。

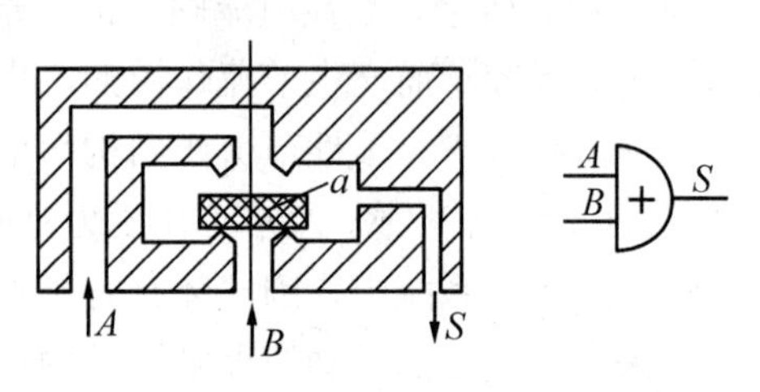

(a) 结构原理图　　(b) 图形符号

图 15.8 或门元件的结构原理图与图形符号

2) 是门和与门

图 15.19(a)为是门和与门元件的工作原理图。图中 A 为信号的输入口，S 为信号的输出口，中间口接气源 P 时为是门元件。当 A 口无输入信号时，阀芯 2 在弹簧及气源压力作用下使阀芯上移，封住输出口 S 与 P 口通道，使输出 S 与排气口相通，S 无输出；反之，当 A 有输入信号时，膜片 1 在输入信号作用下将阀芯 2 推动下移，封住输出口 S 与排气口通道，P 与 S 相通，S 有输出。即 A 端无输入信号时，则 S 端无信号输出；A 端有输入信号时，S 端就会有信号输出。元件的输入和输出信号之间始终保持相同的状态。其逻辑表达式为

$S=A$。

若将中间口不接气源而换接另一输入信号 B，则称为与门元件。即只有当 A、B 同时有输入信号时，S 才能有输出，其逻辑表达式为：$S=AB$。

3) 非门与禁门

图 15.20(a)为非门和禁门元件工作原理图。A 为信号的输入端，S 为信号的输出端，中间孔接气源 P 时为非门元件。当 A 端无输入信号时，阀芯 3 在 P 口气源压力作用下紧压在上阀座上，使 P 与 S 相通，S 端有信号输出；反之，当 A 端有信号输入时，膜片变形并推动阀杆，使阀芯 3 下移，关断气源 P 与输出端 S 的通道，则 S 便无信号输出。即当有信号 A 输入时，S 无输出；当无信号 A 输入时，则 S 有输出，其逻辑表达式为：$S=\overline{A}$。活塞 1 用来显示输出的有无。

若把中间孔改作另一信号的输入口 B，则成为禁门元件。当 A、B 均有输入信号时，阀杆和阀芯 3 在 A 输入信号作用下封住 B 口，S 无输出；反之，在 A 无输入信号而 B 有输入信号时，S 有输出。信号 A 的输入对信号 B 的输入起“禁止”作用，其逻辑表达式为：$S=\overline{A}B$。

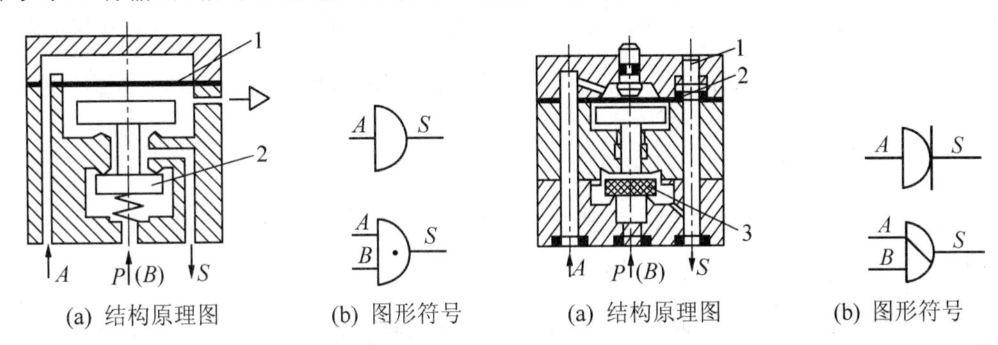

(a) 结构原理图　(b) 图形符号

图 15.19　是门和与门元件的结构原理图与图形符号

1—膜片；2—阀芯

(a) 结构原理图　(b) 图形符号

图 15.20　非门和禁门元件的结构原理图与图形符号

1—活塞；2—膜片；3—阀芯

4) 或非元件

图 15.21(a)为或非元件的工作原理图。它是在非门元件的基础上增加两个信号输入端，即具有 A、B、C 三个输入信号，中间孔 P 接气源，S 为信号输出端。当 3 个输入端均无信号输入时，阀芯在气源压力作用下上移，使 P 与 S 接通，S 有输出。当 3 个信号端中任一个有输入信号，相应的膜片在输入信号压力作用下，都会使阀芯下移，切断 P 与 S 的通道，S 无信号输出。其逻辑表达式为：$S=\overline{A+B+C}$。

或非元件是一种多功能逻辑元件，用它可以组成与门、是门、或门、非门、双稳等逻辑功能元件。

5) 双稳元件

双稳元件具有记忆功能，在逻辑回路中起着重要的作用。图 15.22(a)为双稳元件的工作原理图。双稳元件有两个控制口 A、B，有两个工作口 S_1、S_2。当 A 口有控制信号输入时，阀芯带动滑块向右移动，接通 P 与 S_1 口之间的通道，S_1 口有输出，而 S_2 口与排气孔相通，此时，双稳元件处于置“1”状态，在 B 口控制信号到来之前，虽然 A 口信号消失，但阀芯仍保持在右端位置，故使 S_1 口总有输出。当 B 口有控制信号输入时，阀芯带动滑块向左移动，接通 P 与 S_2 口之间的通道，S_2 口有输出，而 S_1 口与排气孔相通。此时，双稳元件处于置“0”状态，在 B 口信号消失，而 A 口信号到来之前，阀芯仍会保持在左端位置，所以双稳元件具有记忆功能，即 $S_1 = K_A^B$ ，$S_2 = K_B^A$ 。在使用中应避免向双稳元件的两个输入端同时输入信号，否则双稳元件将处于不确定工作状态。

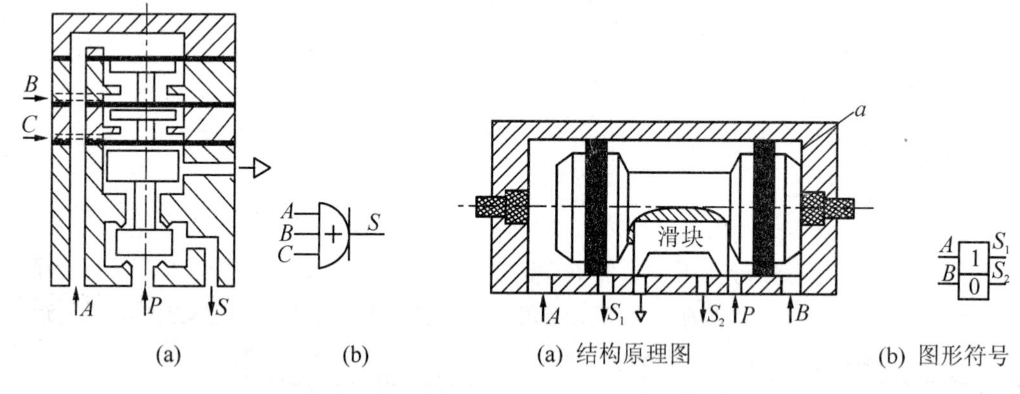

图 15.21　或非元件　　　　图 15.22　双稳元件的结构原理图与图形符号

15.4.2　气压逻辑回路

气压逻辑回路是把气压回路按照逻辑关系组合而成的回路。按照逻辑关系可把气压信号组成“是”、“或”、“与”、“非”等逻辑回路。表 15-1 介绍了常用的几种逻辑回路。

表 15-1　阀类元件组成的逻辑回路

名称	逻辑回路图	逻辑符号及表达式	动作说明
是回路	S a	a S $S=a$	有信号 a 则 S 有输出，无信号 a 则 S 无输出
非回路	S a	a S $S=\overline{a}$	有信号 a 则 S 无输出，无信号 a 则 S 有输出
或回路	a S b　a b S	a b S $S=a+b$	有 a 或 b 任一信号，S 就有输出
或非回路	a b S (a)　a b S (b)	a b S $S=\overline{a+b}$	有 a 或 b 任一信号，S 就无输出

续表

名称	逻辑回路图	逻辑符号及表达式	动作说明
与回路	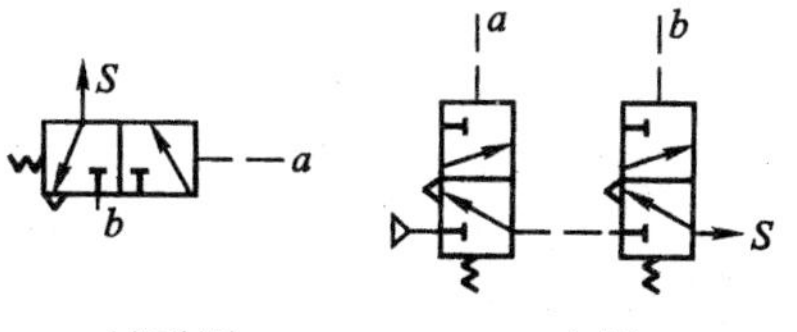 (a)无源　(b)有源	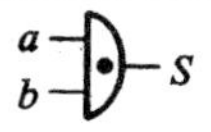 $S=a\cdot b$	只有当信号 a 或 b 同时存在时，S 才有输出
与非回路	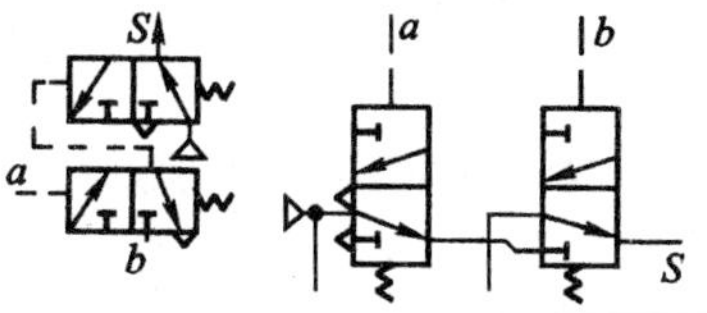	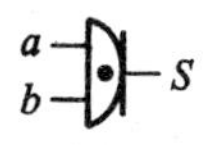 $S=\overline{a\cdot b}$	只有当信号 a 或 b 同时存在时，S 才无输出
禁回路	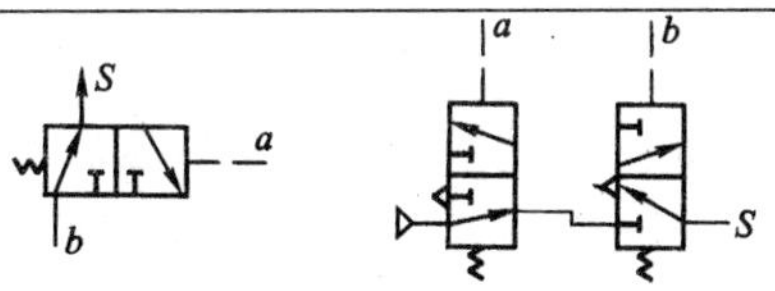 (a)无源　(b)有源	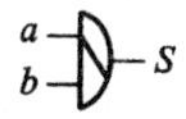 $S=\bar{a}\cdot b$	有信号 a 时，S 无输出（a 禁止了 S 有）；当无信号 a，有信号 b 时，S 才有输出
记忆回路	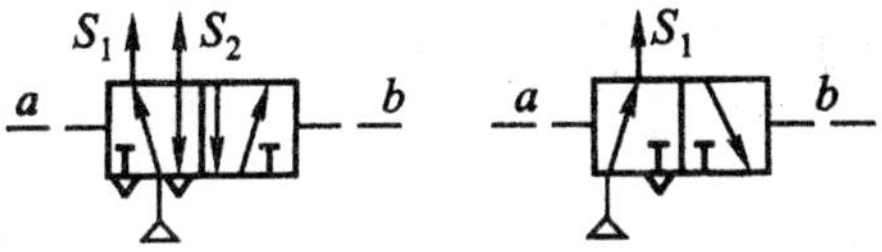 (a)双稳　(b)单记忆	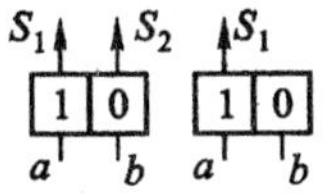 (a)　(b) $S_1=K_b^a$　$S_2=K_a^b$	有信号 a 时，S_1 有输出，a 消失，S_1 仍有输出，直到有信号 b 时，S_1 才无输出，S_2 有输出。a,b 不能同时加入
延时回路	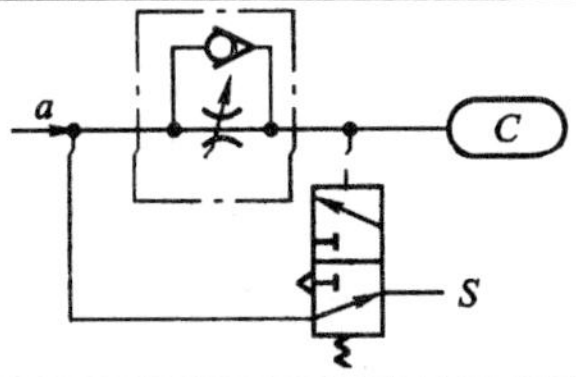	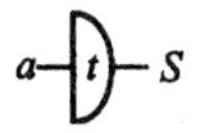	当有信号时，需延时 t 时间后才有 S 输出，调节气阻 R 和气容 C 可调节 t。回路要求 a 的持续时间大于 t

本章小结

(1) 气动控制元件是控制系统中气流方向、压力、流量和发送信号的元件。按用途可分为方向控制阀、压力控制阀和流量控制阀，要求掌握气动控制元件的工作原理和图形符号，以及工作方式、特点和应用场合。

(2) 气动逻辑元件是在控制气压信号作用下，通过元件内部的可动部件来改变气流的方向，以实现一定逻辑功能的气体控制元件。按逻辑功能可分为或门元件、与门元件、非门元件、或非元件、与非元件和双稳元件。

习　题

15-1　气动方向控制阀有哪些类型？各自具有什么功能？

15-2　气动方向控制阀与液压方向控制阀有何相同或相异之处？

15-3　快速排气阀为什么能快速排气？在使用和安装快速排气阀时应注意哪些问题？

15-4　简述图 15.23 的换向回路中梭阀的作用。

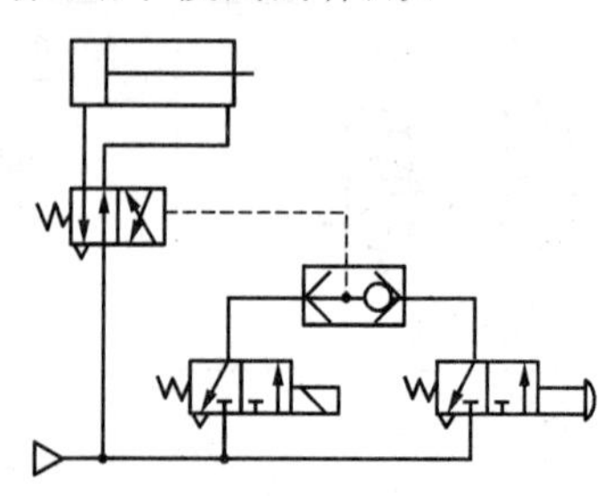

图 15.23　或门型梭阀在手动—自动换向回路中的应用

15-5　试述 QTY 型直动式减压阀的工作原理、适用的压力范围及安装要求。

15-6　气动减压阀与液压减压阀有何相同和不同之处？

15-7　在气压传动中，应选用何种流量控制阀来调节汽缸的运行速度？

15-8　为何气动流量控制阀在控制气动执行元件时的运动速度精度不高？如何提高汽缸速度的控制精度？

15-9　什么是气动逻辑元件？试述“是门”、“与门”、“或门”、“非门”的逻辑功能，并绘出其逻辑符号。

第 16 章　气动基本回路

教学目标与要求：

- 掌握方向、压力、速度控制回路的工作原理和应用
- 掌握其他常用基本回路

教学重点：

- 方向、压力、速度控制回路

教学难点：

- 压力、速度控制回路
- 延时回路
- 安全保护回路

气压传动系统与液压传动系统一样，也是由具有各种功能的基本回路组成的。因此，熟悉和掌握气动基本回路是分析气压传动系统的基础。本章主要介绍由控制元件所构成的最常用的基本控制回路。

16.1　方向控制回路

16.1.1　单作用汽缸换向回路

图 16.1(a)所示为二位三通电磁阀控制的汽缸换向回路。电磁铁得电时，汽缸向上伸出；断电时，汽缸靠弹簧作用下降至原位。该回路比较简单，但对由汽缸驱动的部件有较高的要求，以便汽缸活塞能可靠退回。图 16.1(b)所示为三位四通电磁阀控制的单作用汽缸换向回路。该阀在两电磁铁均失电时能自动对中，使汽缸停于任意位置，但定位精度不高，且定位时间不长。

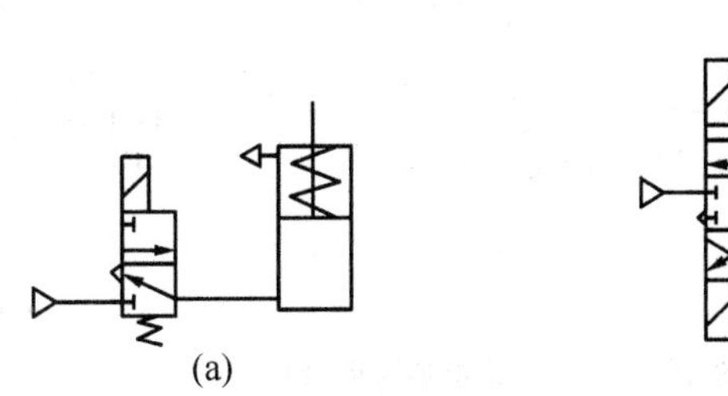

图 16.1　单作用汽缸换向回路

16.1.2　双作用汽缸换向回路

图 16.2 所示为双作用汽缸的换向回路。图 16.2(a)为二位五通阀单气控制的换向回路；图 16.2(b)、(c)为由两个二位三通阀控制的换向回路，当 A 有压缩空气时，汽缸活塞伸出，

反之，汽缸活塞退回；图 16.2(d)、(e)、(f)控制回路相当于具有记忆功能的回路，故该阀两端控制电磁铁线圈或按钮不能同时操作，否则将会出现误动作。

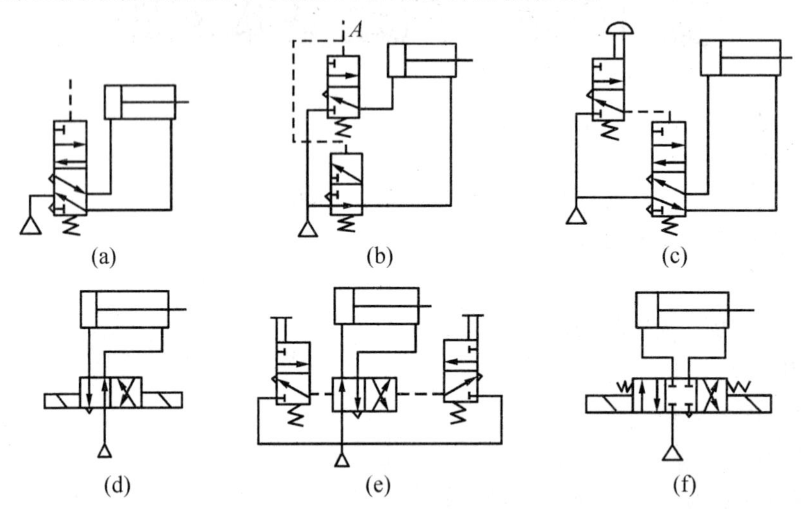

图 16.2　双作用汽缸换向回路

图 16.3(a)为采用中位封闭式三位五通阀(O 型)的换向回路，它适用于活塞在行程中途停止的情况；但因气体的可压缩性，活塞停止的位置精度较差，且回路及阀内不允许有泄漏。

图 16.3(b)为采用中位泄压式三位五通阀(Y 型)的换向回路。这种回路在活塞停止时，可用外力自由推动活塞移动。其缺点是活塞惯性对停止位置的影响较大，不易控制。一般不能用于升降系统。

图 16.3(c)为采用中位加压式三位五通阀(P 型)控制双活塞杆汽缸的换向回路。它适用于活塞直径较小且活塞可在行程中快速停止的情况。其缺点是如果汽缸是单活塞杆，则由于“差压”的作用，当系统一经通气源，还未有控制信号时，汽缸会缓慢伸出。同样，这种回路一般不能用于升降系统。

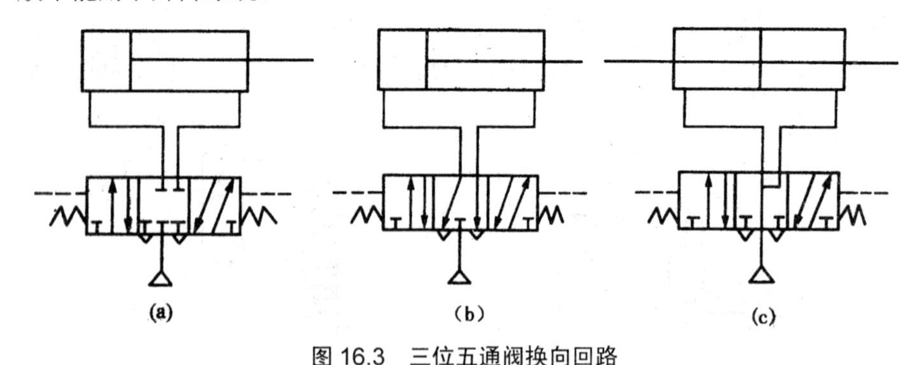

图 16.3　三位五通阀换向回路

16.2　压力控制回路

压力控制回路是使气压回路中的压力保持在一定范围内，或使回路得到高、低不同压力的基本回路。

16.2.1　一次压力控制回路

一次压力控制回路主要用来控制储气罐内的压力，使它不超过储气罐所设定的压力。图 16.4 所示为一次压力控制回路。它可以采用外控溢流阀或电接点压力计来控制。当采用溢流阀控制时，若储气罐内压力超过规定值时，溢流阀开启，压缩机输出的压缩空气由溢流阀 1 排入大气中，使储气罐内压力保持在规定范围内。当采用电接点压力计 2 控制时，用它直接控制压缩机的停止或转动，这样也能保证储气罐内压力在规定的范围内。

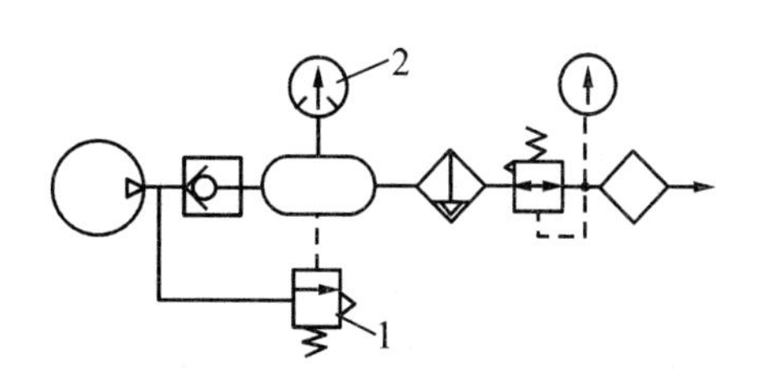

图 16.4　一次压力控制回路

1—溢流阀；2—压力计

采用溢流阀控制时，结构简单、工作可靠，但气量损失较大；采用电接点压力计控制时，对电动机及控制要求较高，故常用于小型压缩机。

16.2.2　二次压力控制回路

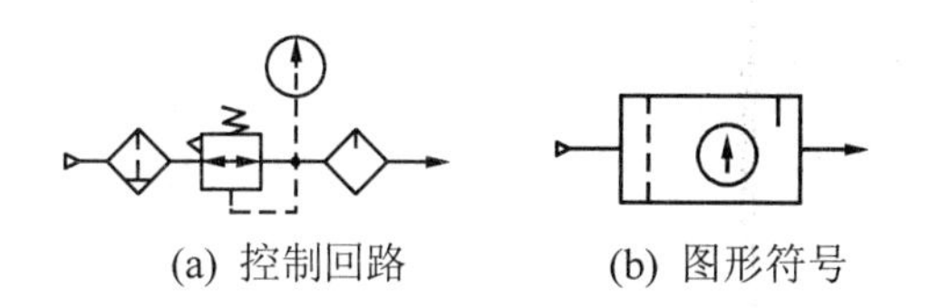

(a) 控制回路　　(b) 图形符号

图 16.5　二次压力控制回路

二次压力控制回路主要是对气动控制系统的气源压力进行控制。图 16.5 所示为汽缸、气动马达系统气源常用的压力控制回路。输出压力的大小由溢流式减压阀调整。在此回路中，空气过滤器、减压阀、油雾器常组合使用，构成气动三联件。若气动系统中不需要润滑，则可不用油雾器。

16.2.3　高低压转换回路

在实际应用中，有些气动控制系统需要有高、低压力的选择。图 16.6(a)所示为高、低压转换回路，该回路由两个减压阀分别调出 p_1、p_2 两种不同的压力，气动系统就能得到所需要的高压和低压输出，该回路适用于负载差别较大的场合。图 16.6(b)是利用两个减压阀和一个换向阀构成的高、低压力 p_1 和 p_2 的自动换向回路，可同时输出高压和低压。

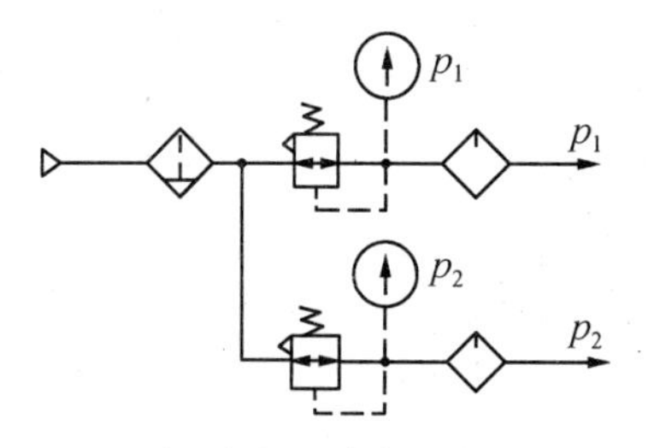

(a) 由减压阀控制高低压转换回路

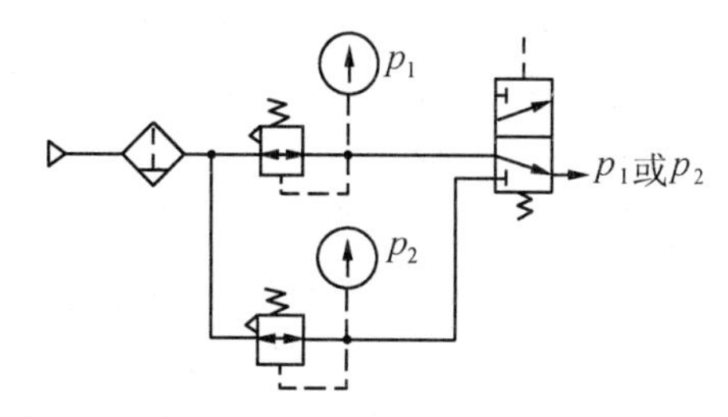

(b) 用换向阀选择高低压回路

图 16.6　高低压转换回路

16.3　速度控制回路

速度控制回路的作用在于调节或改变执行元件的工作速度。

16.3.1　单作用汽缸速度控制回路

图 16.7 所示为单作用汽缸速度控制回路，活塞两个方向的运动速度分别由两个单向节流阀调节。在图 16.7(a)中，活塞杆升、降均通过节流阀调速，两个反向安装的单向节流阀，可分别实现进气节流和排气节流，从而控制活塞杆伸出和缩回的速度。图 16.7(b)所示的回路中，汽缸上升时可调速，下降时则通过快速排气阀排气，使汽缸快速返回。

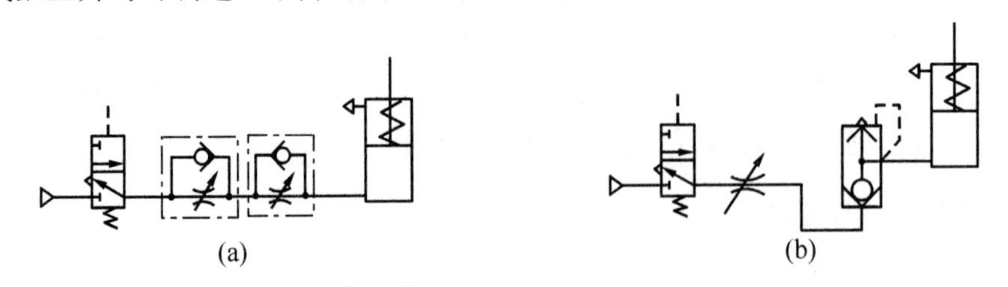

图 16.7　单作用汽缸速度控制回路

该回路的运动平稳性和速度刚度都较差，易受外负载变化的影响，故该回路适用于对速度稳定性要求不高的场合。

16.3.2　双作用汽缸速度控制回路

双作用汽缸有进气节流和排气节流两种调速方式。图 16.8(a)所示为采用单向节流阀的进气节流调速回路，活塞的运动速度靠进气侧的单向节流阀调节。这种回路存在着明显的问题如下。

(1) 当节流阀开口较小时，由于进入无杆腔的气体流量较小，压力上升缓慢。只有当气体压力达到能克服外负载时，活塞开始运动，无杆腔的容积增大，使压缩空气膨胀，导致气压下降，其结果又使作用在活塞上的力小于外负载，活塞又停止运动，待气压再次上升时，活塞再次运动。这种由于负载及供气的原因使活塞忽走忽停的现象，称作汽缸的“爬行”。当负载的运动方向与活塞的运动方向相反时，活塞易出现“爬行”现象。

(2) 当负载方向与活塞的运动方向一致时，由于有杆腔的排气直接经换向阀快排，几乎无任何阻尼，此时，负载易产生“跑空”现象，使汽缸失去控制。

进气节流调速回路承载能力大，但不能承受负值负载，且运动的平稳性差，受外负载变化的影响较大。因此，进气节流调速回路的应用受到了限制。

图 16.8(b)所示为采用单向节流阀的排气节流调速回路，调节排气侧的节流阀开度，可以控制不同的排气速度，从而控制活塞的运动速度。由于有杆腔存在一定的气体背压力，故活塞是在无杆腔和有杆腔的压力差作用下运动的，因而减少了“爬行”发生的可能性。这种回路能够承受负值负载，运动的平稳性好，受外负载变化的影响较小。

上述调速回路，一般只适用于对速度稳定性要求不高的场合。这是因为当负载突然增大时，由于气体的可压缩性，将迫使汽缸内的气体压缩，使汽缸活塞运动的速度减慢；反之，当负载突然减少时，又会使汽缸内的气体膨胀，使活塞运动速度加快，此现象称为汽缸的“自行走”。故当要求汽缸具有准确平稳的运动速度时，特别是在负载变化较大的场合，就需要采用其他调速方式来改善其调速性能，一般常用气液联动的调速方式。

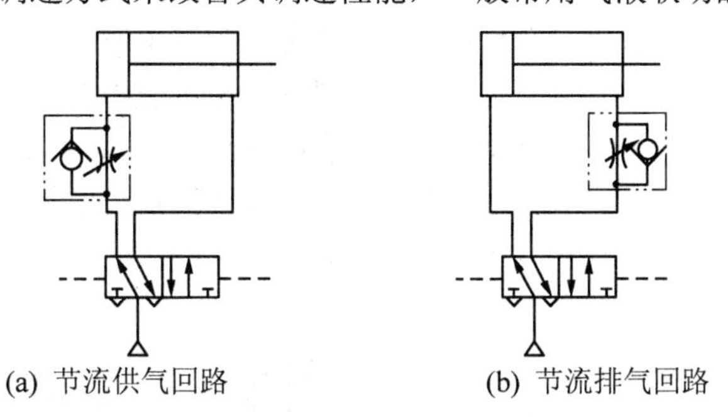

(a) 节流供气回路　(b) 节流排气回路

图 16.8　双作用汽缸单向调速回路

16.3.3　快速往返回路

图 16.9 所示为快速往返回路。在快速排气阀 3 和 4 的后面装有溢流阀 2 和 5，当汽缸通过排气阀排气时，溢流阀就成为背压阀了。这样，使汽缸的排气腔有了一定的背压力，增加了运动的平稳性。

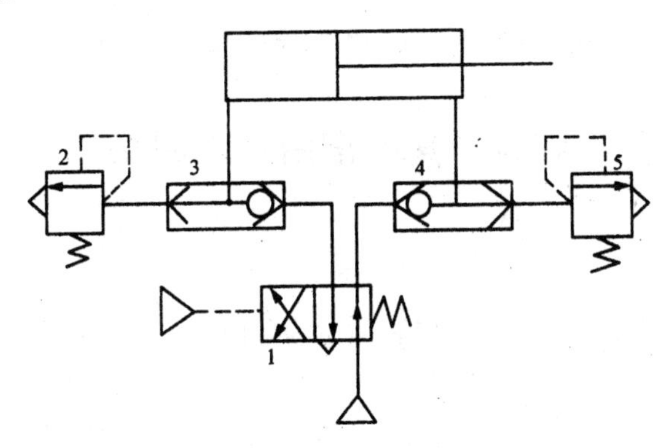

图 16.9　快速往返回路

16.3.4　气液转换速度控制回路

图 16.10 所示为气液转换速度控制回路。它利用气液转换器 1、2 将气体的压力转变成液体的压力，利用液压油驱动液压缸 3，从而得到平稳易控制的活塞运动速度；调节节流阀的开度，可以实现活塞两个运动方向的无级调速。它要求气液转换器的贮油量大于液压缸的容积，并有一定的余量。这种回路运动平稳，充分发挥了气动供气方便和液压速度易控制的特点；但气、液之间要求密封性好，以防止空气混入液压油中，保证运动

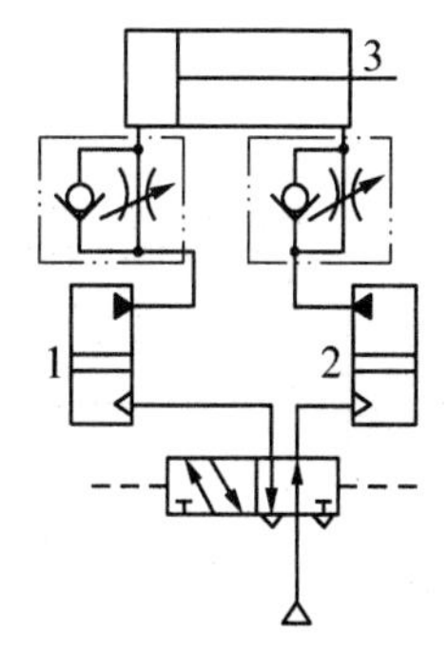

图 16.10　气液转换速度控制回路

1、2—气液转换器；3—液压缸

速度的稳定。

16.3.5　气液阻尼缸速度控制回路

如图 16.11(a)所示的气液阻尼缸速度控制回路为慢进快退回路。改变单向节流阀的开度，即可控制活塞的前进速度；活塞返回时，气液阻尼缸中液压缸的无杆腔的油液通过单向阀快速流入有杆腔，故返回速度较快，高位油箱起到补充泄漏油液的作用。图 16.11(b)所示为能实现机床工作循环中常用的“快进→工进→快退”的动作。当有 K_2 信号时，五通阀换向，活塞向左前进；当活塞将 a 口关闭时，液压缸无杆腔中的油液被迫从 b 口经节流阀进入有杆腔，活塞工作进给；当 K_2 消失，有 K_1 输入信号时，五通阀换向，活塞向右快速返回。

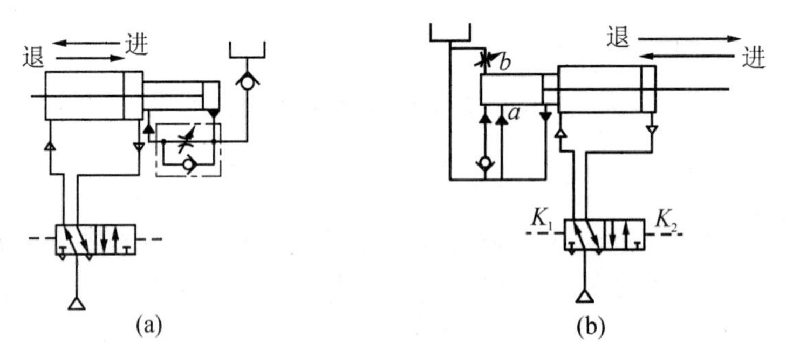

图 16.11　用气液阻尼缸的速度控制回路

16.4　其他常用基本回路

16.4.1　延时回路

图 16.12 所示为延时回路。图 16.12(a)所示为延时输出回路，当控制信号输入时，阀 4 切换至上位，压缩空气经单向节流阀 3 向气容 2 充气。当气容的充气压力经延时升高至使阀 1 换向时，阀 1 有输出。在图 16.12(b)所示的延时排气回路中，按下按钮 8，气源压缩气体经换向阀 7 左位向汽缸左腔进气，使汽缸活塞伸出。当汽缸在伸出行程中压下阀 5 后，压缩空气又经节流阀进入气容 6，经延时后才将阀 7 切断工作，汽缸活塞退回。

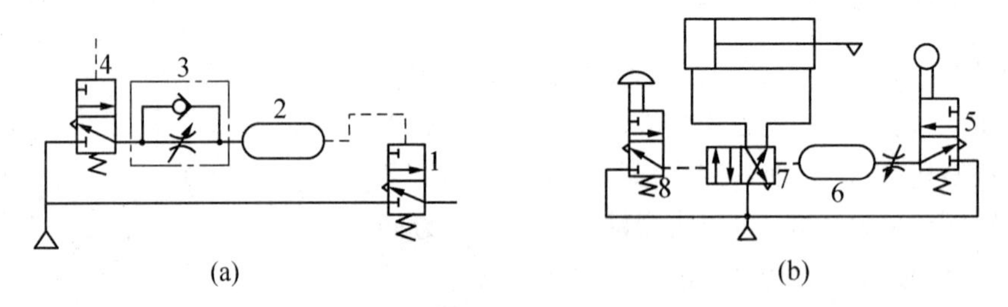

图 16.12　延时回路

16.4.2 安全保护回路

图 16.13 所示为互锁回路。换向阀 1 的换向受 3 个串联行程阀 2、3、4 的控制，只有当 3 个阀都接通后，阀 1 才能换向，汽缸才能动作。

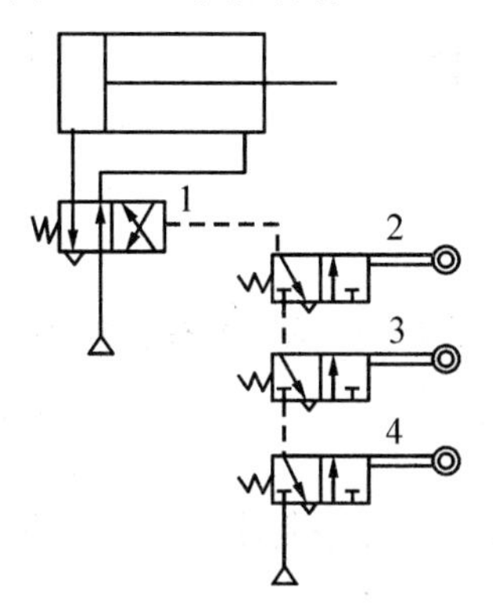

图 16.13 互锁回路

1—换向阀；2、3、4—行程阀

图 16.14 所示为汽缸过载保护回路，当活塞杆在伸出途中，遇到偶然故障或其他原因使汽缸过载时，活塞能立即缩回，实现过载保护。当正常工作时，按下阀 1，使阀 2 换向至左位，汽缸活塞右行压下行程阀 5，使阀 2 切换至右位，活塞退回。

当汽缸活塞右行时，若偶遇故障，使汽缸左腔压力升高超过预定值时，顺序阀 3 打开，使控制气体经梭阀 4 将主阀 2 切换至右位，活塞杆退回，就可防止系统过载。

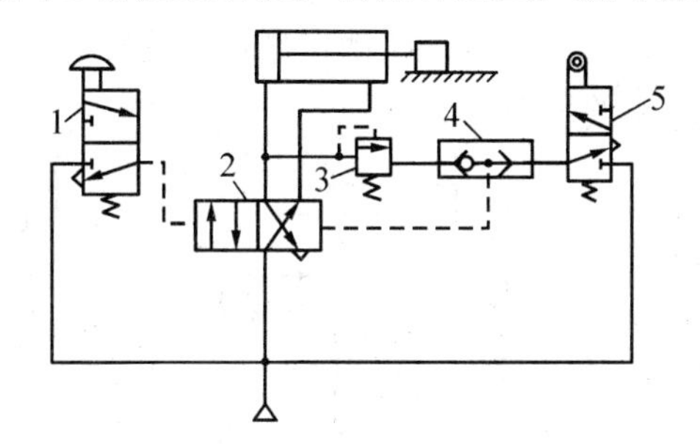

图 16.14 过载保护回路

1—手动阀；2—主控阀；3—顺序阀；4—梭阀；5—行程阀

16.4.3 双手操作回路

图 16.15 所示为双手操作安全回路。图 16.15(a)中，阀 1 和阀 2 是“与”逻辑关系，当同时按下阀 1、2 时，主阀 3 才能换向，活塞才能下行。图 16.15(b)中，气源向气容 3 充气，工作时需要双手同时按下阀 1、2，气容 3 中的压缩空气才能经阀 2 及节流器 5 使主阀 4 换向，活塞才能下行完成冲压、锻压等工作。若不能同时按下阀 1 和 2，气容 3 会经阀 1 或阀 2 与大气相接通而排气，不能建立起控制气体的压力，阀 4 不能换向，活塞就不会下落，这样就可起到安全保护作用。

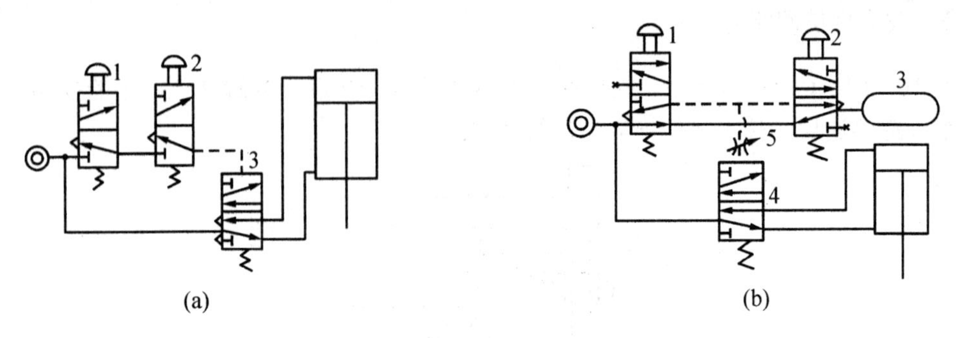

图 16.15　双手操作安全回路

16.4.4　顺序动作控制回路

气动系统中，各执行元件按一定程序完成各自的动作，一般可分为单往复和连续往复动作回路及多往复顺序动作回路等。

1. 单缸单往复动作回路

图 16.16 所示为 3 种单往复动作回路。图 16.16(a)所示为行程阀控制的单往复回路，每按动一次手动阀 1，汽缸往复动作一次。图 16.16(b)所示为压力控制的单往复动作回路，按动阀 1，使阀 3 至左位，汽缸活塞杆伸出至行程终点，气压升高，打开顺序阀 2，使阀 3 换向，汽缸返回，完成一次往复动作循环。图 16.16(c)所示为延时复位的单往复回路。按动阀 1，阀 3 换向，汽缸活塞杆伸出，压下行程阀 2 后，需经一段时间延迟，待气源对气容充气后，主控阀才换向，使活塞返回，完成一次动作循环。这种回路结构简单，可用于活塞到达行程终点时需要有短暂停留的场合。

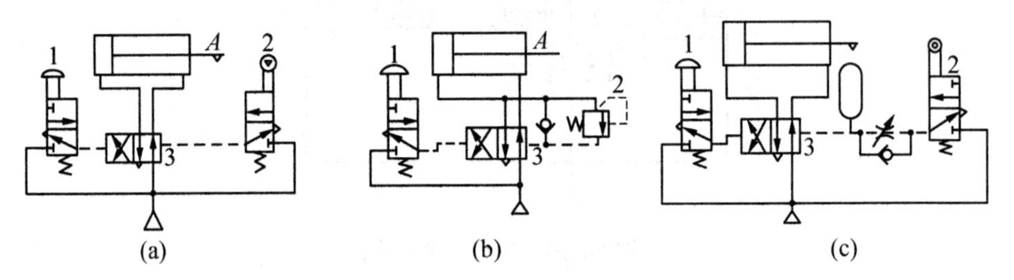

图 16.16　单往复控制回路

2. 连续往复动作回路

图 16.17 所示为连续往复动作回路。按下阀 1，阀 4 换向，汽缸活塞杆伸出。阀 3 复位，阀 4 控制气路被封闭，使阀 4 不能复位。当活塞伸出至挡块压下行程阀 2 时，使阀 4 的控制气路排气，在弹簧作用下阀 4 复位，活塞返回。当活塞返回至终点挡块压下行程阀 3 时，阀 4 换向，汽缸将继续重复上述循环动作，断开阀 1，方可结束往复循环动作。

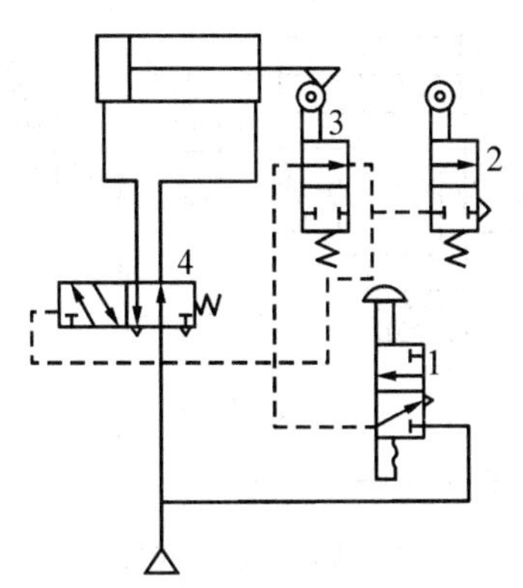

图 16.17　连续往复动作回路

本 章 小 结

(1) 气动基本回路是组成气动系统的基础，通过对基本回路的学习和认识，掌握基本回路构成和应用，便于对气动控制系统进行原理及功能的分析。在气动系统中，气动基本回路可完成某个特定的功能。

(2) 本章主要介绍了方向控制回路、压力控制回路、速度控制回路、气液转换回路、延时回路、过载保护回路、往复动作回路、互锁回路、安全回路等，学习气动基本回路关键是掌握回路的作用和应用。

习　　题

16-1　简述一次压力回路和二次压力回路的主要功用。

16-2　试分析图 16.18 所示气动回路的工作过程。

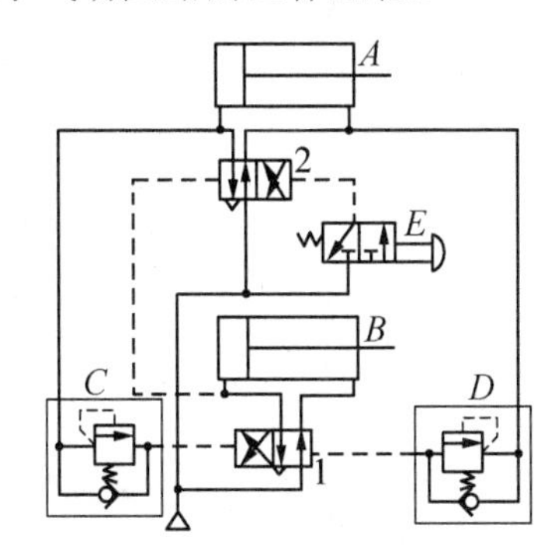

图 16.18　习题 16-2 图

16-3　试用一个气动顺序阀、一个二位四通单电控换向阀和两个双作用汽缸组成一个顺序动作回路。

16-4　试分析图 16.19 所示行程阀控制的连续往复动作回路的工作情况。

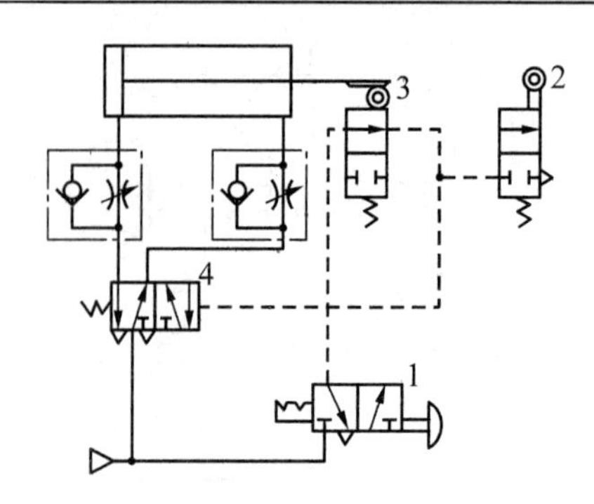

图 16.19　行程阀控制的连续往复动作回路

1—手动换向阀；2—行程换向阀；3—行程换向阀

16-5　图 16.20 所示为一个双手操作回路，试叙述其回路工作情况。

16-6　试分析图 16.21 所示的在 3 个不同场合均可操作汽缸的气动回路工作情况。

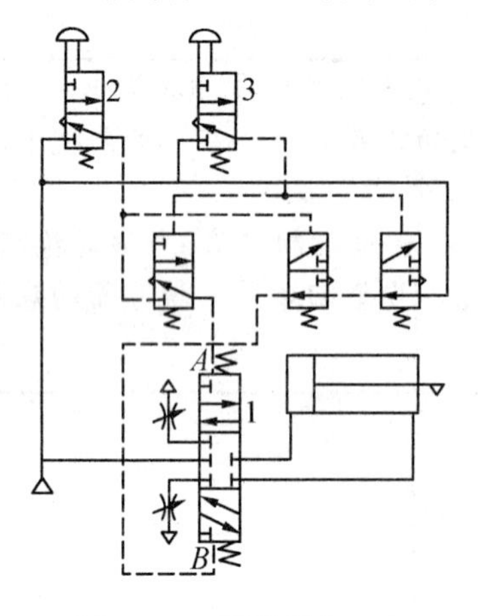

图 16.20　双手操作回路

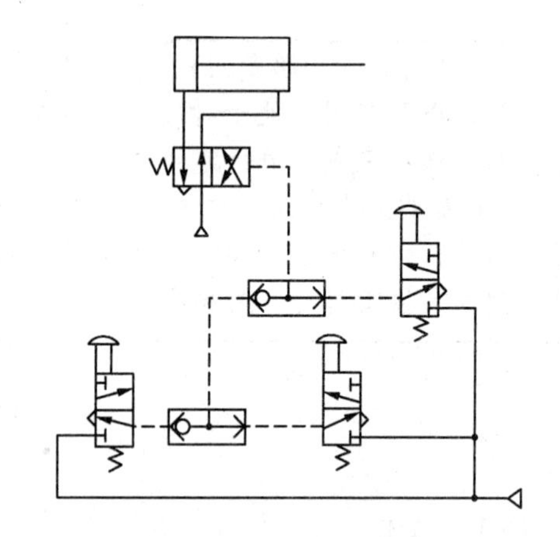

图 16.21　习题 16-6 图

第 17 章　气压传动系统实例

教学目标与要求：

- 掌握工件夹紧气压传动系统的工作原理
- 掌握气动控制机械手的工作原理
- 了解其他气动系统的工作原理

教学重点：

- 工件夹紧气压传动系统的工作原理
- 气动控制机械手的工作原理

教学难点：

- 气动控制机械手的工作原理

本章主要介绍工件夹紧、气动控制机械手、数控加工中心气动换刀和工件尺寸自动分选机 4 个典型气压传动系统。以此来说明气动系统的构成和气动控制元件的特性，以及阅读和分析气压传动系统的基本方法与步骤。

17.1　工件夹紧气压传动系统

在机械加工中，机床常用的工件夹紧装置的气压系统如图 17.1 所示。其工作原理是当工件运行到指定位置后，汽缸 A 的活塞杆伸出，将工件定位锁紧后，两侧的汽缸 B 和 C 的活塞杆同时伸出，从两侧面夹紧工件，之后进行机械加工，加工完成后各夹紧缸退回。其气压系统的动作顺序如下：

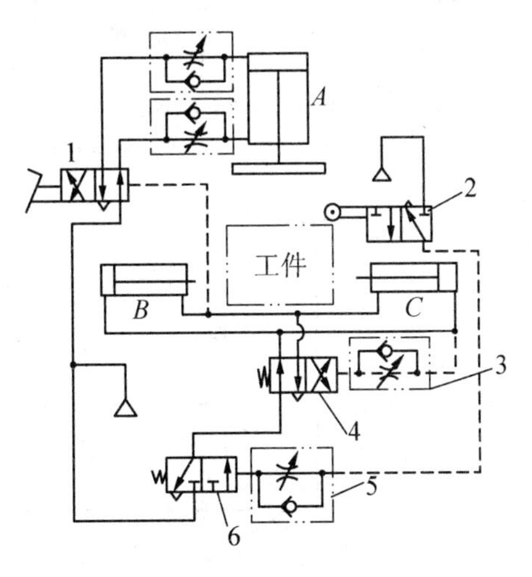

图 17.1　工件夹紧气压传动系统

当踏下脚踏换向阀 1(自动生产线上可采用其他换向方式)后，压缩空气经单向节流阀进入汽缸 A 的无杆腔，使夹紧头下降至锁紧位置后，压下机动行程阀 2 使之换向，压缩空气经单向节流阀 5 进入二位三通换向阀 6 的右侧，使阀 6 换向，压缩空气经阀 6 通过主控阀 4 的左位进入汽缸 B 和 C 的无杆腔，两汽缸同时伸出从侧面夹紧工件，进行加工。与此同时，压缩空气的一部分经单向节流阀 3 延时(由节流阀调定控制)后使主控阀换向到右侧，则两汽缸 B 和 C 返回原位。在两汽缸返回的过程中有杆腔的一部分压缩空气作为信号使脚踏换向阀 1 复位，则汽缸 A 返回原位。此时由于行程阀 2 复位(右位)，所以二位三通换向阀 6 也复位。由于阀 6 复位，汽缸 B 和 C

的无杆腔连通大气，主阀 4 自动复位，由此完成了一个“缸 A 压下→夹紧缸 B 和 C 伸出夹紧→夹紧缸 B 和 C 返回→缸 A 返回”的动作循环。该回路只有再次踩踏脚踏换向阀 1 才能开始下一个工作循环。

17.2　气动控制机械手

图 17.2 所示为气动控制机械手的结构示意图。该系统有 4 个汽缸，可在 3 个坐标内工作。其中 A 缸为抓取机构的松紧缸，其活塞杆伸出时松开工件，活塞杆缩回时夹紧工件；B 缸为长臂伸缩缸，可以实现伸出和缩回动作；C 缸为机械手升降缸；D 缸为立柱回转缸，该汽缸为齿轮齿条缸，它可把活塞的直线往复运动转变为立柱的旋转运动，实现立柱的回转。

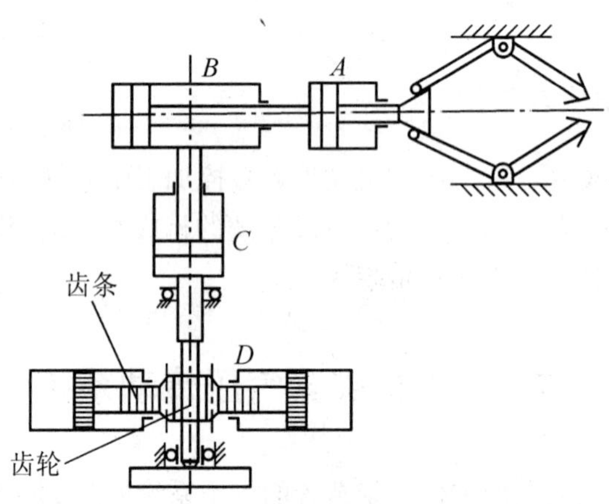

图 17.2　气动控制机械手结构示意图

对机械手的控制程序要求如图 17.3 所示：立柱下降→伸臂→夹紧工件→缩臂→立柱左回转→立柱上升→放开工件→立柱右回转。图中 g 为启动信号。

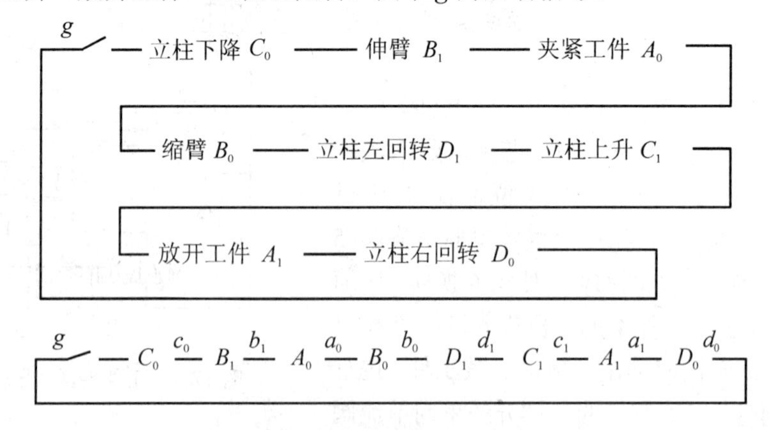

图 17.3　机械手手动动作程序

图 17.4 为气动控制机械手的控制原理图。信号 c_0、b_0 是无源元件，不能直接与气源相连。信号 c_0、b_0 只有分别通过 a_0 与 a_1 方能与气源相连接。

机械手的工作原理及循环分析如下：

(1) 按下启动阀 g，控制气体经启动阀使主控阀 c 处于左位，C 缸活塞杆缩回，实现动作 C_0 (立柱下降)。

(2) 当 C 缸活塞杆缩回其上的挡铁压下 c_0 时，控制气体使 B 缸的主控阀 b 左侧有控制信号并使阀处于左位，使 B 缸活塞杆伸出，实现动作 B_1 (伸臂)。

(3) 当 B 缸活塞杆伸出其上的挡铁压下 b_1 时，控制气体使 A 缸的主控阀 a 左侧有控制信号并使阀处于左位，使 A 缸活塞杆缩回，实现动作 A_0 (夹紧工件)。

(4) 当 A 缸活塞杆缩回其上的挡铁压下 a_0 时，控制气体使缸 B 的主控阀 b 右侧有控制信号并使阀处于右位，使 B 缸活塞杆缩回，实现动作 B_0 (缩臂)。

(5)当 B 缸活塞杆缩回其上的挡铁压下 b_0 时，控制气体使缸 D 的主控阀 d 右侧有控制信号并使阀处于右位，使 D 缸活塞杆右移，通过齿轮齿条机构带动立柱左回转，实现动作 D_1 (立柱左回转)。

(6) 当 D 缸活塞杆伸出其上的挡铁压下 d_1 时，控制气体使 C 缸的主控阀 c 右侧有控制信号并使阀处于右位，使 C 缸活塞杆伸出，实现动作 C_1 (立柱上升)。

(7) 当 C 缸活塞杆伸出其上的挡铁压下 c_1 时，控制气体使 A 缸的主控阀 a 右侧有控制信号并使阀处于右位，使 A 缸活塞杆伸出，实现动作 A_1 (放开工件)。

(8) 当 A 缸活塞杆伸出其上的挡铁压下 a_1 时，控制气体使 D 缸的主控阀 d 左侧有控制信号并使阀处于左位，使 D 缸活塞杆左移，带动立柱右回转，实现动作 D_0 (立柱右回转)。

(9) 当 D 缸活塞杆上的挡铁压下 d_0 时，控制气体使 C 缸的主控阀 c 左侧又有控制信号并使阀处于左位，使 C 缸活塞杆缩回，实现动作 C_0，于是下一个工作循环又重新开始。

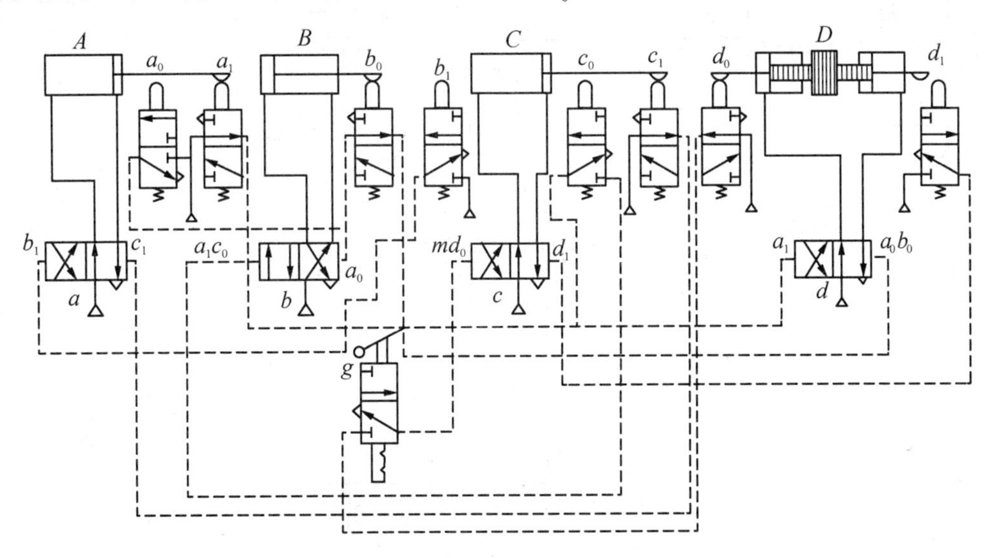

图 17.4　机械手气压控制回路工作原理图

17.3　其他气动系统简介

17.3.1　数控加工中心换刀系统

图 17.5 为某型号数控加工中心的气动换刀系统原理图，该系统在换刀过程中要实现主轴定位、主轴松刀、向主轴锥孔吹气和插刀、刀具夹紧等动作。其换刀程序和电磁铁动作顺序见表 17-1。

数控加工中心气压换刀系统工作原理是：当数控系统发出换刀指令时，主轴停止转动，同时 4YA 通电，压缩空气经气动三联件 1→换向阀 4→单向节流阀 5→主轴定位缸 *A* 的右腔→缸 *A* 活塞杆左移伸出，使主轴自动定位，定位后压下无触点开关，使 6YA 得电，压缩空气经换向阀 6→快速排气阀 8→气液增压缸 *B* 的上腔→增压腔的高压油使活塞杆伸出，实现主轴松刀，同时使 8YA 得电，压缩空气经换向阀 9→单向节流阀 11→缸 *C* 的上腔，使缸 *C* 下腔排气，活塞下移实现拔刀，并由回转刀库交换刀具，同时 1YA 得电，压缩空气经换向阀 2→单向节流阀 3 向主轴锥孔吹气。稍后 1YA 失电、2YA 得电，吹气停止，8YA 失电，7YA 得电，压缩空气经换向阀 9、单向节流阀 10 进入缸 *C* 下腔，活塞上移实现插刀动作，同时活塞碰到行程限位阀，使 6YA 失电、5YA 得电，则压缩空气经阀 6 进入气液增压缸 *B* 的下腔，使活塞退回，主轴的机械机构使刀具夹紧。气液增压缸 *B* 的活塞碰到行程限位阀后，使 4YA 失电、3YA 得电，缸 *A* 的活塞在弹簧力作用下复位，回复到初始状态，完成换刀动作。

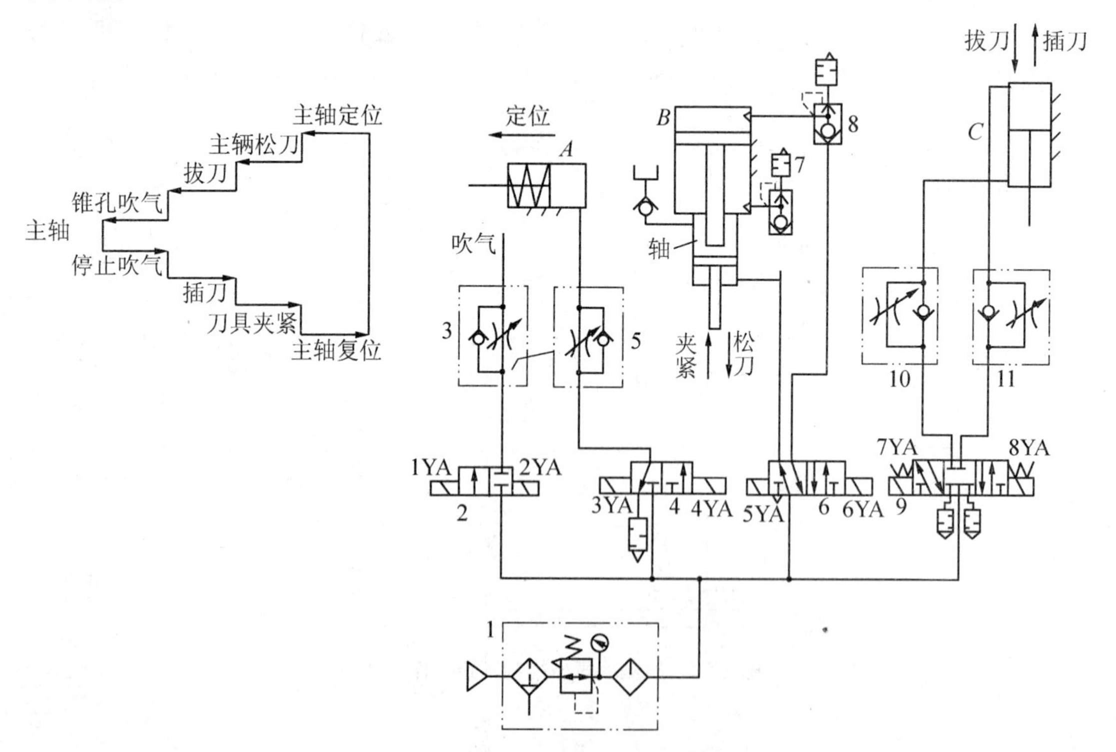

图 17.5　数控加工中心气动换刀系统原理图

表 17-1　电磁铁动作顺序表

工况＼电磁铁	1YA	2YA	3YA	4YA	5YA	6YA	7YA	8YA
主轴定位				+				
主轴松刀				+		+		
拔刀				+		+		+
主轴锥孔吹气	+			+		+		+
吹气停	−	+		+		+		+
插刀				+		+	+	−
刀具夹紧				+	+	−		
主轴复位			+	−				

17.3.2　工件尺寸自动分选机气动系统

生产线上的工件尺寸自动分选机气动系统如图 17.6 所示，其工作原理如下：

当工件通过通道时，尺寸大到某一范围内的工件通过空气喷嘴传感器 S_1 时产生信号，使阀 3 上位工作，把主阀 2 切换至左位，使汽缸的活塞杆作缩回运动，一方面打开门使该工件流入下通道，另一方面使止动销上升，防止后面工件继续流过产生误动作。当落入下通道的工件经过传感器 S_2 时发出复位信号，阀 1 上位工作，使主阀复位，以使汽缸伸出，门关闭，止动销退下，工件继续流动，尺寸小的工件通过 S_1 时，则不产生信号。

该系统的特点是结构简单、成本低，适用于测量一般精度的工件。

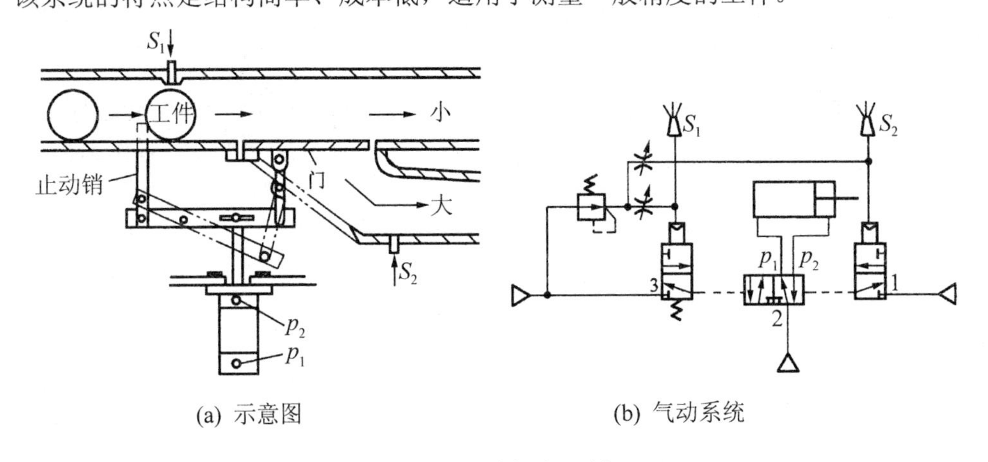

(a) 示意图　　(b) 气动系统

图 17.6　尺寸自动分选机

1、3—信号控制阀；2—主阀；S_1、S_2—传感器

本 章 小 结

本章主要介绍了几个典型的气压传动系统。通过学习，要求掌握气压传动系统的工作原理和气压系统组成；学会阅读气压传动系统图。

习　题

17-1　试说明在图 17.5 所示的数控加工中心气动换刀系统中，夹紧缸为什么要采用气液增压缸。

17-2　图 17.7 所示为一拉门的自动开闭系统，试说明其工作原理，并指出梭阀 8 的逻辑作用。

17-3　图 17.8 为一气液动力滑台的原理图，说明气液动力滑台实现“快进→工进→慢进→快退→停止”的工作过程。

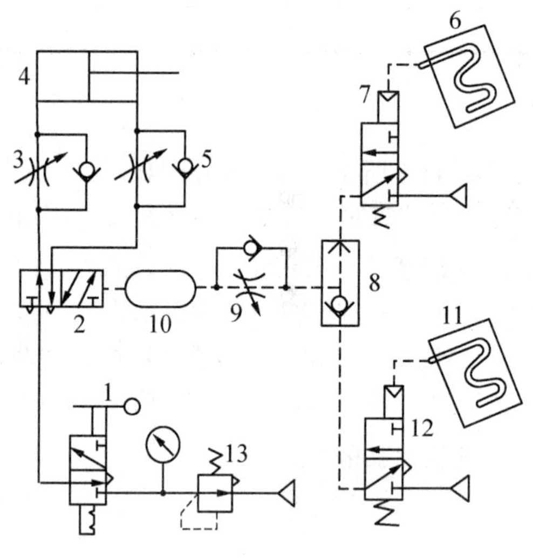

图 17.7　习题 17-2 图

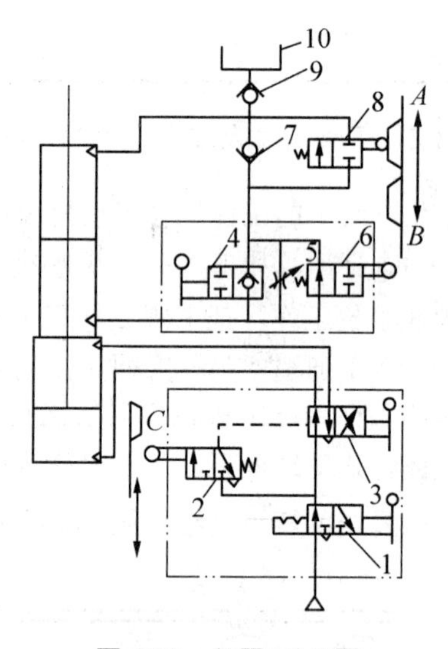

图 17.8　习题 17-3 图

1、3、4—手动阀；2、6、8—机控阀；5—节流阀；7、9—单向阀；10—油阀

第 18 章　实验实训项目

实验一　小孔压力—流量特性实验

一、实验目的

通过实际测量油液流过薄壁小孔和细长小孔的压力损失，并与理论推导值作比较，进一步理解与掌握产生压力损失的原因和小孔压力—流量特性的实验方法。

二、实验设备

THYYC－1 型液压传动综合试验台。

三、实验内容

1．薄壁小孔压力－流量特性测试。
2．细长小孔压力－流量特性测试。

四、实验步骤

关紧节流阀 A_3，启动泵，系统加载，调节溢流阀 A_1 使 $p_1 = 3$ MPa，油液通过调速阀 A_2，电磁铁换向阀 10 经小孔 12，调节调速阀 A_2 的开口量，可测小孔 12 前后压差，同时用流量计 4 测出通过小孔的流量。

五、实验数据及结果

细长小孔 $d =$ 　　　　$L=$

序　　号	1	2	3	4	5	6	7	8
p_1 /MPa								
$p_{进}$ /MPa								
$p_{出}$ /MPa								
V /L								
t/s								
Δp /MPa								
q /(L/min)								

薄壁小孔 $d =$ 　　　　$L=$

序　　号	1	2	3	4	5	6	7	8
p_1 /MPa								

续表

序　号	1	2	3	4	5	6	7	8
$p_{进}$ /MPa								
$p_{出}$ /MPa								
V /L								
t/s								
Δp /MPa								
q /(L/min)								

六、绘制实验曲线

作出小孔压力－流量特性曲线。

实验二　液压泵性能实验

一、实验目的

液压泵是液压系统的动力元件，其作用是将原动机产生的机械能转换为液压能，输出的是压力和流量，其主要性能包括压力、流量、容积效率、总效率等。通过本实验，一是要了解液压泵的主要性能；二是要掌握液压泵性能参数的测试方法。

二、实验设备

THYYC－1型液压传动综合试验台。

三、实验内容

1. 液压泵的压力－流量特性。
2. 液压泵的压力－输入功率特性。
3. 液压泵的压力－总效率特性。

四、实验步骤

关闭节流阀 A_3，将溢流阀 A_1 压力调至 5MPa 作安全阀，在节流阀 A_3 加载和卸载下逐点记录压力 p、流量 q 和泵输入功率 P，作出 $q—p$ 特性曲线，记录并计算各不同压力点的值。

五、实验数据及结果

序　号	P_1/MPa	V /L	t/s	q/(L/min)	$P_{表}$	P_1	P_2	η_v /%	η_b /%
1									
2									
3									

续表

序　号	p_1/MPa	V/L	t/s	q/(L/min)	$P_{表}$	P_1	P_2	η_v/%	η_b/%
4									
5									
6									
7									
8									
9									

注：$\eta_v=\dfrac{q}{q_o}$，$P_1=P_{表}\eta_{电}$，$\eta_{电}=0.5-0.75$，$P_2=\dfrac{pq}{60}$，$\eta_b=\dfrac{P_2}{P_1}$。

六、绘制实验曲线

1. 作出$q-p$特性曲线。
2. 作出$P-p$特性曲线。
3. 作出η_b-p特性曲线。

实验三　溢流阀特性实验

一、实验目的

静态特性是指溢流阀在稳定工作状态中的调压范围、卸荷压力、溢流阀的启闭特性。通过本实验进一步理解溢流阀的静态特性。

二、实验设备

THYYC－1型液压传动综合试验台。

三、实验内容

1. 溢流阀调压范围。
2. 卸荷压力测定。
3. 溢流阀启闭特性。

四、实验步骤

关闭节流阀 A_3，放松溢流阀 A_1 的调压弹簧，启动液压泵 8，系统加载，调节溢流阀 A_1 的压力为 4MPa。

1. 调压范围。将被试阀 B_4 从最低压力慢慢地调至调定压力。
2. 卸荷压力。二位二通电磁阀 13 通电，使阀 B_4 卸荷，测量阀 B_4 的进出口压差 p_4、Δp_2。
3. 启闭特性。

(1) 调节溢流阀 A_1 和被试阀 B_4，使压力为设定值，锁定被测阀的调节手柄，放松溢流

阀 A_1 的调压弹簧，使系统卸荷。

(2) 调节系统溢流阀 A_1，缓慢加压，使二位三通电磁阀 14 通电，用小量杯 11 测量，用秒表计时，流量增大后，用齿轮流量计 4 和秒表测量，逐点记录 p 和 q 的值，直到调定压力；然后逐渐降压，逐点记录 p 和 q 的值。

五、实验数据与结果

调压范围：　　MPa；卸荷压力：　　MPa；开启压力：　　MPa

序　号	1	2	3	4	5	6	7
p/MPa							
V/L							
t /s							
q /(L/min)							

闭合压力：　　MPa

序　号	1	2	3	4	5	6	7
p/MPa							
V/L							
t /s							
q /(L/min)							

溢流阀额定流量的 1%所对应的压力为溢流阀的开启压力或闭合压力，开启压力/额定压力＝开启率，闭合压力/额定压力＝闭合率

被试阀：开启压力为______MPa　　闭合压力为______MPa

开启率＝______%　　闭合率＝______%

六、绘制实验曲线

作出溢流阀的启闭特性曲线。

实验四　节流调速回路性能实验

一、实验目的

1. 分析比较采用节流阀的进油路节流调速回路、回油路节流调速回路、旁油路节流调速回路的速度—负载特性。

2. 分析比较节流阀、调速阀的调速性能。

二、实验设备

THYYC－1 型液压传动综合试验台。

三、实验内容

1. 节流阀的进油路节流调速回路的速度—负载特性。
2. 节流阀的回油路节流调速回路的速度—负载特性。
3. 节流阀的旁油路节流调速回路的速度—负载特性。
4. 调速阀的进油路节流调速回路的速度—负载特性。

四、实验步骤

1. 节流阀进油路节流调速回路。关闭节流阀 A_3、二位二通电磁阀 18，调节节流阀 C_7 为某一开度，调节阀 C_6 加载。

2. 节流阀回油路节流调速回路。关闭节流阀 A_3、二位二通电磁阀 26，调节节流阀 C_8 为某一开度，调节阀 C_6 加载。

3. 旁油路节流调速回路。调节节流阀 A_3 为某一开度，阀 C_6 加载。

4. 调速阀进油路节流调速回路。关闭节流阀 A_3，调速阀 A_2 为某一开度，阀 C_6 加载。

五、实验数据与结果

回路形式		参数	1	2	3	4	5	6	7	8	9	10
进油路节流调速回路	节流阀 C_7	p_1/MPa										
		P_5/MPa										
		P_6/MPa										
		P_7/MPa										
		t/s										
		v/(m/s)										
回油路节流调速回路	节流阀 C_8	p_1/MPa										
		P_5/MPa										
		P_6/MPa										
		P_7/MPa										
		t/s										
		v/(m/s)										
旁油路节流调速回路	节流阀 A_3	p_1/MPa										
		P_5/MPa										
		P_6/MPa										
		P_7/MPa										
		t/s										
		v/(m/s)										
进油路节流调速回路	调速阀 A_2	p_1/MPa										
		P_5/MPa										
		P_6/MPa										
		P_7/MPa										
		t/s										
		v/(m/s)										

六、绘制实验曲线

作出节流调速负载一速度特性曲线。

实训一　液压基本回路动作实训

一、实训目的

通过自行设计基本回路，进一步了解与掌握基本回路的组成、工作原理和作用。

二、实训设备

TMY—01 型透明液压 PLC 控制教学实验装置。

三、实训内容

学生自行设计、组合、调试多种液压基本回路。

1. 用换向阀的换向回路。
2. 用 O 型中位机能换向阀的锁紧回路。
3. 用液控单向阀的锁紧回路。
4. 调压回路。
5. 二级调压回路。
6. 用减压阀的减压回路。
7. 用增压缸的增压回路。
8. 用换向阀的卸荷回路。
9. 进油路节流调速回路。
10. 回油路节流调速回路。
11. 旁油路节流调速回路。
12. 变量泵调速回路。
13. 变量泵和调速阀的容积节流调速回路。
14. 液压缸差动连接的快速运动回路。
15. 二次进给回路。
16. 用顺序阀的顺序动作回路。
17. 用压力继电器的顺序动作回路。
18. 用电器行程开关的顺序动作回路。
19. 用行程阀的顺序动作回路。

实训二　泵结构的拆装实训

一、实训目的

了解与掌握齿轮泵、叶片泵和柱塞泵的结构特点、工作原理和配油机构以及性能特点。

二、实训设备

齿轮泵、叶片泵、轴柱塞泵、扳手、内六角扳手、螺丝刀等。

三、实训内容

1. 正确拆装齿轮泵、叶片泵、柱塞泵。
2. 认真观察分析各种泵的结构组成和零部件的作用。

四、思考题

1. 齿轮泵密封腔的形成。
2. 齿轮泵的工作原理。
3. 齿轮泵泄漏的 3 条途径。
4. 齿轮泵的进、出口的大小。
5. 什么叫困油现象？采取何种措施解决？
6. 中压叶片泵的密封腔由哪几个零件的表面组成？
7. 定子内表面的形状特点。
8. 转子上叶片的倾斜方向。
9. 配油盘上的环形槽与叶片根部是怎样连通的？

实训三　阀的拆装实训

一、实训目的

了解并掌握单向阀、换向阀、溢流阀、减压阀、顺序阀、节流阀、调速阀的构造及工作原理。对比分析溢流阀、减压阀、顺序阀的相同点与不同点。对比分析节流阀与调速阀结构的异同点。

二、实训设备

各种阀类、扳手、内六角扳手、螺丝刀等。

三、实训内容

1. 正确拆装各种阀，了解其构造及工作原理。

2. 认真观察分析各零件的结构并掌握各部分的作用。

四、思考题

1. 单向阀的阀芯结构有何特点？
2. 单向阀的连接方式。
3. 单向阀作背压阀时，应如何改变？
4. 液控单向阀控制油口不通压力油时，油液如何流动？能否反向流动？
5. 液控单向阀控制油口通压力油时，如何动作？
6. 三位四通电磁换向阀有几个油口？
7. 中位机能是什么型的？
8. 直动式溢流阀的阀口是常开还是常闭？
9. 进油口是通过哪些孔道与阀芯底部连通的？
10. 泄漏油孔的位置。
11. 先导式溢流阀由哪两部分组成？
12. 阻尼小孔的作用是什么？
13. 远程控制口是如何实现远程调压和卸荷的？
14. 减压阀的组成。
15. 阀口是常开还是常闭？
16. 为什么要单独设置泄油口？与溢流阀的泄油口有何区别？
17. 直动式顺序阀阀口是常开还是常闭？
18. 阀是内泄还是外泄？
19. 节流阀节流口的结构形式。
20. 流量怎样调节？
21. 节流阀中的弹簧有何作用？
22. 调速阀由哪两个部分组成？
23. 流量怎样调节？
24. 定差减压阀中的弹簧有何作用？
25. 它的调速特性和节流阀的调速特性有何不同？

实训四　气动基本回路动作实训

一、实训目的

了解各种气动元件，通过自行设计气动基本回路，进一步掌握气动基本回路的组成、工作原理和作用。

二、实训设备

QDA－1 型气动 PLC 控制综合教学实训装置。

三、实训内容

学生自行设计组合调试多种气动基本回路。

1. 单作用汽缸的换向回路。
2. 双作用汽缸的换向回路。
3. 单作用汽缸的速度调节回路。
4. 双作用汽缸的速度调节回路。
5. 速度均换回路。
6. 缓冲回路。
7. 互锁回路。
8. 过载保护回路。
9. 卸荷回路。
10. 单缸单往复控制回路。
11. 单缸连续往复控制回路。
12. 用行程阀的双缸顺序动作回路。
13. 用电器开关的双缸顺序动作回路。
14. 三缸联动回路。
15. 二次压力控制回路。
16. 高低压转换回路。
17. 计数回路。
18. 延时回路。
19. 逻辑阀的应用回路。
20. 双手操作回路。

附录A　常用液压与气动元件图形符号

表A-1　基本符号、管路及连接

名　称	符　号	名　称	符　号
工作管路		管端连接于油箱底部	
控制管路		密闭式油箱	
连接管路		直接排气	
交叉管路		带连接排气	
柔性管路		带单向阀快换接头	
组合元件线		不带单向阀快换接头	
管口在液面以上的油箱		单通路旋转接头	
管口在液面以下的油箱		三通路旋转接头	

表A-2　控制机构和控制方法

名　称	符　号	名　称	符　号
按钮式人力控制		气压先导控制	
手柄式人力控制		液压选导控制	
踏板式人力控制		液压二级先导控制	
顶杆式机械控制		气—液先导控制	
弹簧控制		单向滚轮机械控制	
滚轮式机械控制		单作用电磁控制	
外部压力控制		双作用电磁控制	
电动机旋转控制	M	电—气先导控制	
加压或泄压控制		液压先导泄压控制	
内部压力控制		电反馈控制	
电—液先导控制		差动控制	2　1

表 A-3　泵、马达和缸

名　称	符　号	名　称	符　号
单向定量液压泵		单向缓冲缸	
双向定量液压泵		双向缓冲缸	
单向变量液压泵		定量液压泵—马达	
双向变量液压泵		变量液压泵—马达	
单向定量马达		液压整体传动装置	
双向定量马达		摆动马达	
单向变量马达		单作用弹簧复位缸	
双向变量马达		单作用伸缩缸	
双作用单活塞杆缸		双作用伸缩缸	
双作用双活塞杆缸		增压器	

表 A-4　控制元件

名　称	符　号	名　称	符　号
直动型溢流阀		制动阀	
先导型溢流阀		不可调节流阀	
先导型比例电磁流阀		可调节流阀	
卸荷溢流阀		可调单向节流阀	

续表

名　称	符　号	名　称	符　号
双向溢流阀		减速阀	
直动型减压阀		带消声器的节流阀	
先导减压阀		调速阀	
直动型卸荷阀		温度补偿调速阀	
旁通型调速阀		分流集流阀	
单向调速阀		单向阀	
分流阀		液控单向阀	
三位四通换向阀		液压锁	
三位五通换向阀		或门型梭阀	
溢流减压阀		与门型梭阀	
先导型比例电磁式溢流阀		快速排气阀	
定比减压阀(减压比 1/3)		二位二通换向阀	
定差减压阀		二位三通换向阀	
直动型顺序阀		二位四通换向阀	
先导型顺序阀		二位五通换向阀	
制动阀		四通电液伺服阀	
集流阀		截止阀	

表 A-5　辅助元件

名　称	符　号	名　称	符　号
过滤器		贮气罐	
磁芯过滤器		压力计	
污染指示过滤器		液面计	
分水排水器		温度计	
空气过滤器		流量计	
除油器		压力继电器	W
油雾器		消声器	
空气干燥器		液压源	
气源调节装置		气压源	
冷却器		电动机	M
加热器		原动机	M
蓄能器		气—液转换器	

附录 B　常用单位符号

表 B-1　力的单位

牛顿(N)	公斤力(kgf)	达因(dyn)	磅力(bf)
1	0.102	10^5	0.2248
9.80665	1	9.80665×10^5	2.20462
10^{-5}	1.02×10^{-8}	1	2.248×10^{-6}
4.44792	0.45359	444792	1

表 B-2　压力的单位

牛顿/米 ^{2}，帕 (N/m^2，Pa)	巴(bar)	公斤力/厘米 ^{2} (kgf/cm^2)	公斤力/毫米 ^{2} (kgf/mm^2)	磅力/英寸 ^{2} ($1brf/in^2$)	米水柱 (mH_2O)	标准大气压 (atm)	毫米汞柱 (mmHg)
1	10^{-5}	1.02×10^{-5}	1.02×10^{-7}	14.5×10^{-5}	1.02×10^{-4}	0.99×10^{-5}	0.0075
10^5	1	1.02	0.0102	14.50	10.197	0.9869	750.1
98067	0.980665	1	0.01	14.22	10	0.9678	735.6
98.07×10^5	98.7	100	1	1422	1000	96.78	73556
6807	0.689×10^{-3}	70.3233×10^{-3}	70.3233×10^{-5}	1	0.703233	0.68×10^{-1}	51.7408
9807	0.1	0.1	0.001	0.1422	1	0.9768×10^{-1}	73.6
101325	1.0330	1.0330	0.01033	14.70	10.332	1	760
133.32	0.00136	0.00136	1.36×10^{-5}	1.934×10^{-2}	0.0136	0.00132	1

表 B-3　动力粘度

牛顿·秒/米 ^{2}(帕·秒) (Pa·s) ($N\cdot s/m^2$)	公斤力·秒/米 ^{2} ($kgf\cdot s/m^2$)	公斤力·秒/厘米 ^{2} ($kgf\cdot s/cm^2$)	达因·秒/厘米 ^{2} (帕)(Pa)	厘帕(cPa)	公斤力·时/米 ^{2} ($kgf\cdot h/m^2$)	牛顿·时/米 ^{2} ($N\cdot h/m^2$)
1	0.102	1×10^{-3}	10	1000	28.3×10^{-6}	278×10^{-6}
9.81	1	1×10^{-2}	98.1	9810	278×10^{-6}	2.73×10^{-3}
980.665	100	1	98.1×10^2	98.1×10^4	278×10^{-4}	0.273
0.1	10.2×10^{-3}	10.2×10^{-5}	1	100	2.83×10^{-6}	2.78×10^{-6}
0.001	10.2×10^{-5}	10.2×10^{-7}	0.01	1	2.83×10^{-8}	2.78×10^{-8}
35.3×10^3	3600	360	353×10^3	353×10^5	1	9.81
3600	367	3.67	36×103	36×105	0.102	1

表 B-4　运动粘度

米 ^{2}/秒(m^2/s)	厘米 ^{2}/秒(沲)(St)	毫米 ^{2}/秒(厘沲)(cSt)	米 ^{2}/时(m^2/h)
1	10^4	10^6	3600
10^{-4}	1	100	0.36
10^{-6}	0.01	1	3.6×10^{-3}
277.8×10^{-6}	2.778	277.8	1

参 考 文 献

[1] 元承训. 液压与气压传动[M]. 北京：机械工业出版社，1995.
[2] 徐永生. 液压与启动[M]. 北京：高等教育出版社，2001.
[3] 贾铭新. 液压传动与控制解难和练习[M]. 北京：国防工业出版社，2003.
[4] 曹建东，龚肖新. 液压传动与气动技术[M]. 北京：北京大学出版社，2006.
[5] 袁子荣. 液气压传动与控制[M]. 重庆：重庆大学出版社，2002.
[6] 赵加温. 液压与气应用技术[M]. 苏州：苏州大学出版社，2004.
[7] 张利平. 液压传动系统及设计[M]. 北京：化学工业出版社，2005.
[8] 赵波，王宏元. 液压与气动技术[M]. 北京：机械工业出版社，2006.
[9] 张福臣. 液压与气压传动[M]. 北京：机械工业出版社，2006.
[10] 王春行. 液压伺服控制系统[M]. 北京：机械工业出版社，1981.
[11] 张利平. 液压阀原理、使用与维护[M]. 北京：化学工业出版社，2005.
[12] 宋锦春，苏东海，张志伟. 液压与气压传动[M]. 北京：科学出版社，2006.
[13] 明仁雄，万会雄. 液压与气压传动[M]. 北京：国防工业出版社，2003.
[14] 左健民. 液压与气压传动[M]. 北京：机械工业出版社，2005.
[15] 赵孝保. 工程流体力学[M]. 南京：东南大学出版社，2004.

北京大学出版社高职高专机电系列规划教材

序号	书号	书名	编著者	定价	出版日期
1	978-7-301-12181-8	自动控制原理与应用	梁南丁	23.00	2012.1 第 3 次印刷
2	978-7-5038-4869-8	设备状态监测与故障诊断技术	林英志	22.00	2013.2 第 4 次印刷
3	978-7-301-13262-3	实用数控编程与操作	钱东东	32.00	2011.8 第 3 次印刷
4	978-7-301-13383-5	机械专业英语图解教程	朱派龙	22.00	2013.1 第 5 次印刷
5	978-7-301-13582-2	液压与气压传动技术	袁 广	24.00	2013.8 第 5 次印刷
6	978-7-301-13662-1	机械制造技术	宁广庆	42.00	2010.11 第 2 次印刷
7	978-7-301-13574-7	机械制造基础	徐从清	32.00	2012.7 第 3 次印刷
8	978-7-301-13653-9	工程力学	武昭晖	25.00	2011.2 第 3 次印刷
9	978-7-301-13652-2	金工实训	柴增田	22.00	2013.1 第 4 次印刷
10	978-7-301-14470-1	数控编程与操作	刘瑞已	29.00	2011.2 第 2 次印刷
11	978-7-301-13651-5	金属工艺学	柴增田	27.00	2011.6 第 2 次印刷
12	978-7-301-12389-8	电机与拖动	梁南丁	32.00	2011.12 第 2 次印刷
13	978-7-301-13659-1	CAD/CAM 实体造型教程与实训 (Pro/ENGINEER 版)	诸小丽	38.00	2012.1 第 3 次印刷
14	978-7-301-13656-0	机械设计基础	时忠明	25.00	2012.7 第 3 次印刷
15	978-7-301-17122-6	AutoCAD 机械绘图项目教程	张海鹏	36.00	2011.10 第 2 次印刷
16	978-7-301-17148-6	普通机床零件加工	杨雪青	26.00	2010.6
17	978-7-301-17398-5	数控加工技术项目教程	李东君	48.00	2010.8
18	978-7-301-17573-6	AutoCAD 机械绘图基础教程	王长忠	32.00	2013.8 第 2 次印刷
19	978-7-301-17557-6	CAD/CAM 数控编程项目教程(UG 版)	慕 灿	45.00	2012.4 第 2 次印刷
20	978-7-301-17609-2	液压传动	龚肖新	22.00	2010.8
21	978-7-301-17679-5	机械零件数控加工	李 文	38.00	2010.8
22	978-7-301-17608-5	机械加工工艺编制	于爱武	45.00	2012.2 第 2 次印刷
23	978-7-301-17707-5	零件加工信息分析	谢 蕾	46.00	2010.8
24	978-7-301-18357-1	机械制图	徐连孝	27.00	2012.9 第 2 次印刷
25	978-7-301-18143-0	机械制图习题集	徐连孝	20.00	2011.1
26	978-7-301-18470-7	传感器检测技术及应用	王晓敏	35.00	2012.7 第 2 次印刷
27	978-7-301-18471-4	冲压工艺与模具设计	张 芳	39.00	2011.3
28	978-7-301-18852-1	机电专业英语	戴正阳	28.00	2011.5
29	978-7-301-19272-6	电气控制与 PLC 程序设计(松下系列)	姜秀玲	36.00	2011.8
30	978-7-301-19297-9	机械制造工艺及夹具设计	徐 勇	28.00	2011.8
31	978-7-301-19319-8	电力系统自动装置	王 伟	24.00	2011.8
32	978-7-301-19374-7	公差配合与技术测量	庄佃霞	26.00	2013.8 第 2 次印刷
33	978-7-301-19436-2	公差与测量技术	余 键	25.00	2011.9
34	978-7-301-19010-4	AutoCAD 机械绘图基础教程与实训(第 2 版)	欧阳全会	36.00	2013.1 第 2 次印刷
35	978-7-301-19638-0	电气控制与 PLC 应用技术	郭 燕	24.00	2012.1
36	978-7-301-19933-6	冷冲压工艺与模具设计	刘洪贤	32.00	2012.1
37	978-7-301-20002-5	数控机床故障诊断与维修	陈学军	38.00	2012.1
38	978-7-301-20312-5	数控编程与加工项目教程	周晓宏	42.00	2012.3
39	978-7-301-20414-6	Pro/ENGINEER Wildfire 产品设计项目教程	罗 武	31.00	2012.5
40	978-7-301-15692-6	机械制图	吴百中	26.00	2012.7 第 2 次印刷
41	978-7-301-20945-5	数控铣削技术	陈晓罗	42.00	2012.7
42	978-7-301-21053-6	数控车削技术	王军红	28.00	2012.8
43	978-7-301-21119-9	数控机床及其维护	黄应勇	38.00	2012.8
44	978-7-301-20752-9	液压传动与气动技术(第 2 版)	曹建东	40.00	2012.8
45	978-7-301-18630-5	电机与电力拖动	孙英伟	33.00	2011.3
46	978-7-301-16448-8	Pro/ENGINEER Wildfire 设计实训教程	吴志清	38.00	2012.8
47	978-7-301-21239-4	自动生产线安装与调试实训教程	周 洋	30.00	2012.9
48	978-7-301-21269-1	电机控制与实践	徐 锋	34.00	2012.9
49	978-7-301-16770-0	电机拖动与应用实训教程	任娟平	36.00	2012.11
50	978-7-301-20654-6	自动生产线调试与维护	吴有明	28.00	2013.1
51	978-7-301-21988-1	普通机床的检修与维护	宋亚林	33.00	2013.1
52	978-7-301-21873-0	CAD/CAM 数控编程项目教程(CAXA 版)	刘玉春	42.00	2013.3
53	978-7-301-22315-4	低压电气控制安装与调试实训教程	张 郭	24.00	2013.4
54	978-7-301-19848-3	机械制造综合设计及实训	裘俊彦	37.00	2013.4
55	978-7-301-22632-2	机床电气控制与维修	崔兴艳	28.00	2013.7
56	978-7-301-22672-8	机电设备控制基础	王本轶	32.00	2013.7
57	978-7-301-22678-0	模具专业英语图解教程	李东君	22.00	2013.7

北京大学出版社高职高专电子信息系列规划教材

序号	书号	书名	编著者	定价	出版日期
1	978-7-301-12180-1	单片机开发应用技术	李国兴	21.00	2010.9 第 2 次印刷
2	978-7-301-12386-7	高频电子线路	李福勤	20.00	2013.8 第 3 次印刷
3	978-7-301-12384-3	电路分析基础	徐　锋	22.00	2010.3 第 2 次印刷
4	978-7-301-13572-3	模拟电子技术及应用	刁修睦	28.00	2012.8 第 3 次印刷
5	978-7-301-12390-4	电力电子技术	梁南丁	29.00	2010.7 第 2 次印刷
6	978-7-301-12383-6	电气控制与 PLC(西门子系列)	李　伟	26.00	2012.3 第 2 次印刷
7	978-7-301-12387-4	电子线路 CAD	殷庆纵	28.00	2012.7 第 4 次印刷
8	978-7-301-12382-9	电气控制及 PLC 应用(三菱系列)	华满香	24.00	2012.5 第 2 次印刷
9	978-7-301-16898-1	单片机设计应用与仿真	陆旭明	26.00	2012.4 第 2 次印刷
10	978-7-301-16830-1	维修电工技能与实训	陈学平	37.00	2010.7
11	978-7-301-17324-4	电机控制与应用	魏润仙	34.00	2010.8
12	978-7-301-17569-9	电工电子技术项目教程	杨德明	32.00	2012.4 第 2 次印刷
13	978-7-301-17696-2	模拟电子技术	蒋　然	35.00	2010.8
14	978-7-301-17712-9	电子技术应用项目式教程	王志伟	32.00	2012.7 第 2 次印刷
15	978-7-301-17730-3	电力电子技术	崔　红	23.00	2010.9
16	978-7-301-17877-5	电子信息专业英语	高金玉	26.00	2011.11 第 2 次印刷
17	978-7-301-17958-1	单片机开发入门及应用实例	熊华波	30.00	2011.1
18	978-7-301-18188-1	可编程控制器应用技术项目教程(西门子)	崔维群	38.00	2013.6 第 2 次印刷
19	978-7-301-18322-9	电子 EDA 技术(Multisim)	刘训非	30.00	2012.7 第 2 次印刷
20	978-7-301-18144-7	数字电子技术项目教程	冯泽虎	28.00	2011.1
21	978-7-301-18519-3	电工技术应用	孙建领	26.00	2011.3
22	978-7-301-18770-8	电机应用技术	郭宝宁	33.00	2011.5
23	978-7-301-18520-9	电子线路分析与应用	梁玉国	34.00	2011.7
24	978-7-301-18622-0	PLC 与变频器控制系统设计与调试	姜永华	34.00	2011.6
25	978-7-301-19310-5	PCB 板的设计与制作	夏淑丽	33.00	2011.8
26	978-7-301-19326-6	综合电子设计与实践	钱卫钧	25.00	2013.8 第 2 次印刷
27	978-7-301-19302-0	基于汇编语言的单片机仿真教程与实训	张秀国	32.00	2011.8
28	978-7-301-19153-8	数字电子技术与应用	宋雪臣	33.00	2011.9
29	978-7-301-19525-3	电工电子技术	倪　涛	38.00	2011.9
30	978-7-301-19953-4	电子技术项目教程	徐超明	38.00	2012.1
31	978-7-301-20000-1	单片机应用技术教程	罗国荣	40.00	2012.2
32	978-7-301-20009-4	数字逻辑与微机原理	宋振辉	49.00	2012.1
33	978-7-301-20706-2	高频电子技术	朱小祥	32.00	2012.6
34	978-7-301-21055-0	单片机应用项目化教程	顾亚文	32.00	2012.8
35	978-7-301-17489-0	单片机原理及应用	陈高锋	32.00	2012.9
36	978-7-301-21147-2	Protel 99 SE 印制电路板设计案例教程	王　静	35.00	2012.8
37	978-7-301-19639-7	电路分析基础(第 2 版)	张丽萍	25.00	2012.9
38	978-7-301-22362-8	电子产品组装与调试实训教程	何　杰	28.00	2013.6
39	978-7-301-22546-2	电工技能实训教程	韩亚军	22.00	2013.6
40	978-7-301-22390-1	单片机开发与实践教程	宋玲玲	24.00	2013.6